JN087867

Wine Perfect Bible

最新版

ワイン完全バイブル

［第2版］

［監修］井手勝茂

ナツメ社

はじめに

最初に『ワイン完全バイブル』が出版されて、約10年になります。
その後、新しいワイン法の導入や目まぐるしく変わっていくワイン業界の情報を入れた改訂版、ハンディ版の『ワインの便利手帳』が出版され、また今回新たに改訂版第2版が出版されることに深く感謝申し上げます。

ワインはここ20年で飛躍的な進化を遂げています。
醸造技術の進歩によりはずれ年でも美味しいワインが普通に出ていますし、国の違いによる個性を大事にするワイナリー、世界的にトレンドの味を追いかけて利益を追いかけるワイナリーなどさまざまです。
温暖化の影響もあって銘醸地（めいじょうち）が北上、あるいは南下している昨今、南ドイツのピノ・ノワールなどブルゴーニュを凌駕するワインも出てきました。アメリカを中心としたニューワールドの濃厚で樽が効いたこってりしたワインも、最近は上品な辛口嗜好に変わってきています。自然派ワインにいたっては、20年前は当たりはずれが激しかったのが、最近では安価なワインでも目を見張るものが出てきました。日本の甲州も、昔は日本酒の香りがして酸味も果実味も薄いワインが多かったのですが、勝沼におけるボルドー大学のデュブルデュー教授の指導や、何より生産者の努力によって、今や世界のグラン・ヴァンに肩を並べています。
飲み手もインターネットの普及によって情報収集が簡単になり、現地の蔵出し価格やワインショップの販売価格を調べることができるようになって、選択肢も広がってきました。ＳＮＳによって情報が簡単に共有でき、口コミで広がる時代です。
今回、各産地を知るためにピックアップしたワインは、従来のスタイルだけでなく今後の流れも客観的に書き加えましたので参考にしてみてください。

占星術では、２０２０年末より『地』から『風』の時代に変わり、価値観が形あるものから形なきものに変化する、新しい時代のはじまりといわれているそうです。２０２０年は、新型コロナウイルスが猛威を振るい、世界中が大変なことになりました。日本では特に『飲食業界は感染拡大防止の肝』とまでいわれ、ありとあらゆる飲食店、それにつながる代理店や納品業者が苦境に立たされることになりました。業界は大きな変化を余儀なくされた結果、飲食店などの売り手側はテイクアウトや通信販売に新たな活路を見出し、買い手側はリモートワーク、家飲みが主流となり、家での時間でよりワインを深く知ることができるようになる、新しいビジネスモデルができてきました。

この本の最終目的は、外食でのワインの基礎知識だけではなく、普段の家飲みでもＴＰＯに合わせて、手軽に料理とワインのマリアージュを楽しんでいただくことにあります。そのため今回の改訂では、家飲み需要の高まりに応えて、家庭料理とのマリアージュやレシピなどを充実させています。
この本が、新たな日常でワインを楽しむ皆さんのお役に立ちますように。

監修者　井手勝茂

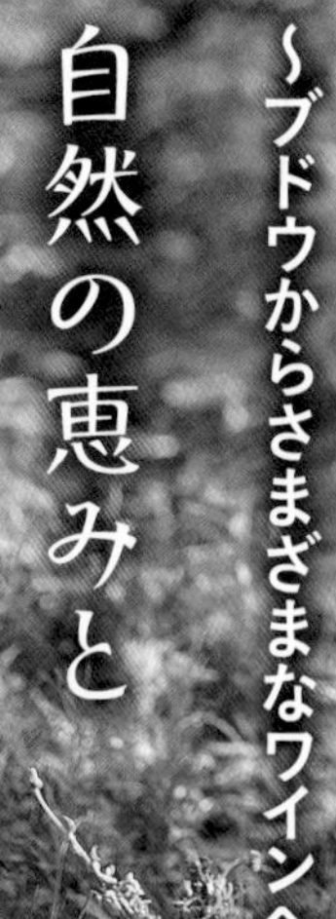

〜ブドウからさまざまなワインへ〜

自然の恵みと造り手の思いが1本のワインとなる。

ワインはブドウから造られる。ワインはブドウ品種がもつ個性や産地の自然条件の影響を受けるため、「農作物」ともいわれている。ワイン造りは造り手の畑仕事からはじまっているのだ。ワインがどんなブドウからどのような産地でどのように造られたかを知ることで、ワイン選びはより楽しいものになる。

〜ワインを開けるのはソムリエだけではない〜

家庭でも、
ワインを開ければ
豊かな時間が訪れる。

いまやワインはレストランだけでなく、
家庭でも気軽に楽しめるもの。
ワインを開ければ、
日常の食卓もより豊かなものになる。
ワインの味わいはグラスや温度、
デキャンタージュによって驚くほど変わる。
家庭で飲むワインも、ソムリエのように
美味しさを最大限に引き出して楽しみたい。

~ワインが料理を、料理がワインを引き立てる~

料理と合わせれば、ワインの楽しさは何倍にも広がる。

ワインは料理と一緒に楽しむことでより美味しくなる酒。
ワインと料理の組み合わせは、
結婚を意味する「マリアージュ」と呼ばれる。
何より自分が「美味しい」と感じる
組み合わせが最良のマリアージュ。
あまり難しく考えずに、
季節や雰囲気、嗜好などに合わせて
自由にワインと料理を組み合わせてみよう。

最新版 ワイン完全バイブル 第2版 目次

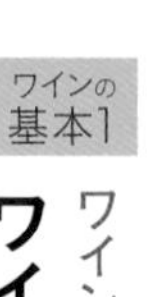

第1章

ワインの基本 ～知れば知るほどおもしろくなる～

CHAPTER 2

第2章

産地別ワイン図鑑
~世界のワインを選んでみよう~ …… 63

第3章

ワインを楽しむ基礎知識

～さあ、ワインを飲んでみよう～

第4章

家庭で楽しむマリアージュ　～組み合わせて楽しんでみよう～ …… 171

第5章

産地別ワインカタログ

~シチュエーションや味わいで選べる~

CHAPTER

1

第1章

~知れば知るほど　おもしろくなる~

ワインの基本

ワインの定義とその特徴

ワインとは

What is Wine?

ブドウを原料とした醸造酒

ワインはブドウ果実を醸造(じょうぞう)したシンプルな酒。醸造酒とは、原料となる果実や穀類などをアルコール発酵させることによって生まれる酒類のことで、蒸留などの工程がないため、原料そのものの味わいがダイレクトに反映される。さらに、ブドウ果実はそのままでも発酵可能な糖分、水分、酵母(こうぼ)を含んでおり、ビールや日本酒など穀類を原料とする醸造酒を造る際に行われる、デンプンの糖化や加水の必要がない。そのため醸造酒のなかでも、原料であるブドウ果実の性質が、ワインの性質に、より大きな影響を与える。

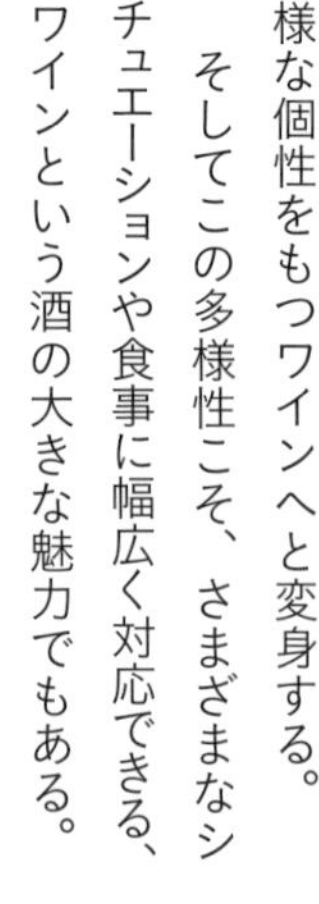

ワインの多彩な味わいや香り、風味は、どのようにして生まれるのだろうか。ブドウそのものがもつ品種の個性に加え、産地の気候や土壌などの自然条件、さらに造り手による畑仕事や醸造の影響を受けることによって、ブドウ果実は多種多様な個性をもつワインへと変身する。

そしてこの多様性こそ、さまざまなシチュエーションや食事に幅広く対応できる、ワインという酒の大きな魅力でもある。

ワインのアルコール発酵の仕組み

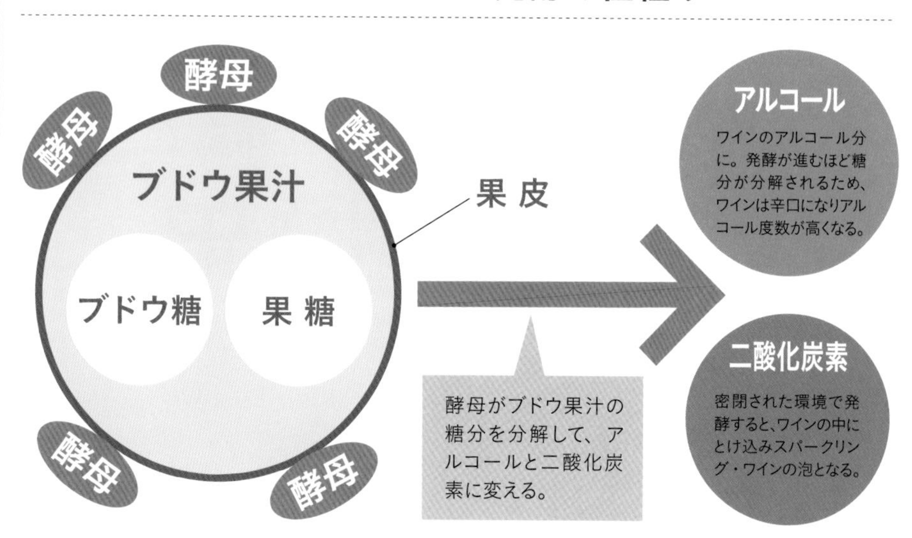

酒類の分類

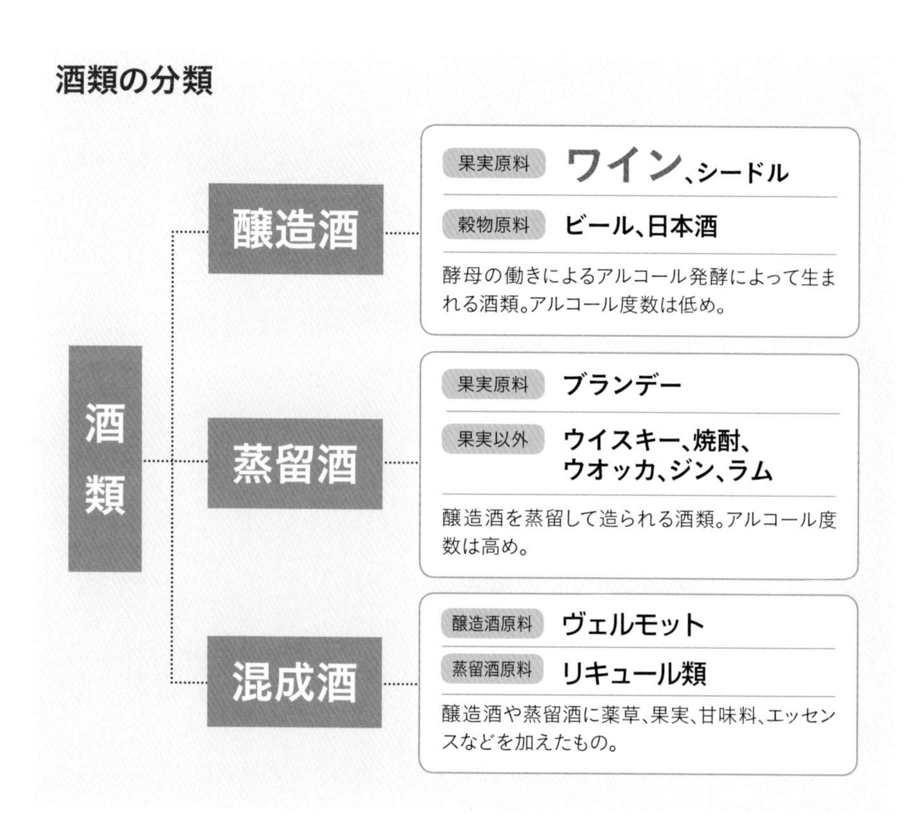

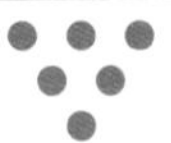

古代オリエントから新世界まで
ワインの歴史

History of Wine

紀元前5000年頃～ ワイン造りのはじまり

人類がブドウを醸し飲んできた歴史は、壁画や粘土板の記述などにもみられる。現存する最古の文献は『ギルガメシュ叙事詩』。紀元前5000～4000年頃の出来事が書かれたものといわれており、古代バビロニアの王ギルガメシュが洪水に備えて船を造らせた際、船大工にワインをふるまったとある。

古代オリエントではじまったワイン造りは、メソポタミアからエジプト人、フェニキア人、ギリシャ人へ伝わったとされており、ギリシャ神話にもブドウ栽培やワインの神であるディオニソスが登場している。

ギリシャには紀元前16世紀のものと伝えられる最古の足踏み式破砕機が今も残されている。

紀元前58年頃～ ローマ帝国とキリスト教によりヨーロッパ全土へ

ギリシャからローマに伝わったワイン造りは、ローマ帝国の領土拡大とともにヨーロッパ全土に広がっていく。フランスでワイン造りが盛んになったきっかけは、紀元前58年からはじまったジュリアス・シーザーによるガリア征服である。

もうひとつ、忘れてはならないのが、キリスト教の存在だ。レオナルド・ダ・ヴィンチの絵でも有名な『最後の晩餐』で、イエス・キリストが「パンは我が肉、ワインは我が血」という言葉を残したことにより、ワインはキリスト教において重要な存在となる。

キリスト教の布教とともに、ミサ用のワインの需要が高まり、修道士、修道院によってワインはヨーロッパ全土へ広がっていったのだ。

■MAPで見るワインの広がり

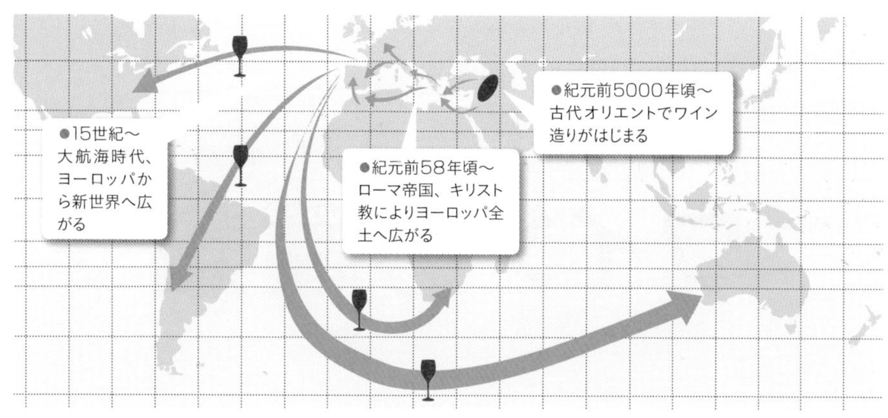

15世紀～
大航海時代 新世界への広がり

15世紀にはじまった大航海時代、アメリカ大陸や南アフリカ、オーストラリアなどにヨーロッパから多くの人々が移住し、それにともないワインの産地もヨーロッパから新たな地域へと広がっていった。

これらの土地でのワイン造りの広がりにおいても、キリスト教の存在は大きい。さらに、ブドウが痩(や)せた土地でも栽培しやすかったこともひとつの要因だ。

アメリカ大陸には、スペインによってブドウがもち込まれ、1551年にはチリ、6年後にアルゼンチンに伝わる。一方、カリフォルニアでは1769年に修道士がワインを造りはじめた。南アフリカにはオランダからブドウがもち込まれ、1659年にワイン造りがはじまる。南半球のオーストラリアでは、1788年に英国人の手によってブドウが上陸し、1819年にはニュージーランドに伝わったとされる。これらの新たに生まれた産地は、「新世界」と呼ばれている。

ワインにはどんな種類がある？

ワインの種類

Types of Wine

赤・白・ロゼ 色の違いによる3分類

ワインを選ぶとき、まずは「赤か白か、ロゼもいいな……」などと考えることも多いはず。ワインの種類で最もわかりやすいのが色の違いによる分類である。いわゆるワイン色の赤ワイン、無色透明から黄色味がかった色合いの白ワイン、ピンク色のロゼワインの3種類に分類するのが一般的。近年では、白ワインの分類に含まれるオレンジワインを第４の種類とする場合もある（↓P.24）。

色の違いの要因のひとつは、ブドウ品種によるもの。果皮に含まれる色素がワインの色合いに影響する。さらにどのように色を引き出すかといった造り方（↓P.22）によっても違いが出る。

ロゼワイン

果皮から引き出す色を醸造方法によって調整し、赤ワインと白ワインの中間のピンク色に仕立てられるワイン。黒ブドウが原料のものや黒ブドウと白ブドウを合わせるものがある。

白ワイン

果皮や種子を先に取り除き、果汁だけを発酵させて造られるワイン。黄緑色や薄いピンク色の果皮をもつ白ブドウを原料とすることが多いが、黒ブドウから造られるものもある。

赤ワイン

果皮や種子を一緒に発酵させ、果皮から色素を引き出したワイン。主に黒みがかった紫色の果皮をもつ黒ブドウから造られる。種子から引き出されたタンニンによる渋味をもつ。

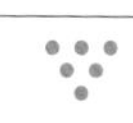

醸造法の違いによる4分類

ワインといえば、先に紹介した赤ワイン、白ワイン、ロゼワインの3つが含まれるスティル・ワイン、そして発泡性のあるスパークリング・ワインが代表的。

しかし、ワインの種類はこれだけではない。スペインのシェリー、ポルトガルのポートやマデイラなど、アルコールを添加したフォーティファイド・ワイン、スペインのサングリア、イタリアのヴェルモットなど、風味を添えたフレーヴァード・ワインもワインの分類の一種。

このフォーティファイド、フレーヴァードのふたつを加えた4つの分類を知っておけば、ワインの楽しみはさらに広がる。

スパークリング・ワイン

醸造過程で二酸化炭素（炭酸ガス）をとけ込ませた、発泡性をもつワイン。フランスのシャンパーニュや、スペインのカヴァなどが有名。一般的に3気圧以上のものを指す。それ以下のものは弱発泡性、微発泡性ワインに区分される。

スティル・ワイン

ブドウ果汁やつぶした果実を発酵させて造られる、二酸化炭素（炭酸ガス）による発泡性をもたないワイン。一般的なアルコール度数は9～15%程度。赤ワイン、白ワイン、ロゼワインがこの分類に含まれる。

フレーヴァード・ワイン

薬草や果実、甘味料、エッセンスなどを加えることや漬け込むことで、独特の風味を添えたワイン。赤ワインに果実を漬け込んだスペインのサングリアや、白ワインに薬草の風味を添えたイタリアのヴェルモットなど。

フォーティファイド・ワイン

醸造工程中にアルコール度数40度以上のブランデーやアルコールを添加し、ワインのアルコール度数を15～22%程度まで高め、保存性を高めたもの。スペインのシェリーなど。日本語では酒精強化（しゅせいきょうか）ワインという。

種類別・主なワインの造り方

白ワイン

収　穫

主に白ブドウを使用。

除梗・破砕

果梗を取り除き、果皮が破れる程度につぶす。除梗せずそのまま圧搾する場合もある。

圧　搾

果汁だけを発酵

圧搾機にかけ、液体(果汁)と固体(果皮や種子)に分ける。

発　酵

果汁のみをタンクに入れ、酵母を加えて15～20℃の低温で発酵させる。

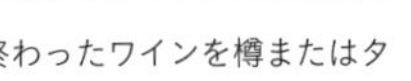

熟成・オリ引き

発酵が終わったワインを樽またはタンクの中で熟成させて風味やバランスを落ち着かせる。定期的に底に溜まったオリ(沈殿物)を取り除く。

赤ワイン

収　穫

黒ブドウを使用。

除梗・破砕

果梗(➡P.30)を取り除き、果皮が破れる程度につぶす。

発酵・醸し

色と渋味を抽出

つぶしたブドウを果皮や種子ごとタンクに入れ、酵母を加えて26～30℃で発酵させる。果皮からは赤い色素のアントシアニンが、種子からは渋味成分のタンニンが出てくる。

圧　搾

圧搾機にかけ、液体(ワイン)と固体(果皮や種子)に分ける。

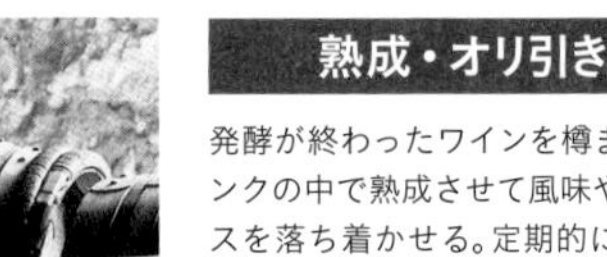

熟成・オリ引き

発酵が終わったワインを樽またはタンクの中で熟成させて風味やバランスを落ち着かせる。定期的に底に溜まったオリ(沈殿物)を取り除く。

Photo:BURDIN/Beuórt

清澄・濾過

ベントナイト(粘土)や卵白、ゼラチンなどの清澄剤を使って濁りを取り、フィルターに通して微生物やその他の固形物を取り除く。
※近年、アレルギーのある人やビーガンの人への対応から、動物性ではないベントナイトを使った清澄が主流になってきている。

瓶詰め

複数品種のブレンドワインの場合は、ワインをブレンドしてから瓶に詰める。

スパークリング・ワイン

いくつかの製法があるが、ここでは
シャンパーニュ方式の工程を紹介。

収　穫

白ブドウ、黒ブドウを使用。

圧　搾

除梗・破砕を行わず、全房を圧搾機にかけ、液体（果汁）と固体（果皮や種子）に分ける。

一次発酵

ベースとなるスティル・ワインを造る。できたワインは品種や畑、収穫年ごとに貯蔵される。

アッサンブラージュ（ブレンド）

複数の品種、畑、収穫年のベースワインをブレンドする。

瓶詰め・リキュール添加

ブレンドしたワインを瓶に詰め、酵母と糖分からなるリキュールを加えて栓をする。

瓶内二次発酵・熟成

泡が生まれる

酵母の働きによって発酵させる。密閉されているため、発酵によって発生した二酸化炭素（炭酸ガス）は瓶内に閉じこめられ、ワインにとけ込む。

動瓶・オリ抜き

毎日瓶を回転させながら除々に逆さまに立てていき、オリを瓶口に集める。瓶口を冷凍液に浸けて凍らせてから栓を抜き、ガス圧で凍ったオリを飛び出させてオリを取り除く。

補酒・打栓

オリ抜きによる目減り分をリキュールを添加して補ってから、再度コルクで栓をする。

ロゼワイン

ロゼワインの造り方には
主に3つの方法がある。

赤ワイン的な造り方

セニエ法

黒ブドウを原料とする。赤ワインと同じように発酵・醸しまで行い、醸しの途中、ほどよく色付いたところで圧搾して果皮や種子を取り除き、さらに発酵を続ける方法。

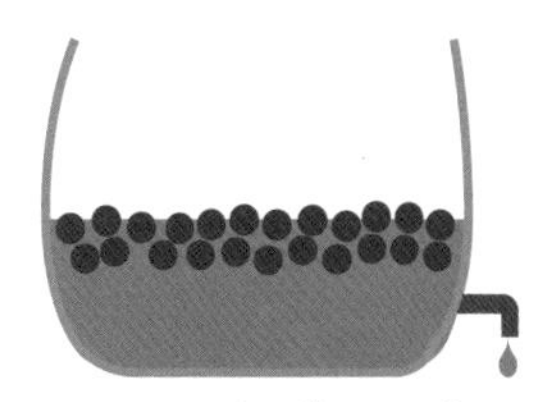

色は濃いめ、華やかな
香りのロゼワインに

混醸法

黒ブドウと白ブドウが混ざった状態で赤ワインと同じように造る方法。

白ワイン的な造り方

直接圧搾法

黒ブドウを使って白ワインと同じように造る方法。破砕、圧搾する際に果皮から果汁に移る色素によってほんのり色付く。

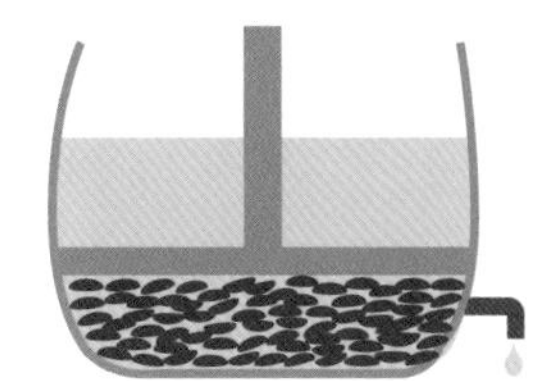

淡い色合いでフレッシュな
風味のロゼワインに

※そのほか、赤ワインと白ワインを混ぜてロゼワインを造る方法もあるが、ヨーロッパにおいてはシャンパーニュだけに認められた例外的な方法。

赤、白、ロゼに続く第4のカテゴリー

オレンジワイン

Orange Wine

オレンジがかった色調とタンニンをもつ話題のワイン

オレンジワインとは、白ブドウを使い赤ワイン製法で造ったワインのこと。一般的な白ワイン製法と比べ、ブドウの種や果皮などを一緒に一定期間接触させることにより、果皮から成分が果汁に入り、オレンジがかった色味が出ることからそう呼ばれる。また果皮と一緒に漬け込んでいる分、通常の白ワインと比べタンニンもしっかりと抽出されるため、赤ワインのような渋味を感じる複雑な味わいのものが多いのも特徴だ。

果皮との接触時間の長さにより、できあがるワインの色素やタンニン分は大きく異なり、生産者によって味わいが大きく分かれる醸造方法でもある。白ブドウ全般で造られているが、ピノ・グリやヴィオニエなどアロマティックな品種がよく使われている。

ジョージアでは「アンバーワイン」、また生産者によっては「スキン・コンタクト・ホワイト」と呼ばれる。

家庭で飲むポイント

- タンニンがしっかりしているため、家庭の冷蔵庫で冷やすと渋味が全面に強く出すぎてしまう。
- 10～12度くらいの温度で飲むのがよい。
- 渋味を補うため、キノコのような苦味をもつ食材や、イカの塩辛などクセのある料理と合わせるのもおすすめ。
- 魚や肉と合わせる場合は、ソースにハーブを利かせると合わせやすい。

種類別・主なワインの造り方

オレンジワイン

収穫

白ブドウを使用。

除梗・破砕

果梗（➡P.30）を取り除き、果皮が破れる程度につぶす。

発酵・醸し

色やタンニンが抽出される

つぶしたブドウを果皮や種子ごと発酵容器に入れ発酵させる。果皮からタンニンが抽出され、オレンジがかった色味になる。果皮と接触させる時間の長さにより、抽出具合は異なる。

圧搾

圧搾機にかけ、液体（ワイン）と固体（果皮や種子）に分ける。

熟成・オリ引き

発酵が終わったワインを樽またはタンクの中で熟成させて風味やバランスを落ち着かせる。定期的に底に溜まったオリ（沈殿物）を取り除く。
※ワインをぼんやりさせないために、オリを再び戻す工程をする生産者が多い。

清澄・濾過

ベントナイト（粘土）や卵白、ゼラチンなどの清澄剤を使って濁りを取り、フィルターに通して微生物やその他の固形物を取り除く。
※無濾過で仕上げられることも多い。

瓶詰め

複数品種のブレンドワインの場合は、ワインをブレンドしてから瓶に詰める。

オレンジワインの起源とブームの火付け役

オレンジワインの起源は、世界最古のワイン産地ジョージアのアンバーワイン。クヴェヴリと呼ばれる素焼きの壺に、種と果皮も一緒に入れてワインを造っていたため、色素が抽出され、白ブドウを使ったワインはアンバー（琥珀色）のワインとなった。

一方、オレンジワインブームの火付け役は、イタリアの自然派ワインといわれている。自然派の造り手が、「いかにワインに何も加えないか」という観点から、タンニンを抽出することにより酸化防止の役割ができることに注目。亜硫酸の添加量を抑えたオレンジワインを造りはじめ、昨今の自然派ワインブームとともに人気が広まったのだ。

ジョージアでは、今もクヴェヴリを用いたアンバーワインが造られている。オレンジワインは、イタリアやアメリカ、オーストラリアなど、自然派の造り手により造られていることも多いが、最近は国を問わず実験的に造っている生産者も多く、日本で造られたオレンジワインも登場している。

ほかの飲み物にはない多種多様な味わい

ワインの味わい

The Taste of Wine

要素を順番に感じ取れば味わいの個性がみえてくる

複雑な要素が織りなすワインの味わいは多種多様。それがワインの魅力であると同時に、好みの味わいを具体的に表現しにくいという難しさの理由でもある。

そこでおすすめしたいのが、ワインの味わいを、酸味→（塩味）→渋味→甘味→果実味（旨味）→苦味→アルコール分（余韻）と順番に感じ取り表現する方法。

ワインはあまり難しく考えず楽しむことが基本だが、美味しいワインを選べるようになるためには、まずは自分の好みを知ることが重要になってくる。

基本要素に分けて順番に感じ取ることで、漠然としていた味わいの特徴が明確になり、自分の好みやワインの個性をより具体的に知ることができるはずだ。

ワインの味わいを決める5つの要素

1	ブドウ品種	ワインの原料となるブドウ品種の個性は、ワインの味わいを決める基本要素。	➡ P.30
2	テロワール	産地の気候や土壌、地勢などの自然条件の個性のこと。原料となるブドウに影響を与える。	➡ P.44
3	造り手	造り手の畑仕事によってブドウの味わいが、醸造（じょうぞう）方法によってワインの味わいが変わる。	➡ P.48
4	ヴィンテージ	ワインの原料となるブドウの収穫年のこと。その年の気候によって原料となるブドウに影響がある。	➡ P.56
5	状態・飲み方	できあがったワインの運搬、保管方法によって味わいに影響がある。さらにワインを飲むときの温度や合わせる料理などによってもワインの味わいは変化する。	➡ P.151

ワインの特徴を知る 味わいの基本要素

ワインの味わいの基本要素となる、酸味、(塩味)、渋味、甘味、果実味(旨味)、苦味、アルコール分(余韻)について、各要素がワインの味わいにもたらす影響をみてみよう。順番に個々の味わいをとらえ、さらにそのバランスやニュアンスを感じることでワインの特徴を知ることができる。

1 酸味

特に白ワインの個性を表す重要な要素。シャープさ、まろやかさなど同じ酸味でも質感の違いがある。フレッシュな、引き締まった、ぼんやりしたなど、酸味の特徴にも意識してみよう。

プラスα 塩味

シェリーのマンサニーリャや白ワインの一部にみられる。

2 渋味

主に果皮や種子由来のタンニンによる要素。赤ワインの味わいに厚みや複雑さを与える。白ワインでもスキン・コンタクトやシュール・リー、オレンジワインなど、渋味を感じるワインが多くなってきた。

3 甘味

ワインの残糖分のほか、アルコール分を甘味と感じる場合も。ワインの甘辛度を決める重要な要素。

4 果実味(旨味)

ブドウ果実本来のフルーティさや風味など。果実味が豊かで凝縮感があると、ボディに厚みが出る。旨味を感じられるものもある。

5 苦味

長期熟成可能なポテンシャルの高いワインに多くみられる。

6 アルコール分(余韻)

味わいの骨格(ストラクチャー)となる要素。度数が高いほど骨格が強くなり、ボディに厚みが出る。また、高いほど飲み終わった後、喉に残る感じが続く(ロングフィニッシュ、余韻が長い)。

ニュアンス(風味)

ワインを飲んだ際の味わいには香りが伴う。感じ取ったワインの香りと味わいの相乗された感覚=風味も合わせてとらえてみよう。

大きさ・バランス

各要素の度合いの総体の大きさがボディ。大きければ飲み応えのあるフルボディ、中程度ならミディアムボディ、小さいとライトボディとなる。最終的に各要素の個性とバランスがそのワインの味わいの特徴となる。

香りが教えてくれるものとは？

ワインの香り

Scent of Wine

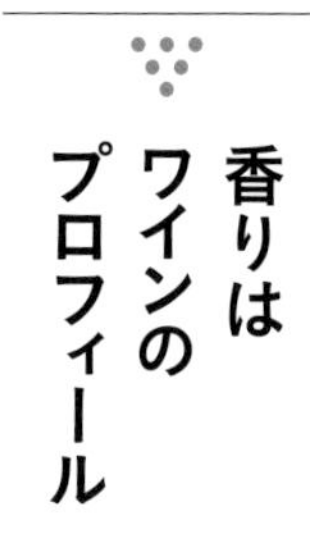

香りはワインのプロフィール

ワインの香りは味わいと同様、実にバラエティ豊か。

原料のブドウに由来するアロマと、熟成中に生まれるブーケに分類されるのが一般的だ。

例えば、アロマならブドウ品種や産地の気候によってワインの香りに特徴があり、ブーケなら木樽による香りや瓶内熟成による香りなどがある。

香りが教えてくれるものは、いわばワインのプロフィール。

そのワインがどんなブドウから造られ、どんな醸造（じょうぞう）や熟成過程を経てきたのか、イメージを膨らませてみるのも楽しい。

香りの分類

ブーケ

木樽内、瓶内での熟成中に生まれる香り。木樽の熟成は出荷前に行われる比較的短期間のもの。ワインの熟成にともなう香りは、長いものだと数十年かけて生まれるものもある。

こんなことがわかる！

● 木樽熟成の有無

ヴァニラ、木の香り、ロースト香
➡ 木樽を使っている

■ ワインの熟成度

若い → 熟成

青草、
フレッシュフルーツなど

腐葉土、動物臭など

アロマ

原料のブドウに由来する香り（第1アロマ）と発酵段階で生まれる香り（第2アロマ）。まずは、果実や花、植物の香りなどブドウ由来の香りを感じることからはじめてみよう。

こんなことがわかる！

● ブドウ品種

インクの香り
➡ カベルネ・ソーヴィニヨンの特徴など

■ 産地の寒暖

寒い → 暖かい

酸味を感じるフルーツ、
フレッシュフルーツ

甘味の強いフルーツ、
トロピカルフルーツ、
コンポート、ジャムなど

ワインの香りを表現する言葉

例えばヨード香と聞いてもピンとこない人でも、醤油や海苔の香りといわれれば香りをイメージしやすいはず。ワインの香りを表現する際は一般的によく使われる表現に加え、身近なものの香りも含めてイメージを膨らませてみよう。

植物、ハーブ、森の香り

草のような(青草)、レタス、ピーマン、茎、ハーブ
(ミント、タイム、ベイリーフなど)、
干し草(黄色の草)、枯葉、タバコ、紅茶、トリュフ(キノコ)、苔むした、腐葉土、ゆで小豆、大地(土)、ほこりっぽい、ヴァニラ

スパイス

胡椒、シナモン、クローブ、ナツメグ、ローズマリー、コリアンダー、甘草

化学物質、その他

アルコール、ヨード香(醤油、海苔、海苔の佃煮)、インク(墨汁)、石灰、生ゴム、ワックス、ヨーグルト、べっこう飴、タクアン

果実の香り

赤ベリー(イチゴ、フランボワーズ、チェリー)
黒ベリー(カシス、ブルーベリー)
イチジク、アプリコット、プラム、リンゴ、洋梨、白桃、黄桃
柑橘系(レモン、グレープフルーツ、ライム、オレンジの皮)
トロピカルフルーツ系
(パイナップル、メロン、ライチ、パッションフルーツ、バナナ)
キャンディ、レーズン、乾燥イチジク、プルーン、イチゴジャム、コンポート

花の香り

バラ、野バラ、スミレ、キンモクセイ、白い花、黄色い花、蜂蜜

動 物

ムスク、ジビエ(野生の鳥獣)、ジビエの煮込み料理、燻製肉、焼いた肉、なめし革、馬小屋、濡れた犬、猫のおしっこ

ナッツ、ロースト香

焼いたアーモンド、ヘーゼルナッツ、カカオ、チョコレート、コーヒー、グリエ(ロースト香)、タバコの煙、燻香、カラメル、焼いたパン、イースト

column 美味しくなさそう? な香りの理由

例えば、馬小屋はキリストが生まれたとされる神聖な場所。なめし革も革製品が発達しているヨーロッパでは身近な香りだ。ワインの香りの表現にはこのようなヨーロッパ的な考え方に基づくものも多い。

ワイン選びはブドウ品種から

ブドウの種類

Grape types for Wine.

ワインの個性を決める基本要素

ワインの味わいや香りなどに影響するさまざまな要素のうち、最も基本となるのが原料となるブドウの品種。多種多様なワインから好みのワインをみつける一番の近道は、ブドウ品種による個性でワインを選ぶことだといえるだろう。

現在、世界でワイン用原料として使用されているブドウ品種は約1000種類、そのなかで主要品種は100種類程度あるといわれている。とはいえ、最初から100種類すべてを覚える必要はない。世界中で栽培されている国際品種と呼ばれる品種や、手に入りやすい産地の主要品種から覚えてみよう。

ワイン用ブドウの特徴と構造

特徴

- 糖度が高い
- 果粒が小さく果皮が厚い
- 成分が凝縮されている

■ブドウの断面図

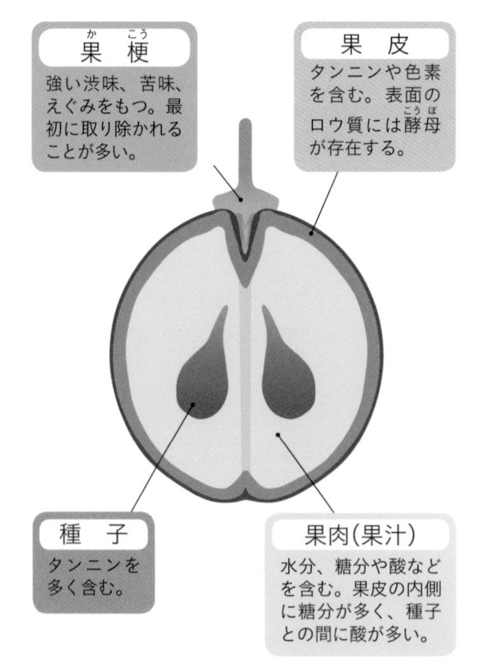

赤ワイン用ブドウ品種 黒ブドウ

赤ワインに使われるブドウ品種は、黒みがかった紫色の果皮をもち、黒ブドウと呼ばれる。この果皮から抽出された色素が赤ワインの美しい色となるのだ。

赤ワインの場合、果汁だけでなく、ブドウ果実全体を発酵させるのが特徴。タンニンを含む果皮や種子を果汁と一緒に発酵させることで、赤ワインの味わいの重要な要素となる渋味が生まれる。

国際品種をはじめ、日本で手に入りやすいものなど、ワイン選びに役立つ押さえておきたい黒ブドウ品種は14種。まずはワイン初心者におすすめの「入門品種」から、次に品種の特徴が顕著な「個性派品種」のワインを飲んでみると、味わいの個性がわかりやすい。

赤ワイン用ブドウ品種基本14種

「入門品種」と「個性派品種」に分け、同じ価格、同じ傾向を比較した場合、一般的に飲み応えがある（重い・しっかりした・濃い）ワインになる赤ワイン用ブドウ品種の順番に紹介。

入門品種9種

- カベルネ・ソーヴィニヨン
- メルロ
- ネッビオーロ
- カベルネ・フラン
- テンプラニーリョ
- ピノ・ノワール
- サンジョヴェーゼ
- ガメイ
- マスカット・ベーリーA

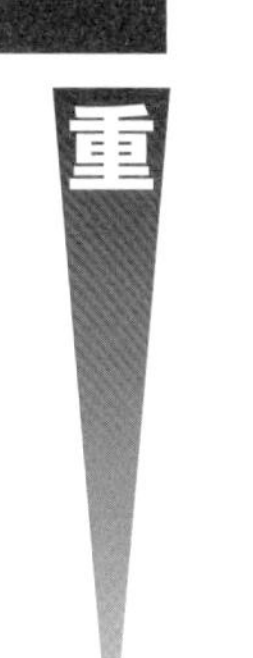

個性派品種5種

- ジンファンデル
- シラー（シラーズ）
- マルベック
- グルナッシュ
- ピノタージュ

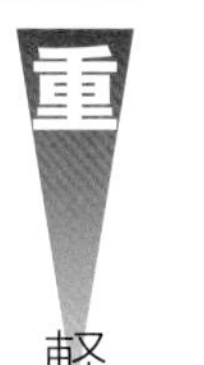

column 好みの品種は別名も覚えよう！ ブドウの別名・シノニム

シノニムとは、その産地固有のブドウ品種の名前のこと。オーストラリアではシラーがシラーズと呼ばれているのが有名だ。好みの品種が見つかったら、ぜひシノニムもチェックしてみよう。

〈代表的なシノニム〉

白ワイン用品種	赤ワイン用品種
シュナン・ブラン ＝ ピノー・ド・ラ・ロワール Pineau de la Loire（フランス／ロワール）	テンプラニーリョ ＝ ティント・フィノ Tinto Fino（スペイン／カスティーリャ・レオン）
ミュスカデ ＝ ムロン・ド・ブルゴーニュ Melon de Bourgogne（フランス／ロワール）	ピノ・ノワール ＝ シュペートブルグンダー Spätburgunder（ドイツ）
シルヴァネール ＝ シルヴァーナー Silvaner（ドイツ）	グルナッシュ ＝ ガルナッチャ・ティンタ Garnacha Tinta（スペイン／リオハ、ナバーラ）

カベルネ・ソーヴィニヨン

Cabernet Sauvignon

栽培面積 世界第1位

インク、杉板、カシス、ミントの香り。酸味と渋味がしっかりしており、果実味も厚く余韻が長い。色調は黒紫色。

「黒ブドウの王様」とも呼ばれ、世界中で栽培されている代表的品種。重厚で長期熟成に耐えうるワインを生む。ボルドーではエレガントな味わいに、カリフォルニアなどの新世界ではパワフルな味わいとなる。

主な産地

- フランス／ボルドー
- アメリカ／カリフォルニア
- オーストラリア
- チリ
- アルゼンチン
- 南アフリカ　など

メルロ

Merlot

栽培面積 世界第2位

青ピーマン、キノコ、ほこりの香り。果実味豊かでまろやかな味わい。色調は濃い紫色。

「ビロードのような舌触り」とも表現される、滑らかさをもち、渋味もやわらかい。カベルネ・ソーヴィニヨンと並んでボルドーを代表する品種。世界各地でもハイクオリティのワインが生まれている。

主な産地

- フランス／ボルドー
- ニュージーランド
- チリ
- アメリカ／カリフォルニア、ワシントン

ネッビオーロ

Nebbiolo

土、動物、スパイシーな香り。若いうちは酸味が強く、飲み頃になると果実味が豊かになる。色調は茶色がかった黒紫色。

北イタリア、ピエモンテ産でイタリアを代表するワイン、バローロ、バルバレスコを生み出すブドウ品種。強い酸味と渋味をもち、長期熟成型のワインとなる。熟成によって酸味と果実味のバランスがとれてくる。

主な産地

- イタリア／ピエモンテ

※P.32～41の栽培面積のランキング（2016年・30位まで）データ参照先
Kym Anderson, Signe Nelgen (2020) Which Winegrape Varieties are Grown Where? (Revised Edition), University of Adelaide Press

カベルネ・フラン

Cabernet Franc

栽培面積 世界第16位

**青ピーマン、ゆでた豆、スパイスの香り。
酸味がしっかりとしていて、
スムーズな口当たり。色調は紫色。**

ボルドーにおいては、カベルネ・ソーヴィニヨンやメルロとブレンドされることが多いブドウ品種。酸味が中心でしなやかな渋味をもつスムーズなワインとなる。薄めで明るい色調も特徴のひとつ。

主な産地

- フランス／ボルドー、ロワール

テンプラニーリョ

Tempranillo

栽培面積 世界第3位

**フランボワーズ、クランベリーの香り。
酸味と果実味とアルコールのバランスで
スムーズな口当たりに。色調は濃いルビー色。**

スペインを代表する固有品種。伝統的に高品質なワインを生み出してきた。リオハをはじめスペイン各地で栽培されており、多くのシノニムをもつ。古くなるとピノ・ノワールのワインに似てくる。

主な産地

- スペイン／リオハ
- ポルトガル
- アルゼンチン

ピノ・ノワール

Pinot Noir

栽培面積 世界第12位

**イチゴやチェリー、フランボワーズの華やかな香り。
熟成すると馬小屋の香りに。フルーティで
スムーズな口当たり。色調はルビー色。**

ブルゴーニュで数々の高名なワインを生み出すブドウ品種。世界各地でも栽培されており、テロワールを反映しやすい。単一品種で造られ、繊細でスムーズな味わいのワインとなる。比較的高価なワインが多い。

主な産地

- フランス／ブルゴーニュ、アルザス、シャンパーニュ
- ニュージーランド
- ドイツ
- オーストラリア
- アメリカ／オレゴン

サンジョヴェーゼ
Sangiovese

栽培面積 世界第13位

醤油とアメリカンチェリーの香り。
酸味がしっかりとしていて、スムーズな口当たり。
色調は黒みがかったルビー色。

キアンティ・クラッシコをはじめ、多くの有名ワインを生み出すイタリアの代表品種。はっきりとした酸味とフルーツフレーヴァーをもつワインとなる。

主な産地
- イタリア/トスカーナ
- アメリカ
- アルゼンチン

ガメイ
Gamay

イチゴ、バナナ、キャンディの華やかな香り。
爽やかな酸味の軽やかな味わい。
色調はルビー色。

ブルゴーニュのボージョレを代表するブドウ品種。ヌーヴォーが有名。フルーティな早飲みタイプのイメージが強いが、芳醇な味わいのワインも生み出す。

主な産地
- フランス／ブルゴーニュのボージョレ
- スイス

マスカット・ベーリーA
Muscat Bailey-A

イチゴとキャンディ香、ブドウ本来のフルーティな香り。
飲み口はスムーズで軽やかな味わい。
色調は赤紫色。

新潟県のブドウ栽培家・川上善兵衛(かわかみぜんべえ)氏が、ベーリー種にマスカット・ハンブルグ種を掛け合わせて作った日本独自の交配品種。濃厚なフルーツフレーヴァーをもつ。

主な産地
- 日本

優れた品種を生み出し、増やす工夫

交配品種とクローン

交配品種とは
異なる品種のブドウを人為的に掛け合わせることで生まれた品種のこと。気候への適合性や病害虫への強さなど品質の向上を目的として行われる。

クローンとは
種から育成せず、優れた品質のブドウの樹の枝を挿し木などの方法で増やした子孫のこと。子孫は親のブドウの樹と同じ品質となる。

ジンファンデル

Zinfandel

栽培面積 世界第27位

カシスリキュール、ブルーベリージャム、梅ジソの香り。濃厚でジャミーな（ジャムを飲んでいるような）味わい。色調は黒紫色。

カリフォルニアを代表する品種。濃厚な果実味とインパクトのある味わいのパワフルな赤ワインとなる。ロゼ仕立てのホワイトジンファンデルなども造られている。近年辛口が増えてきている。

主な産地

- アメリカ／カリフォルニア
- オーストラリア

シラー（シラーズ）

Syrah / Shiraz

栽培面積 世界第7位

土、カシス、プラムや、ブラックペッパーなどのスパイシーな香り。渋味は控えめで、大地の土を思わせる味わい。色調は黒紫色。

渋味はしっかりとあるが、高いアルコールのボリューム感で控えめな印象となる。フランスのコート・デュ・ローヌに比べ、オーストラリアではより凝縮感のあるパワフルなタイプが多い。スパイシーな香りも特徴。

主な産地

- フランス／コート・デュ・ローヌ
- オーストラリア
- アメリカ／ワシントン
- ニュージーランド
- 南アフリカ

マルベック

Malbec

栽培面積 世界第17位

フランス：クセの強い、たい肥の香り。色調は黒色。新世界：ベリージャムの甘い香り。色調は濃い紫色。しっかりとした酸味と独特の野生味がある。

フランスと新世界で特徴が大きく異なる品種。フランスでは別名「黒いワイン」と呼ばれ、シャープで濃厚な味わいに。9割を占めるアルゼンチンをはじめ、新世界ではフルーティで果実味豊かなワインになる。

主な産地

- フランス／ボルドー、南西地方
- アルゼンチン
- アメリカ

グルナッシュ
Grenache

栽培面積 世界第8位

赤い果実のフルーティさと畑の土を思わせる甘い香り。やわらかい渋味をもつ濃厚な味わい。色調は濃いルビー色。

　フランス南部で広く栽培されている品種。甘味のある豊かなフルーツフレーヴァーをもつフルボディのワインとなる。原産地のスペインではガルナッチャ・ティンタと呼ばれる。

主な産地
- フランス／コート・デュ・ローヌ
- スペイン

ピノタージュ
Pinotage

イチゴなどの赤果実と黒果実、草の青さが混ざった香り。濃厚でインパクトが強く、酸味もしっかりしているがスムーズな口当たりで、フルーティな味わい。色調は濃い紫色。

　ピノ・ノワールとサンソーを掛け合わせた、南アフリカを代表する独自の交配品種。ピノ・ノワールとシラーを足して2で割ったようなスムーズで力強い味わいが特徴。

主な産地
- 南アフリカ

column　どんなブドウがワインになる？

ブドウ品種の系統

ワイン用ブドウは、生食用のブドウより小ぶりで果皮が厚く、糖度が高く凝縮感があるのが特徴だが、その違いは系統の違いにある。ほとんどのワイン用ブドウは、ヨーロッパ・中東系のヴィティス・ヴィニフェラに属する品種だ。

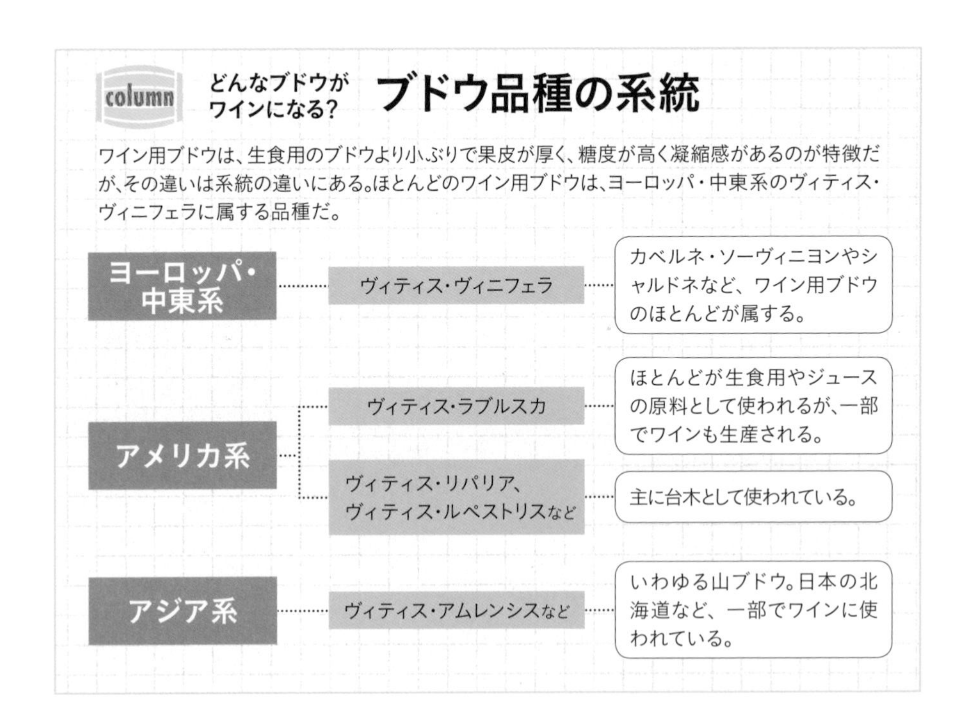

白ワイン用ブドウ品種 白ブドウ

白ワインに使われる主なブドウ品種は、黄緑色やグリと呼ばれる灰色がかったピンク色の果皮をもち、白ブドウと呼ばれる（ただし果汁のみを発酵させる白ワインは、果皮の色素による影響が少ないため、黒ブドウから造られるものもある）。

白ワインの場合、産地により酸味の強さやニュアンス、果実味の厚みが変わりやすい傾向があるのが特徴だ。

国際品種をはじめ、日本で手に入りやすいものなど、ワイン選びに役立つ押さえておきたい白ブドウ品種は15種。まずはワイン初心者におすすめの「入門品種」から、次に品種の特徴が顕著な「個性派品種」のワインを飲んでみると、味わいの個性がわかりやすい。

白ワイン用 ブドウ品種基本15種

「入門品種」と「個性派品種」に分け、同じ価格、同じ傾向を比較した場合、一般的に飲み応えがある（重い・濃い・余韻が長い）ワインになる白ワイン用ブドウ品種の順番に紹介。

入門品種7種

- シャルドネ
- ソーヴィニヨン・ブラン
- リースリング
- ピノ・グリ
- 甲州
- ミュスカデ
- トロンテス

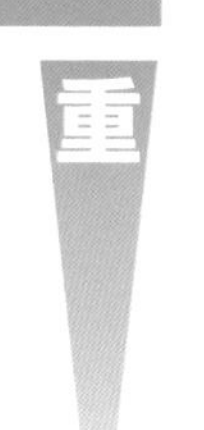

軽

個性派品種8種

- ヴィオニエ
- セミヨン
- シュナン・ブラン
- ゲヴュルツトラミネール
- ルーサンヌ／マルサンヌ
- シルヴァネール
- ミュスカ（マスカット）

重

軽

column 樹齢の長さの表示

ヴィエイユ・ヴィーニュとは？

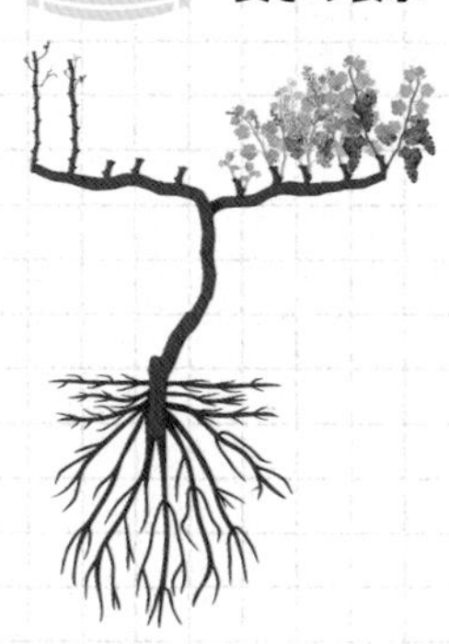

フランスではV.V.（ヴィエイユ・ヴィーニュ）、アメリカではオールド・ヴァインとラベルに書かれているものがある。高樹齢のブドウ樹とそのブドウから造られたワインを表したもので、明確な基準はないが、20～30年とされている。樹齢が若いうちは根が短く栄養分などを十分に吸い上げられないため、ワインには樹齢3年以上のブドウが使われるのが一般的。理想的な樹齢は、根がマザーロック（母岩）に届くものといわれており、母岩には自然や大地のエネルギーが豊富に含まれ、ワインのポテンシャルが上がるとされている。一方、30年でブドウを植え替えることも一般的で、理由は収量が減るため。高樹齢のものは、収量が減る代わりに、樹齢を重ねたブドウならではのワインの味が生まれるのだ。

シャルドネ
Chardonnay

栽培面積 世界第5位

従来樽を効かせる場合が多い。ヨーグルト、ナッツ、ヴァニラ、スモークの香り。きれいな酸味をもつ肉厚な味わい。色調はゴールド。

「白ブドウの女王」とも呼ばれ、世界中で栽培されている代表品種。品種による香りはおとなしい。近年は樽を使わずステンレスやコンクリートのタンクによる熟成で、より自然な味わいのものも増えている。

主な産地
- フランス／ブルゴーニュ
- アメリカ／カリフォルニア
- オーストラリア
- チリ
- 南アフリカ　など

ソーヴィニヨン・ブラン
Sauvignon Blanc

栽培面積 世界第10位

青草、レタス、柑橘類の皮、ハーブの香り。青っぽい酸味があり、果実味の濃さにかかわらずすっきりとした飲み口に。色調は透明感の強い黄色。

青みを帯びた香りが特徴だが、温暖な産地では、リンゴや洋梨の甘酸っぱい香りに、さらに温暖になるとトロピカルフルーツの香りが出てくる。熟成とともに色調は濃い黄色に変化し、まったりとした味わいになる。

主な産地
- フランス／ロワール、ボルドー
- ニュージーランド
- オーストラリア
- チリ
- アルゼンチン

リースリング
Riesling

栽培面積 世界第14位

生ゴムから白い花へと変化する香りやリンゴ、レモンの香り。からみつくような酸味と甘味、果実味をもつ。色調は緑がかった薄いレモンイエロー。

酸味と甘味、果実味のバランスが味わいの決め手となる品種。各国で辛口から極甘口タイプまで造られている。従来樽を使わずアルコール分は低めのものが多かったが、近年、樽を使った肉厚なタイプが人気。

主な産地
- フランス／アルザス
- ドイツ
- オーストラリア
- ニュージーランド

ピノ・グリ

Pinot Gris

栽培面積 世界第20位

**ミネラル、スパイスの香り。
シャープな酸味があるが強くはなく、早飲みタイプが多い。
色調は濃い色になりやすい。**

灰色がかったピンク色の果皮をもつグリ品種。グリとは灰色という意味。ピノ・ノワールの突然変異でピンク色になった品種なので、濃い色調になりやすい。

主な産地
- フランス／アルザス
- イタリア
- ニュージーランド

甲州

Koshu

**青草、柑橘類の香り。
軽い酸味と果実味のすっきりとした味わい。
余韻に苦味がある。色調は透明度の強い薄い黄色。**

日本を代表する土着品種。シュール・リー（→P.53）が主流になったことで旨味が増え、厚みのあるタイプや複雑なタイプなど、近年多彩で上質な辛口が生まれている。

主な産地
- 日本／山梨県甲州市勝沼

ミュスカデ

Muscadet

**イースト、グレープフルーツの香り。
軽やかな酸味と果実味をもつ。
色調は軽く緑がかった薄い黄色。**

シュール・リーが行われることが多く、イーストの香りはこの製法によるもの。フレッシュで軽やかな味わいが特徴で、早飲みタイプが多い。

主な産地
- フランス／ロワール

トロンテス

Torrontes

**フルーティな香り、ムスクの香り。
軽快でしっかりとした酸味がある。
色調は透明。**

アルゼンチンの主要品種であり、マスカットを親とするアルゼンチンの土着品種。そのため、マスカットの特徴であるムスクの香りをもつ。早飲みタイプが多い。

主な産地
- アルゼンチン

ヴィオニエ
Viognier

**キンモクセイの華やかな香り。
やわらかくモチッとした丸みのある味わい。
色調は黄色。**

コート・デュ・ローヌのほか、世界各地でも栽培されている。「クリスピーな」と表現される、乾いたニュアンスのほのかな酸味をもつのも特徴。熟成にともない色調はゴールドになり、粘性が強くなる。

主な産地
- フランス／コート・デュ・ローヌ
- フランス／ラングドック
- アメリカ

セミヨン
Sémillon

**メロン、イチジクの香り。
フルーティで辛口でも甘口でも重い味わい。
色調は薄い黄色。品種の個性は控えめ。**

ボルドーのソーテルヌやグラーヴの主要品種で、貴腐ワインの原料としても有名。酸味と果実味は控えめ。辛口の場合ソーヴィニヨン・ブランとのブレンドが一般的で、単体で造られる場合は熟成タイプとなる。

主な産地
- フランス／ボルドー
- オーストラリア

シュナン・ブラン
Chenin Blanc

栽培面積 世界第29位

**黄桃、スパイス、フローラルの香り。
まったりとして尾を引く味わい。
色調は透明感の強い薄い黄色。**

辛口から遅摘みや貴腐による甘口まであり、辛口でも蜂蜜のような甘い花の香りとフルーツフレーヴァーにより、余韻に甘味を感じる味わいとなる。早飲みタイプが多いが、一部は熟成にともない粘性が強くなる。

主な産地
- フランス／ロワール
- 南アフリカ

ゲヴュルツトラミネール
Gewürztraminer

**ライチ、パイナップルなどの甘いフルーツの香り。
酸味は少なく重めで、軽い苦味をともなう。
色調は緑がかった黄色。**

華やかなライチの香りで、すぐにゲヴュルツトラミネールのワインだと判別できるほどのはっきりとした個性をもつ。極甘口のデザートワインを除き、早飲みタイプが多い。

主な産地
- フランス／アルザス
- ドイツ

◀ルーサンヌ
▶マルサンヌ

ルーサンヌ／マルサンヌ
Roussanne / Marsanne

**ブレンドされることが多い。
ハーブティー、スパイスの香り。
しっかりとした酸味をもつ。色調は黄色。**

コート・デュ・ローヌの主要品種。ふたつをブレンドすることにより複雑な味わいのワインとなる。熟成にともない色調は黄色が濃くなり、ねっとりとした個性的な味わいに。

主な産地
- フランス／コート・デュ・ローヌ

シルヴァネール
Sylvaner

**樽を効かせる場合が多い。石灰、木の香り。
酸味は強めで、まったりとした味わい。
色調は透明感の強い薄い黄色。**

ドイツのフランケン地方の辛口白ワインが有名。酸味の強いワインとなることが多く、早飲みタイプが多い。フランスのアルザスではフルボディのワインが造られる。

主な産地
- ドイツ
- フランス／アルザス

ミュスカ（マスカット）
Muscat

栽培面積 世界第25位
※マスカット・オブ・アレキサンドリア

**蜂蜜、アプリコットの甘い香り。
辛口、甘口、極甘口とも、軽やかな味わいで、アロマティック。
色調は黄色。**

ムスクの香りをもつブドウの総称で、世界中に多くの親戚品種がある。アロマティックで早飲みタイプが多い。生食用としても世界中で栽培されている。

主な産地
- フランス／アルザス
- イタリア／ピエモンテのアスティ

2本のベルトゾーンに集中

ワインの産地

Wine-Producing Region

ブドウ栽培に適した土地からワインが生まれる

最近では、専門店だけでなくスーパーなどでも見かける、さまざまな国のワイン。これらのワインがどのような場所で生まれるのか、その特徴をみてみよう。

ワインの原料であるブドウは生鮮果実。新鮮なうちに仕込むことが必要となるため、ワインの産地は必然的にブドウの産地ということになる。

ブドウ栽培に好ましい年間平均気温は10～20℃。この気温条件を満たす地域を地図上でみてみると、おおよそ北緯30～50度、南緯20～40度のエリアとなり、主要なワイン産地のほとんどがこのエリアにある。気温に加え、日照時間や降水量などの条件も満たすブドウ栽培に適した土地から、良質なワインが生まれている。

ブドウ栽培に適した気候条件

気温	年間平均気温10～20℃ (ワイン用ブドウ栽培では10～16℃)
日照時間	ブドウ生育期間中 1000～1500時間
降水量	年間降水量 500～900mm

MAPで見るブドウの栽培域と主なワイン産地

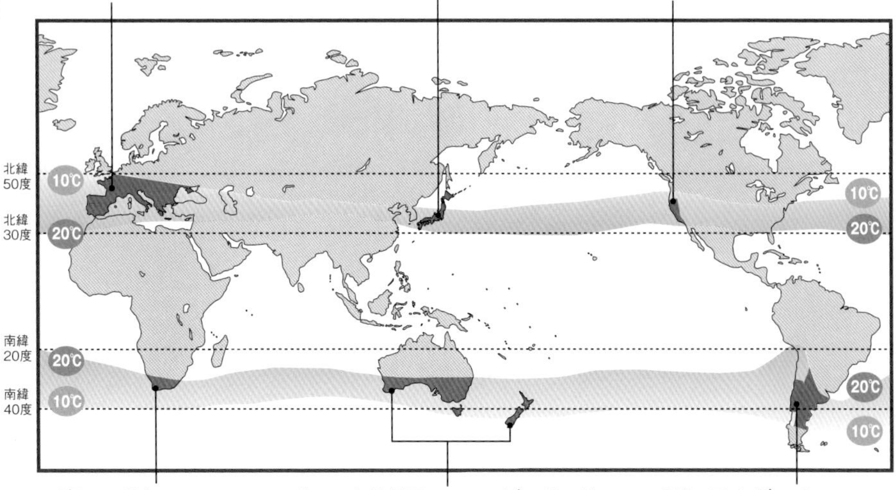

どの国のワインが人気?

日本に輸入されるワイン

日本にいながらにして楽しめる、世界各国のワイン。スティル・ワインの年間輸入量から、日本で人気の産地が見えてくる。

国別スティル・ワイン輸入量ランキング

1	チリ	78,995 kL
2	フランス	59,622 kL
3	スペイン	41,686 kL
4	イタリア	39,340 kL
5	アメリカ	13,975 kL
6	オーストラリア	13,414 kL
7	ドイツ	4,038 kL
8	アルゼンチン	3,326 kL
9	南アフリカ	2,533 kL
10	ポルトガル	1,760 kL

※財務省貿易統計参照。酒精強化ワイン、スパークリング・ワインを除く、2L以下の容器入りのブドウ酒の輸入状況(2020年)、100Lの位を切り捨て

国別ワイン生産量ランキング

全世界のワインの年間生産量は2498万kL余り。イタリア、フランスが最も多く、この2カ国で世界の1/3ほどを生産している。

1	イタリア	4,250,000 kL
2	フランス	3,641,900 kL
3	スペイン	3,248,000 kL
4	アメリカ	2,333,900 kL
5	オーストラリア	1,369,000 kL
6	アルゼンチン	1,182,100 kL
7	中国	1,163,600 kL
8	南アフリカ	1,080,100 kL
9	チリ	949,200 kL
10	ドイツ	746,200 kL

※2017年O.I.V.資料参照

自然条件でワインが変わる！
テロワール

Terroir

ブドウの生育に影響する産地の個性

テロワールとは、産地の気候や土壌、地勢などの自然条件の個性のこと。ワインの味わいのベースとなるのはブドウ品種であるが、そのブドウの育成に影響を与えるのが産地による自然条件の違いだ。

例えば、気温や日照量はブドウ果実の熟し具合に影響を与える。ブドウは熟すほど酸味が弱くなり、甘味や果実味が強くなるので、それがワインの味わいに反映されることになる。

ブドウ品種の特徴に加え、テロワールによる違いを押さえれば、もっと好みのワインを選びやすくなるはずだ。まずは比較的味わいの傾向がわかりやすい、産地の寒暖による違いに注目してワインを選んでみよう。

産地の寒暖によるブドウの味わいの違い

テロワールが与える影響のうち、最もわかりやすいのが産地の寒暖によるワインの味わいの違い。寒い産地になるほど酸味が強く、シャープな印象になり、温暖な産地になるほど酸味はまろやかになって果実味が強くなる。

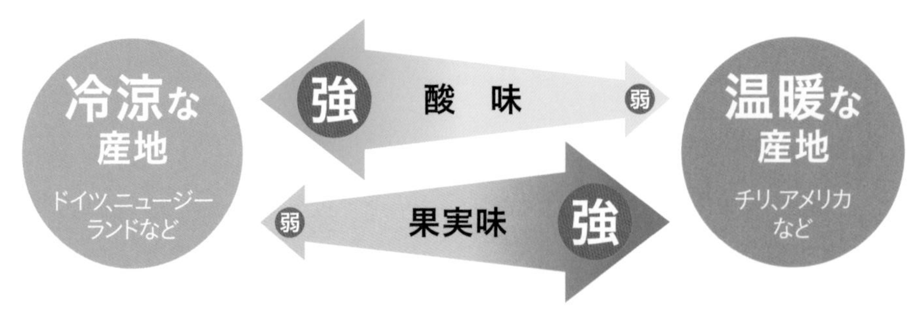

テロワールの4大構成要素

テロワールを構成する主な要素としては、気温、日照、水分、土壌が挙げられる。気温や日照量は果実の熟し具合に、水分や土壌は果実の凝縮感や複雑味に影響を与える。

日照

日照は果実の熟し具合を左右し、色素、糖分、酸、タンニンの生成に影響する。生育期間に最低限必要な日照時間は1000～1500時間。

気温

気温は果実の成熟スピードを左右し、酸味や果実味に影響を与える。年間平均気温10～16℃かつ、昼と夜の気温差が大きい方が望ましい。

土壌

水はけがよく痩せた土壌の方が、ブドウがより地中深くまで根を張り、果実に複雑味が増すといわれる。品種によって適した土壌が異なる。

水分

水分が多すぎると樹の生長が過度になり果実に栄養が行き渡らないため、生長に必要なギリギリの量（年間降水量500～900mm）が望ましい。

地勢による影響

上記の4大構成要素に影響を与える地勢条件も、テロワールの重要な要素。同じ気象条件の地域であっても、標高、土地の傾斜の角度や向き、河川の有無など、地勢の違いによって、気温や日照量、水はけなどに違いが出る。

標高　標高が高くなるほど気温は低くなるので、気温が高すぎる地域では標高の高い場所に畑が造られることが多い。仏ブルゴーニュでは標高が高いほど特級畑に認定されやすいが、独モーゼルでは低い方が認定されやすい。

傾斜　斜面では水はけがよくなるほか、斜面の向きによって日照量を確保することができる。

河川　河川に面した畑では、水面の照り返しにより日照量を増やすことができる。

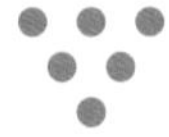

自然環境の変化がもたらす影響とは?

温暖化の影響

Impact of Global Warming

ワイン造りへの影響に危機感が高まる

地球温暖化のワインへの主な影響としては、異常気象による直接的被害のほか、ブドウがより熟すことによってできあがるワインの果実味が厚くなり、アルコール度数が高くなることが挙げられる。

1990年代から温暖化はすでに問題視されていたが、年々危機感が高まってきている。近年では、アメリカ、オーストラリアの山火事によるワイナリーやブドウ畑の焼失とスモークの香りの影響をはじめ、ヨーロッパにおける多数の霜の害、暑くなりすぎることによるブドウの過熟、ブドウを凍らせて造るドイツのアイスヴァインの生産量激減など、ワイン主要生産地が、温暖化の影響で大打撃を受けている。日本でも山梨の勝沼の気温上昇で引っ越すワイナリーが出てきたほどだ。一方で、醸造技術の進歩により品質を維持する産地や、ブドウが熟すようになりワインの品質が向上した産地もあり、各地で新しいブドウ品種や醸造方法が見直される時期にきている。

次の世代にワインが生産されなくなることがないよう、CO_2の削減などは皆で努力すべき問題といえるだろう。

英国におけるスパークリング・ワインのパイオニア的存在、ナイティンバーの自社畑

産地別 温暖化によるワインへの影響

世界各国のワイン産地において、温暖化によって実際にどのようなワインへの影響が出ているのか、産地別にみてみよう。

フランス ブルゴーニュ

ブルゴーニュのピノ・ノワールは生産量が減って高価になった。醸造技術の進歩とワイナリーの涙ぐましい努力で品質は落ちておらず、自然派ワインなどはむしろ品質が上がっている。

フランス アルザス

白ワインの銘醸地として知られるアルザスでは、ピノ・ノワールによる赤ワインの品質が向上しており、アルザスらしい上品な旨味を追いかけたスタイルのワインが登場している。

ドイツ

ドイツのピノ・ノワールのレベルが急激に上がって脚光を浴びている。特に、南ドイツのファルツ、バーデンではブルゴーニュを凌駕するワインも出てきている。

英国

シャンパーニュの主要3品種と同じブドウから瓶内二次発酵で造る、英国のスパークリング・ワインが、シャンパーニュを超える品質になったと話題に。

アメリカ

カリフォルニアの北に位置する、オレゴン、ワシントンのワインがどんどん美味しくなってきていると注目されており、ニューヨークでも生産者が増えてきている。

日本

山梨の勝沼では暑くなりすぎたと山形、北海道に移転するワイナリーも出てきたが、醸造技術の進化と生産者の努力で生産量はいまだ日本一。今後注目すべきは北海道といわれており、ピノ・ノワールの成功例が話題になっている。

ニュージーランド オーストラリア 南アフリカ

ニュージーランド、オーストラリア、南アフリカなどの新世界の産地で、カジュアルに楽しめる低価格帯のワインのレベルが上がっている。

シャトー、ドメーヌ、ネゴシアン……

造り手

Wine Maker

造り手の個性は畑仕事と醸造方法によって表れる

ブドウそのものがもつ品種別の個性や産地の気候、土壌、地勢などのテロワールに影響を受けた、いわば自然の恵みであるブドウ果実をワインへと変身させるのが造り手だ。

ワインの味わいを決める造り手の仕事としては畑仕事と醸造（じょうぞう）のふたつがある。例えばブドウの収穫時期によってブドウの熟し具合は異なり、また醸造でどんな香りや味わいを引き出すかによってもワインの味わいは変わる。

とはいえ、造り手の数は多く、体系的に覚えていくことは難しい。まずはブドウ品種や産地で選んだワインを飲んでみて、美味しいと思ったワインの造り手を覚えるところからはじめてみよう。

造り手の生産形態による分類

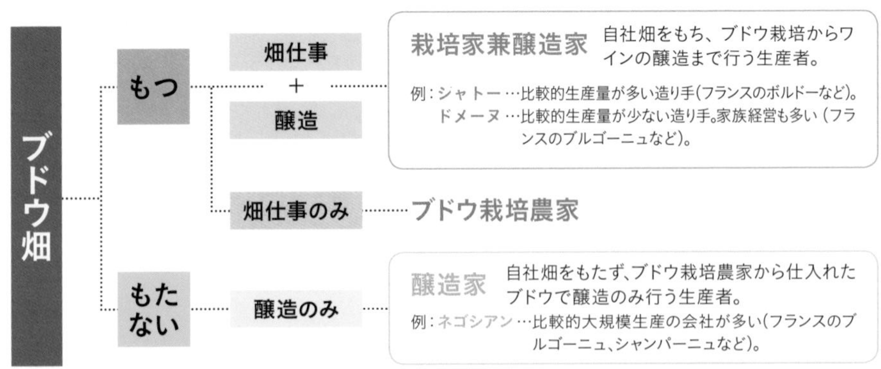

※樽に入ったワインを仕入れて瓶詰めのみ行う業者もある。

農法による違い

近年、健康志向の高まりとともに自然派農法を取り入れる造り手が増えている。どのような農法を採用しているのかは、栽培、醸造における個別の技法による違いよりも、より明確に造り手の個性が表れるといえる。自然派の農法になればなるほど規制も厳しくなる。

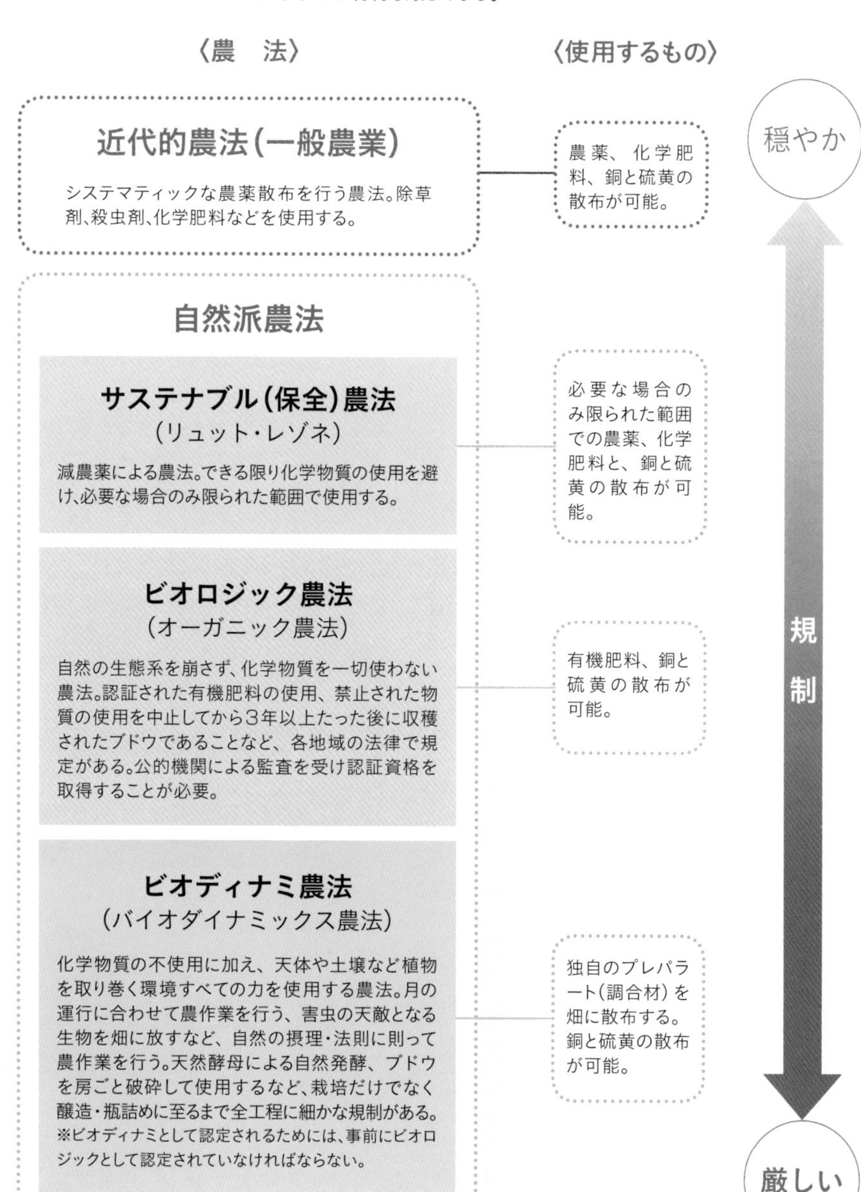

造り手の仕事1
畑仕事

ワインの原料となるブドウの品質を左右する造り手の仕事が畑仕事。

過度の寒さや暑さ、病害虫など、育成に悪影響を与える要因からブドウを守るための作業をはじめ、収穫量の調整、収穫時期の見極めなど、ブドウの味わいを決める作業まで、その仕事は多岐にわたる。ブドウ品種や気候、土壌に合わせた細やかな作業が必要だ。

実際にどんな作業が行われているのか、北半球の畑を例に、畑の1年のサイクルをみてみよう（時期は目安）。

ブドウの生育と畑仕事のサイクル（北半球の場合）

休眠期（11～2月）

秋の収穫後、気温が下がってくるとブドウの樹は落葉し、樹液の活動が止まり休眠状態に入る。この間に造り手は霜害対策などの冬を越す準備のほか、土壌の整備や芽数の調整など、次の収穫に向けた準備を進める。

主なプロセス

■ 土寄せ

ブドウの樹の根元に周囲の土を寄せる作業。樹の根元を土で覆うことにより、霜害を防ぐ効果がある。寒さが厳しい冬を越すための工程。

■ 剪定

不要な枝や蔓などを剪定バサミで切り落とす作業。次のシーズンの芽数や新梢（新しい枝）の配置、密度などがこの作業で決まる。

発芽・展葉期（3～5月）

気温が上昇してくると樹液が活動をはじめ、剪定した枝の先から樹液がしたたり落ちる（「ブドウの涙」と呼ばれる）。活動をはじめたブドウの樹は芽を出し、次々に枝葉を伸ばしていく。造り手は新芽を守り、枝葉の量や形を調整する。

主なプロセス

■ 発芽

固く閉じていた芽がほころび、小さな新芽が顔をのぞかせる。新芽は霜に弱いので、寒冷地では畑に水を撒き、氷で覆うことで冷たい外気から新芽を守り、春霜による被害を防ぐ。

■ 展葉

展葉期を迎えるとブドウは生長を速め、次々に新梢を伸ばし、緑の葉を広げる。造り手は必要以上に伸びてしまった枝葉を掻き取り、必要な枝をワイヤーに固定し形を整える。

column

葉の1枚まで管理する細やかな技術

キャノピー・マネジメント

キャノピー・マネジメントとは、一般的に葉の管理のことを指す。果実にどの程度日光を当てるかなどを葉の位置や枚数で調整することによって、果実にとって好ましい環境を作り出すことが最大の目的だ。ブドウの樹の植え方や、枝葉をどのように整えるかという「仕立て」によっても果実の環境は大きく異なり、ブドウ品種や気候風土に合わせたさまざまな仕立て方が世界中で研究されている。

↑世界で最もポピュラーなブドウの樹の仕立て方である「垣根造り」

→日本で最も多く見かける「棚造り」

開花・結実期(6月)

6月に入ると白い花が咲き、固く小さな実がつく(ブドウは新梢にのみ結実する)。この間にも枝は伸び続けるため、引き続き枝をワイヤーに固定する作業が続く。結実した実は気温の上昇とともに急速に大きくなっていく。

主なプロセス

■開花

雄しべと雌しべからなる、花びらを持たない可憐な白い花が咲き、ブドウ畑には甘い香りが漂う。開花から収穫まではおよそ100日間。

■結実

ブドウの花の根元に緑色の固く小さな実がつく。この時期の天候が悪いと、花が落ちて実がつかず、実のつき方がまばらになる「花ぶるい」と呼ばれる現象が起こることもある。

色付き・収穫期(7～10月)

7月に入ると、徐々にブドウの果実が色付きはじめる(「ヴェレゾン」と呼ばれる)。造り手はこの時期、収穫する果実への養分を調整する。そして酸と糖度のバランスなど果実の熟し具合を見極め、最適なタイミングで収穫する。

主なプロセス

■色付き

果実が色付きはじめる。造り手は新梢の先端を剪定して樹勢を止めたり、余分な房を間引いたりすることで、収穫する果実へ送られる養分を調整する。

■収穫

収穫には、ブドウが傷みにくく選別しながら収穫できる手摘みと、スピーディーに収穫ができる機械摘みのふたつの方法がある。

造り手の仕事2
醸造

収穫されたブドウを醸造(じょうぞう)し、ワインにすることが造り手のもうひとつの重要な仕事。

造り手が、ブドウ果実からどんな味わいや香り、風味などを引き出してワインを造りたいかによって、発酵の温度や時間、使用する容器など、醸造方法は変わってくる。

さらに、醸造技術は世界中で研究されており、新しい技術が次々と生み出されている。基本的な工程に加え、これらのさまざまな醸造技術を駆使することで、造り手の理想とするワインが仕上がっていく。

ステンレスタンク
木樽に比べ温度管理や衛生管理が容易。気密性が高く酸化を防ぐ効果がある。タンクの中にオークチップを入れて、ワインに木樽の香りや風味を添加する手法がとられる場合もある。

コンクリートタンク
木樽同様に保温性がよく、木樽よりも内部の殺菌や清掃がしやすく衛生管理が容易。ブドウ本来の味を生かすため、アロマティックなワインに使用される。直方体や円すい形、卵型などさまざまな形がある。

ワインの醸造工程と醸造技術

白ワイン／赤ワイン：収穫 → 除梗(じょこう)・破砕(はさい) → （白ワイン）圧搾(あっさく) → 発酵

白 低温発酵
ブドウ由来のフルーティさを失わないように、温度を低温（12～17℃程度）に保って発酵させる手法。逆に高温で発酵させると肉厚で複雑味のあるワインとなる。
→ フレッシュでフルーティな白ワインに

白 スキン・コンタクト
圧搾の前に低温で2～24時間程度、果皮や種子を果汁に漬け込む手法。果皮などの風味を抽出する。
→ 風味豊かで複雑な白ワインに

赤 ピジャージュ（パンチング・ダウン）
ルモンタージュ（ポンピング・オーバー）
発酵中、果皮や種子が浮き上がってできるタンク上部の層（果帽）を攪拌(かくはん)する作業。ピジャージュは人の足や棒を使って上から果帽を突き崩す方法、ルモンタージュはタンクの下部からワインをポンプで引き抜き、果帽の上からかける方法。
→ 赤ワインの色素・渋味を抽出する

赤 マセラシオン・カルボニック
密閉タンクに破砕していないブドウを入れ、数日置く手法。炭酸ガスによりブドウが細胞内発酵をはじめ、果汁内に色素が抽出される。このブドウを圧搾し白ワインと同様に発酵させる。フランスのボージョレが有名。
→ フルーティで渋味の少ない赤ワインに

発酵・熟成時に
使われる容器の違い

木樽とタンク

醸造工程だけではなく、発酵・熟成時に使う容器も造り手によってさまざま。代表的な木樽とステンレスタンク、さらに近年導入するワイナリーが増えているコンクリートタンクについて、その特徴とワインへの影響を見てみよう。

木樽

木目から流れ込む微量の酸素と触れることで穏やかな酸化による熟成が進む。樽由来の香りや風味を抽出する効果もある。樽の大きさや材質などによりワインへの影響度合いは異なる。

木樽の種類によるワインの違い

■ 樫材の違い

〔フレンチ・オーク〕穏やかな樽の風味、ヴァニラ香がつく。

〔アメリカン・オーク〕ココナッツのような甘い風味が強めにつく。

■ 使用回数の違い

〔新樽〕未使用の樽。木の香りが強めにつく。

〔古樽〕1回以上ワインを寝かせた樽。新樽より樽香は穏やか。

■ 大きさの違い

〔小樽〕樽に触れるワインの表面積の割合が大きいため、樽による影響を受けやすい。

〔大樽〕樽による影響は穏やか。ゆっくりと熟成が進む。

■ ロースト度合いの違い

〔ライトロースト〕軽い焦がし。軽めのヴァニラ香がつく。

〔ミディアムロースト〕中程度の焦がし。スパイス、ココア、チョコレートなどの香りがつく。

〔ヘビーロースト〕強めの焦がし。煙、コーヒー、カラメルなどの香りがつく。

風味豊かでしっかりとした白ワインに

白 バトナージュ

樽やタンク内のオリを撹拌すること。オリ由来の風味を抽出する。

フレッシュで旨味のある白ワインに

白 シュール・リー

発酵後、オリ引きをせず、長時間オリとともに熟成させる手法。酸化を防ぎ、旨味成分や複雑味を抽出する。

瓶詰め ← 清澄（せいちょう）・濾過（ろか） ← 熟成・オリ引き ← 圧搾 ← 醸し（かもし）

赤 白 アッサンブラージュ（ブレンド）

複数品種をブレンドするワインの場合、それぞれの品種別のワインを造ってから試飲し、ブレンドする。

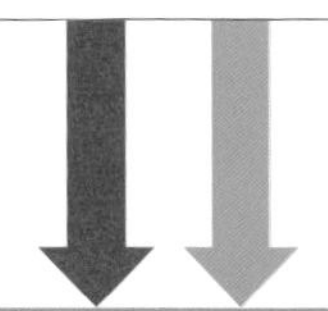

調和のとれた味わいのワインに

赤 白 MLF（マロラクティック発酵）

乳酸菌の働きでリンゴ酸が乳酸に変化する現象。赤ワインのほぼすべてと、樽を使うシャルドネなど、コクを追求するタイプの白ワインに行われる。リンゴ酸が減り乳酸が増えて酸自体の量が減ることで、ワインがまろやかになり、白ワインにはバターのような風味が加わる。

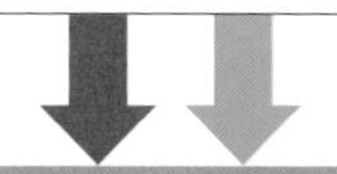

まろやかな風味のワインに

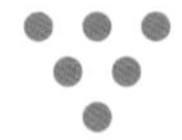

世界的に人気の滋味深い味わい
自然派ワイン

Natural Wine

自然派ワインとはどんなもの？

近年、ブームにとどまらず、ひとつのカテゴリーとして定着しつつあるのが、自然派ワイン。実は自然派ワインには、明確な定義や規制はない。一般的には、ビオディナミ、ビオロジック、サステナブルなどの自然派農法（→P.49）で栽培したブドウを用い、天然酵母で発酵させたワインを指し、無濾過で仕上げ、亜硫酸の使用を抑える、または無添加で造られることが多い。

体に染みわたるような、滋味深く自然な味わいが魅力で、自然環境が意識される時代の流れと相まって世界的な人気となっている。とはいえ、自然派以外は悪だと決めつけるのは早計。あくまでも選択肢のひとつとして楽しもう。

自然派ワインの特徴

香り

- ビオ香と呼ばれる還元臭がある。（例：タクアンの香り）

※最近はタクアンの香りをまったく感じないビオワインも出てきた。

味わい

- 酸味が強い。
- 滋味深く、繊細で複雑な味わい。

保管・その他

- 抜栓（ばっせん）後、数日後に美味しくなるものもあるが、開けて2時間で劣化がはじまるワインもある。
- 通常のワインよりも保存温度が低い。理想温度は10～12℃。
- 通常のワインよりデリケートで外部の影響を受けやすい。

※セラーがない場合は購入後なるべく早めに飲むのがおすすめ。

自然派の代名詞ビオディナミとは？

自然派ワインとともによく聞かれるようになってきたビオディナミとは、ルドルフ・シュタイナーによって提唱された農法で、ドイツ語で『バイオロジカルでダイナミックな農業』という意味。ロワールのニコラ・ジョリーをはじめ、ブルゴーニュのドメーヌ・ド・ラ・ロマネコンティなど著名な造り手も取り入れている。

有機無農薬栽培に加え、天体や土壌など自然界のエネルギーで植物がもつ生命力を活性化させる農法で、西洋医学に対する東洋医学をイメージするとわかりやすい。「種まきカレンダー」を使って月の運行に合わせて農作業を行う、プレパラートと呼ばれる独自の調合材を畑に散布することによりブドウの病気と闘うなど、自然の摂理・法則に則って農作業を行う。

近年では、その摂理や法則も、科学的な解明がされるようになってきている。例えば、牛の骨に糞を入れて地中に埋めるプレパラートは、カルシウムと肥料で畑に栄養を与えており、満月の日に収穫するのは、月の万有引力でブドウの茎に含まれている水分が潮が満ちるのと同様に果実に入ってくるため、果汁が多く取れるからとされる。

土壌を健全な状態にし、醸造時に調整をしなくてよいように収穫時のブドウの実のバランスを図り、ブドウ畑のそれぞれ固有の酵母を用いて発酵させるなど、ブドウが育つ環境を重視するビオディナミは、テロワールを表現するための最適の農法ともいわれている。

認証団体のデメテール（デメター）をはじめ、さまざまなビオディナミ生産者の団体があるが、あえて加入しない小規模ワイナリーもある。

column

亜硫酸（酸化防止剤）

亜硫酸とは二酸化硫黄（SO_2）のこと。酸化や腐敗を防ぐ効果などがあり、昔からワイン造りに使用されている。大量に摂取すれば有害だが、日本では添加量350mg/L未満と定められており、この範囲内の量であればほとんど気にする必要はない。なお、ビオディナミのワインは、亜硫酸添加は禁止されていない。ガイドラインには最大使用可能量を示すに留まっており、まったく使用しない造り手もいれば、最大限使用する造り手もいる。

●亜硫酸を使うメリット

瓶詰め後のワインの2大リスク、微生物と酸化を防ぐために亜硫酸が効果的

●亜硫酸を多く使う場合のリスク

- ワインのアロマを壊すため硬い印象となり、テロワールの表現が出ない（硫黄の臭い）
- 頭痛の原因になる

ブドウの収穫年によるワインの違い

ヴィンテージ

Vintage of Wine

飲み頃の参考になるブドウの収穫年

ヴィンテージとは、ワインの原料となるブドウの収穫年のこと（異なる収穫年のワインをブレンドした場合は、ノン・ヴィンテージと呼ばれる）。ブドウの生育に影響を与える、気温や雨量などの気象条件の年による違いがヴィンテージによるワインの違いということになる。

しかし、同じ産地でも地勢や造り手の違いによって、その影響の大きさが異なるのが実情。あまり神経質にならず、参考程度に考えておくのがよいだろう。

ヴィンテージは当たり年、はずれ年という言葉で表現されることも多いが、はずれ＝美味しくないというわけではない。はずれ年のワインは当たり年のワインと比べて飲み頃が早いのが一般的な特徴だ。

column

はずれ年の方が美味しい？

ヴィンテージによる飲み頃の違い

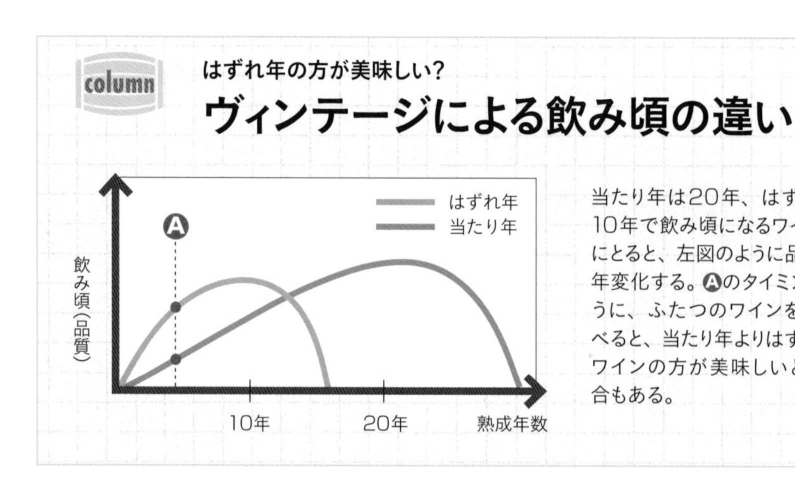

当たり年は20年、はずれ年は10年で飲み頃になるワインを例にとると、左図のように品質は経年変化する。Aのタイミングのように、ふたつのワインを飲み比べると、当たり年よりはずれ年のワインの方が美味しいという場合もある。

フランス・ボルドー、ブルゴーニュのヴィンテージチャート

〔凡例〕★：秀逸な年　◎：とても良い年　●●●：平均的な年　●●：やや難しい年　●：難しい年

年＼産地・ワインのタイプ	ボルドー 赤 左岸	ボルドー 赤 右岸	ブルゴーニュ 赤	ブルゴーニュ 白
2017	◎	◎	◎	★
2016	★	★	◎	◎
2015	★	★	★	●●●
2014	◎	◎	◎	★
2013	●●	●●	●●●	◎
2012	●●●	◎	◎	●●●
2011	●●●	●●●	●●●	◎
2010	★	★	★	★
2009	★	★	★	●●●
2008	●●●	◎	●●●	◎
2007	●●	●●	●●	◎
2006	◎	●●●	●●●	●●●
2005	★	★	★	◎
2004	●●●	●●●	●●	◎
2003	◎	●●●	●●●	●●
2002	●●●	●●●	◎	◎
2001	●●●	◎	●●●	●●●
2000	★	★	●●●	●●●
1999	●●●	●●●	◎	●●●
1998	◎	★	●●●	●●
1997	●●	●●●	●●●	●●●
1996	★	●●●	★	★
1995	◎	★	◎	◎
1994	●●●	●●●	●●	●●
1993	●●	●●●	◎	●●
1992	●●	●●	●●	◎
1991	●●●	●●	●●●	●●
1990	★	★	★	◎
1989	★	★	◎	★
1988	◎	◎	◎	●●●
1986	★	◎	●●●	●●●

※ファインズ資料参照
※このヴィンテージチャートは、現地ワイン協会発行の評価などをもとに、株式会社ファインズが独自に編集・作成したものです。 著作権は株式会社ファインズにあり、無断で転載・転用することを禁じます。　https://www.fwines.co.jp/

飲み頃はワインによって違う

熟成による味わいの変化と飲み頃

長期熟成タイプ

それぞれの要素が主張している（立っている）。

熟成

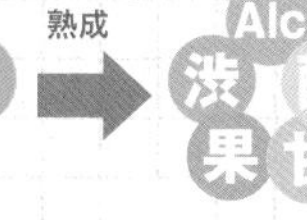

熟成とともにそれぞれの要素が落ち着き、こなれた味わいに。

パワフルな早飲みタイプ

高いアルコールと濃い果実味でパワフルな味わいに。

数十年の熟成を経て飲み頃を迎える長期熟成タイプ、リリース直後から楽しめる早飲みタイプなど、飲み頃はワインによってさまざま。この違いは味わいの各要素のバランスによって生じる。

ワイン名から特徴がわかる！

ラベルの表示

Display of The Label

ワインの個性が表現された情報の宝庫

「エチケット」とも呼ばれるワインのラベルは、そのワインのさまざまな情報が書かれた、ワイン選びの大切な情報源。
主な産地ごとのラベルの見方は第2章で述べるとして、ここではラベルの表示内容についてみてみよう。
ラベルに表示される主な項目は下記の通り。ただし、すべてのワインにこれらの全項目が表示されているわけではなく、国産ワインを除けばほとんどが外国語で表記されているため、最初からすべての情報を得ることはなかなか難しい。
そこでおすすめしたいのが、まずワイン名をチェックする方法。表示のなかで最も目立つワイン名となった項目には、ワインの特徴を知る手がかりがある。

ラベルに表示される主な項目

ブドウ品種名	原料となるブドウの品種名。特に新世界のワインには表示されていることが多い。
産地名	ワインが造られた産地の名称。国名、地方名、村名、畑名など表示される地域の範囲はさまざま。
格付け	ヨーロッパの産地表示など、ワイン法によって定められたワインの格付け表示。高級ワインかテーブルワインかなどがわかる。
造り手名	ワインの生産者の名前。シャトー〇〇、ドメーヌ〇〇、〇〇ワイナリー、〇〇エステート、ボデガ〇〇など。
商品名	造り手が独自につけたワインの名称。
ヴィンテージ	原料となるブドウが収穫された年。複数の年代のワインをブレンドしたものはNV(ノン・ヴィンテージ)と表記されている場合もある。
アルコール度数	ワインのアルコール度数の表示。ボディの厚さなどが予測できる。
容量	ワインの容量。一般的なフルボトルの容量は750mL。日本ワインは720mL、ドイツワインは1000mLなども多い。

ブドウ品種名タイプ

メルロというブドウ品種を使って造られたワインということ。新世界のワインに多いタイプ。ブドウ品種による個性から味わいをイメージすることができるので、初心者にもわかりやすい。

Merlot
メルロ　＝ブドウ品種名

産地名タイプ

詳細な産地名である畑の名前、ラ・グランド・リュがワイン名に。フランスのブルゴーニュなどでよくみられる。ほかに地方名、村名などのものもある。表示される産地が詳細なワインほど、よりテロワールの個性を打ち出したものが多い。

LA GRAND RUE
ラ・グランド・リュ　＝産地名(畑名)

ワイン名タイプ別・ワインの特徴を知る手がかり

商品名タイプ

造り手のテヌータ・サン・グイドが独自につけた、サッシカイアという名前(ブランド名)のワイン。造り手名タイプのワインと同じく造り手の個性が出るが、さらに商品ごとの個性を打ち出している。

SASSICAIA
サッシカイア　＝商品名(ブランド名)

造り手名タイプ

シャトー・ラトゥールという造り手が造ったワインということ。フランスのボルドーなどでよくみられる。新世界のワインでも、一番の看板商品に造り手名を冠する場合がある。造り手の個性を打ち出したものが多い。

CHATEAU LATOUR
シャトー・ラトゥール　＝造り手名

世界のワイン法と格付け

ラベルの表示のなかで、最もわかりにくいものが格付け。その格付けを定めているのがワイン法だ。そこで、まずはヨーロッパと新世界の背景、考え方によるワイン法の違いについて把握してみよう。違いを知ることで、ラベルをみる際のポイントがわかるはずだ。

ヨーロッパ

背景・考え方

- 長い歴史を経て、産地ごとの個性や適したブドウ品種がほぼ確立されている。
- ワインはテロワール、産地の個性を表すもの(EU内では潅漑(かんがい)は禁止)。

▼

- 基準を満たしたワインのみ、産地を名乗ることができる。

▼

産地が重要

ヨーロッパのワイン法のお手本となっているのがフランス。産地名を名乗るにあたり、使用できる品種まで細かく定められている。産地をみればブドウ品種や味わいの特徴もわかる、という考え方だ。産地について知ることがワインの味わいの傾向を知る近道となる。

■ヨーロッパのワイン法における品質分類

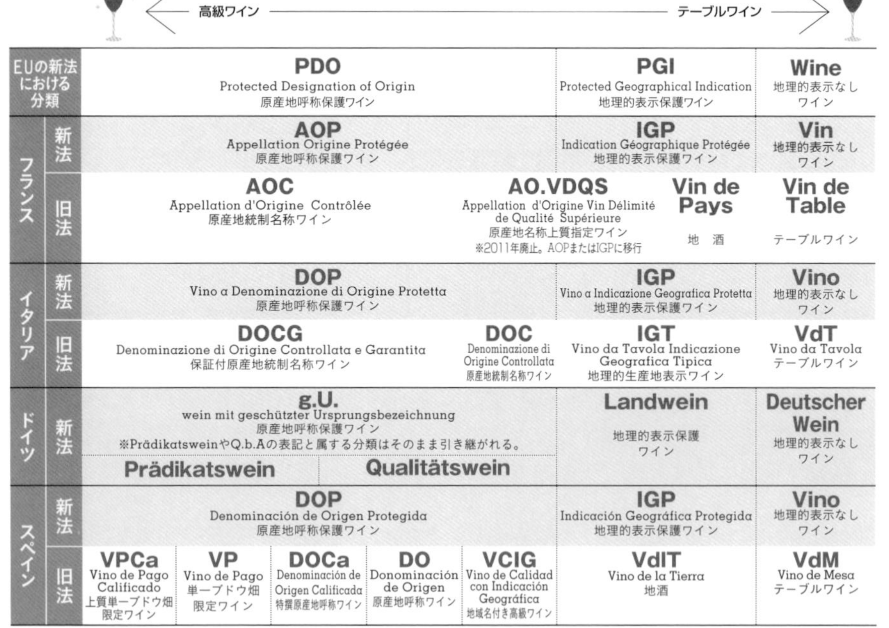

← 高級ワイン ―― テーブルワイン →

		高級ワイン		テーブルワイン
EUの新法における分類		**PDO** Protected Designation of Origin 原産地呼称保護ワイン	**PGI** Protected Geographical Indication 地理的表示保護ワイン	**Wine** 地理的表示なし ワイン
フランス	新法	**AOP** Appellation Origine Protégée 原産地呼称保護ワイン	**IGP** Indication Géographique Protégée 地理的表示保護ワイン	**Vin** 地理的表示なし ワイン
フランス	旧法	**AOC** Appellation d'Origine Contrôlée 原産地統制名称ワイン **AO.VDQS** Appellation d'Origine Vin Délimité de Qualité Supérieure 原産地名称上質指定ワイン ※2011年廃止。AOPまたはIGPに移行	**Vin de Pays** 地 酒	**Vin de Table** テーブルワイン
イタリア	新法	**DOP** Vino a Denominazione di Origine Protetta 原産地呼称保護ワイン	**IGP** Vino a Indicazione Geografica Protetta 地理的表示保護ワイン	**Vino** 地理的表示なし ワイン
イタリア	旧法	**DOCG** Denominazione di Origine Controllata e Garantita 保証付原産地統制名称ワイン **DOC** Denominazione di Origine Controllata 原産地統制名称ワイン	**IGT** Vino da Tavola Indicazione Geografica Tipica 地理的生産地表示ワイン	**VdT** Vino da Tavola テーブルワイン
ドイツ	新法	**g.U.** wein mit geschützter Ursprungsbezeichnung 原産地呼称保護ワイン ※PrädikatsweinやQ.b.Aの表記と属する分類はそのまま引き継がれる。 **Prädikatswein** / **Qualitätswein**	**Landwein** 地理的表示保護 ワイン	**Deutscher Wein** 地理的表示なし ワイン
スペイン	新法	**DOP** Denominación de Origen Protegida 原産地呼称保護ワイン	**IGP** Indicación Geográfica Protegida 地理的表示保護ワイン	**Vino** 地理的表示なし ワイン
スペイン	旧法	**VPCa** Vino de Pago Calificado 上質単一ブドウ畑限定ワイン **VP** Vino de Pago 単一ブドウ畑限定ワイン **DOCa** Denominación de Origen Calificada 特撰原産地呼称ワイン **DO** Donominación de Origen 原産地呼称ワイン **VCIG** Vino de Calidad con Indicación Geográfica 地域名付き高級ワイン	**VdlT** Vino de la Tierra 地酒	**VdM** Vino de Mesa テーブルワイン

※新法は2009年から適用。旧法の表記も併用可能など国により対応が異なる。

新世界
ヨーロッパ以外の産地

背景・考え方

- ヨーロッパに比べ、産地ごとの個性や適した品種が確立されていない。
- テロワールは潅漑など人の手によってある程度補足できる。

▼

- 産地よりブドウ品種を表示する方が、消費者に味わいを伝えやすい。

▼

ブドウ品種が重要

新世界のワイン法のお手本となっているのはアメリカ。ブドウ品種名の表示の有無によってワインのタイプが大別されている。新世界においても産地表示の制度が整ってきているが、産地名や造り手名がワイン名になっている場合でも、ブドウ品種名が併記されていることが多い。

■新世界におけるブドウ品種名のラベル表示可能な使用割合

アメリカ	オーストラリア	ニュージーランド	チリ
75%	85%	85% （2006 年以前は 75%）	75% （輸出向けは 85%）

アルゼンチン	南アフリカ	日本
85%	85%	85% （日本ワインの場合）

※単一品種を表示する場合の最低使用割合。ブレンドの場合などは国によって規定が異なる。

ワイン選びに慣れてきたら…

造り手でワインを選んでみよう

造り手の個性は実にさまざまで、その個性はワインに反映されるもの。なかには高級ワインに格付けされるために必要な条件や規制にとらわれず、自由にワイン造りをするために、あえてテーブルワインの格付けで秀逸なワインを生産する造り手もいる。まずは比較的味わいの個性がわかりやすいブドウ品種と産地からワインを選び、慣れてきたら次のステップとして、ぜひ造り手でワインを選んでみてほしい。造り手の思いを感じながら飲むワインは、きっとより感慨深いものになるはずだ。

ボトルやコルクにはどんな種類がある?

A 産地や造り手によって使われるボトルやコルクはさまざま。代表的なものをご紹介しましょう。

ボトルの形

よく見かけるボトルの形は、いかり肩のボルドー型、なで肩のブルゴーニュ型、スマートなフルート型の3種類。その産地固有の個性的なボトルが用いられることもある。

ボルドー型
いかり肩が特徴。オリが肩の部分に溜まるようになっている。

ブルゴーニュ型
なで肩のボトル。オリが出にくいワインに使用されることが多い。

フルート型
フランスのアルザスやドイツでよく見られるスマートなボトル。

こんな個性派も

ボックスボイテル
ドイツのフランケン地方によく見られる、丸い袋状の扁平(へんぺい)なボトル。

フィアスコボトル
イタリアのキアンティに見られる、藁苞(わらづと)を巻いた丸みのあるボトル。

コルクの種類

コルク栓は気密性に優れた天然素材。天然コルクは比較的高価なことに加え、ブショネ(→P.150)と呼ばれる不良コルクによる刺激臭が発生する場合があり、さまざまな代替栓も登場している。

天然コルク
コルク樫の樹皮を年輪約10年分剥がし、円筒状に型抜きしたもの。

圧縮コルク
コルクくずを集めて円筒状に固めたもの。

ディアムコルク
天然コルクを破砕し、殺菌してから固めたもの。

合成樹脂コルク
新世界のワインを中心にコルクの代用として使われている。

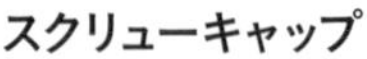

スクリューキャップ
コルク栓に替わり、近年オーストラリアやニュージーランドを中心に広まっている。気密性や安全性など栓としての性能は優れており、安価なワインだけでなく1万円以上するワインに使用されていることも。

ガラス栓
ガラス製の栓。スクリューキャップ同様、道具を使わずに抜栓でき、再栓も簡単にできると人気が高まっている。飲み残しのワインを再栓して冷蔵庫に保管する際、コルクより高さが出ないため入れやすいのも利点。

CHAPTER

2

第2章

〜世界のワインを 選んでみよう〜

産地別ワイン図鑑

～さあ、ワインで世界を旅しよう～

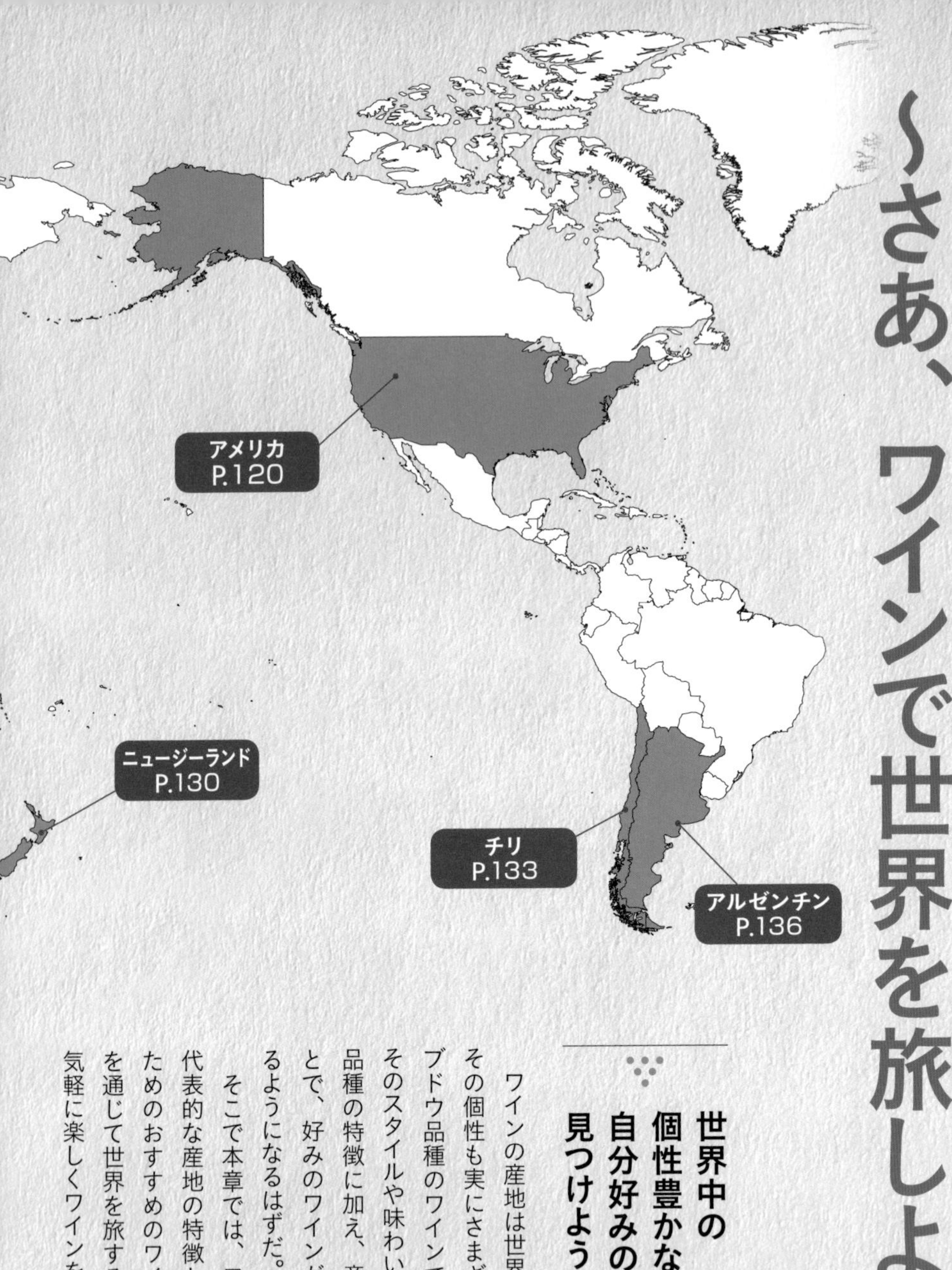

世界中の個性豊かな産地から自分好みのワインを見つけよう

ワインの産地は世界中に点在しており、その個性も実にさまざま。例えば、同じブドウ品種のワインでも、産地によってそのスタイルや味わいは違ってくるため、品種の特徴に加え、産地の特徴を知ることで、好みのワインがより具体的に選べるようになるはずだ。

そこで本章では、ワイン選びに役立つ代表的な産地の特徴と、その特徴を知るためのおすすめのワインを紹介。ワインを通じて世界を旅するような気持ちで、気軽に楽しくワインを選んでみよう。

「オススメの3本」ページの見方

各産地の「オススメの3本」ページでは、本誌監修の井手氏が試飲して選んだ、その産地の魅力を知るのにぴったりのワインを3本ずつ紹介。それぞれのワインに合わせて、家庭料理をベースにしたおすすめのマリアージュのポイントも紹介しているので、気軽に試してみよう。

[ワイン名の表記]
ワイン/造り手の順に表記。造り手名がワイン名とまったく同じ場合は省略。

[春夏秋冬アイコン]
第4章「春夏秋冬ワイン選びのポイント」(→P.184)で例として紹介しているワイン。

[基本DATA]
価格は、税込希望小売価格もしくはオープン価格。取り扱い先は、インポーターもしくはメーカーを表示。データはすべて2021年2月現在のもの。価格、取り扱い先、取り扱いヴィンテージ、ブドウ品種の比率は変更となる場合がある。また、特に表示がないワインの容量は750mL。

カベルネ・ソーヴィニヨン主体の赤

夏

レディ・ランゴア / シャトー・ランゴア & レオヴィル・バルトン
Lady Langoa / Chateaux Langoa & Léoville Barton

メドックらしい上品でまとまりのある秀逸なバランス

格付け3級のシャトー・ランゴア・バルトンと2級のシャトー・レオヴィル・バルトンのセカンド・ワインをブレンド。化粧のニュアンスもあるほこりっぽい苔むした複雑な香りと、ほどよい酸味、渋味でバランスがよい。

基本DATA
品種 カベルネ・ソーヴィニヨン72%、メルロ20%、カベルネ・フラン8%
産地 サン・ジュリアン　ヴィンテージ 2013年
アルコール度数 13%
価 6270円/オルカ・インターナショナル

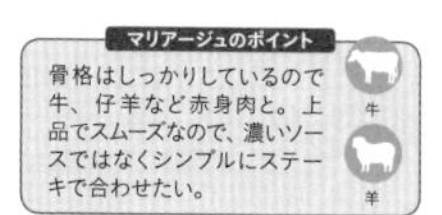

※特に注記のない各国のワイン年間生産量、ブドウ栽培面積は、2017年O.I.V.資料参照。

チャートで早わかり！
世界各国のワイン

本章で紹介する、各産地を知るためのおすすめワインのうち、赤と白のスティル・ワインについて、品種別に味わいの一般的な特徴をチャートにしたのがこちら。気になる品種、味わい、産地から自由にワインを選んでみよう。

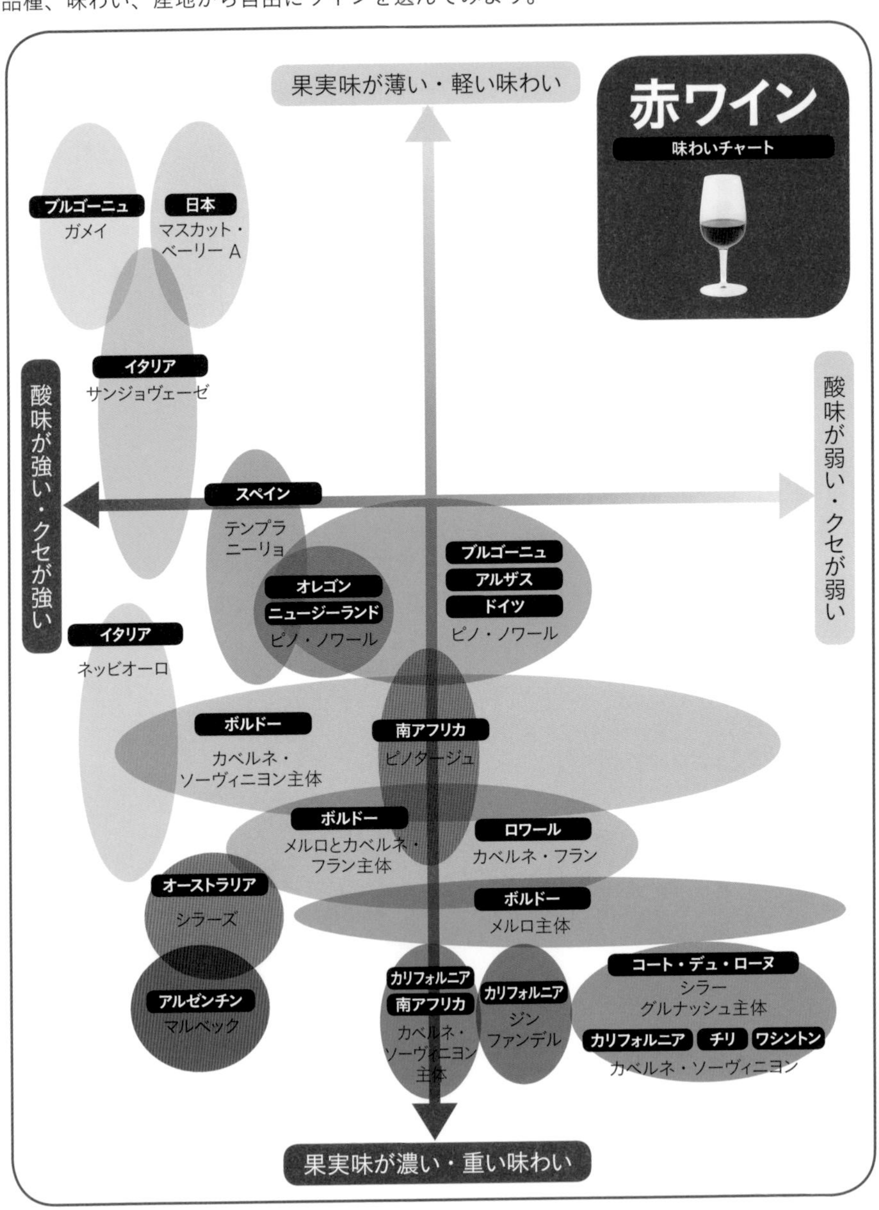

例えばこんな使い方ができる！

□ 好みの品種から ➡ その品種がある産地をチェック

□ 好みの味わいから ➡ 気になる産地をチェック

□ 好きな産地から ➡ 近い味わいの産地もチェック

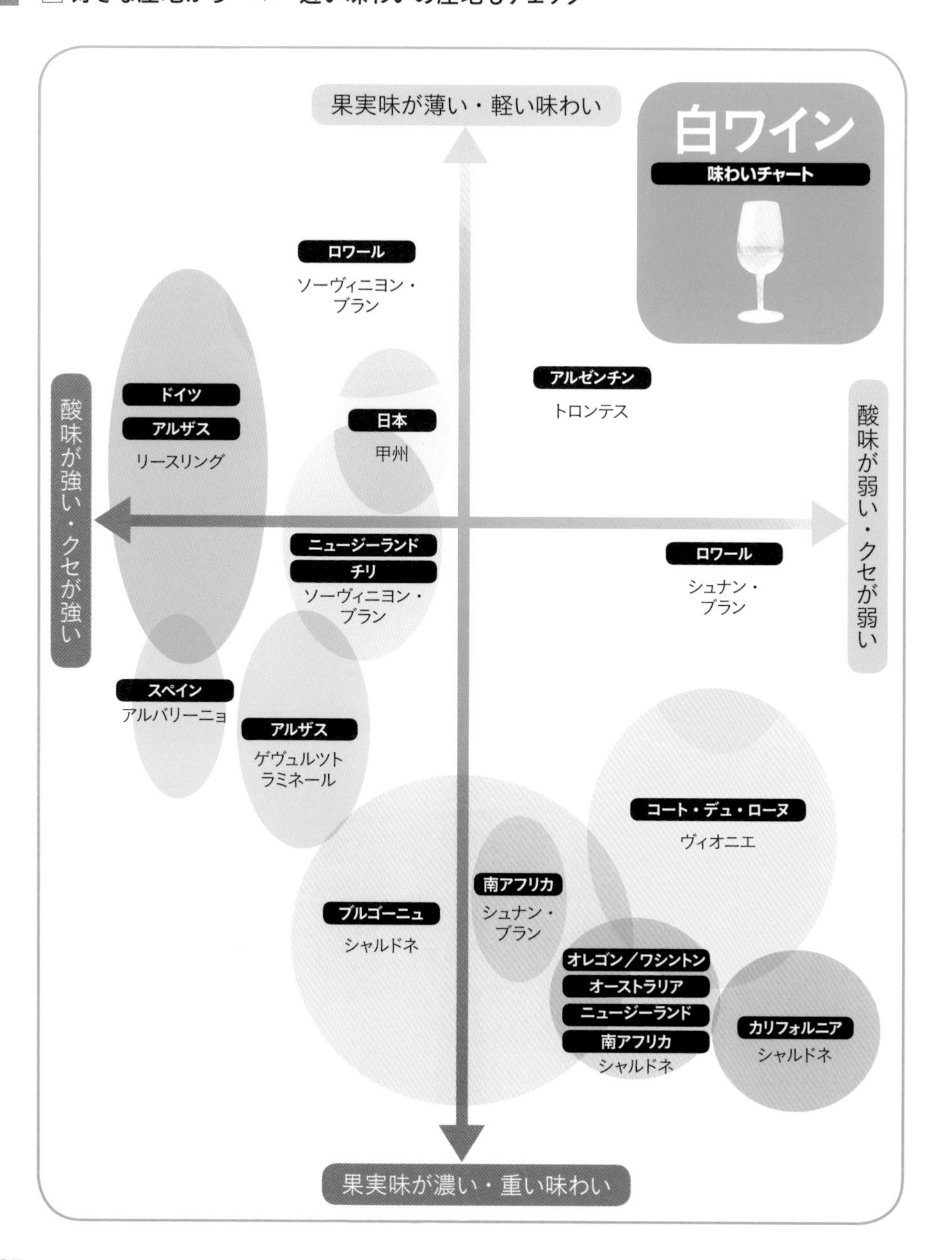

個性豊かな産地が揃うワイン大国

フランス

D A T A

ワイン年間生産量	3640万hL（世界第2位）
ブドウ栽培面積	788kha
主要品種	赤 カベルネ・ソーヴィニヨン、ピノ・ノワール、メルロ、シラー
	白 シャルドネ、ソーヴィニヨン・ブラン、シュナン・ブラン、セミヨン

多彩なテロワールが育む魅力溢れる多彩なワイン

フランスは世界中のワイン産地がお手本にする、世界随一のワイン大国。気候、地形、土壌ともバラエティに富んでおり、個性豊かな産地から多彩なワインが生み出されている。

長い歴史のなかで、産地ごとに適したブドウ品種が選別され、それぞれの産地特有の味わいが確立されてきた。ワイン法が整備されており、これらの産地の個性が守られてきたことも、フランスが良質なワイン産地としての地位を確固たるものにした要因のひとつだ。

まずはボルドー、ブルゴーニュをはじめ、フランスを代表する6つの産地について、その特徴や造られるワインをみてみよう。

ブルゴーニュのピュリニィ・モンラッシェにあるグラン・クリュ（特級畑）、シュヴァリエ・モンラッシェのブドウ畑。フランスには著名なワインを生む銘醸地が点在している

フランス主要産地MAP
オランダ
ドイツ
52
50
46
44
42 N
Loire
ロワール
ロワール川に沿って東西に広がる広大な産地。多彩な白をはじめ、ロゼ、貴腐ワインも生産。
Champagne
シャンパーニュ
世界に誇る、高品質なスパークリング・ワインの産地。美しい泡、奥深い味わい、華やかな香り。
Bourgogne
ブルゴーニュ
単一品種によるピノ・ノワールの赤とシャルドネの白の高級なワインを生む名醸地。
ライン川
Alsace
アルザス
ドイツ国境に近い山脈沿いの産地。ワインに使用されるブドウ品種もドイツに近い。
Bordeaux
ボルドー
カベルネ・ソーヴィニヨンやメルロを主体としたブレンドによる、力強く上品な赤の名産地。
セーヌ川
パリ
ヴォージュ山脈
Jura / Savoie
ジュラ、サヴォワ
スイス、イタリアと国境を接する山間部。黄ワインと呼ばれる特殊なワインも造られている。
ロワール川
ソーヌ川
スイス
アルプス山脈
リヨン
イタリア
大西洋
ジロンド川
ローヌ川
ボルドー
Côtes du Rhône
コート・デュ・ローヌ
シラーの力強い赤や、ヴィオニエの華やかな白、13種類の混醸ワインなど個性派ワインが揃う。
スペイン
ピレネー山脈
地中海
Sud-Ouest
南西地方（スッド・ウエスト）
ボルドーの南側に位置。カオールのマルベック(コットとも呼ばれる)やタナの濃厚な赤が有名。
Languedoc/Roussillon
ラングドック、ルーション
気軽に楽しめるヴァン・ド・ターブルとヴァン・ド・ペイ(→P.71)の大半を生む広大な産地。
Provence / Corse
プロヴァンス、コルシカ島
プロヴァンスのロゼが有名。南仏のリゾート地らしいフルーティさ。コルシカ島のワインも多彩。

France

世界中のワイン産地のお手本、フランスの2大産地
ボルドーとブルゴーニュ

「このワインはボルドースタイルだ」といった具合に、他国のワインを表現する際にも使われる2大産地。まずはその伝統的な特徴を押さえておこう。

ブルゴーニュスタイル
Bourgogne

赤ワイン

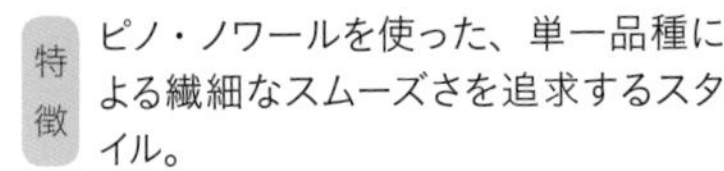

特徴 ピノ・ノワールを使った、単一品種による繊細なスムーズさを追求するスタイル。

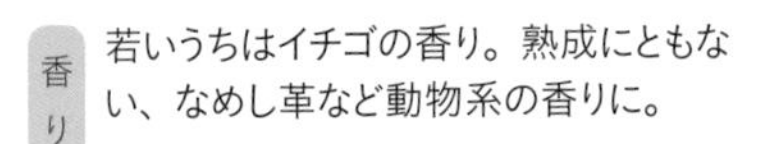

香り 若いうちはイチゴの香り。熟成にともない、なめし革など動物系の香りに。

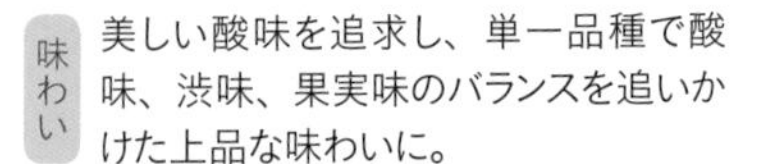

味わい 美しい酸味を追求し、単一品種で酸味、渋味、果実味のバランスを追いかけた上品な味わいに。

白ワイン

赤ワイン同様、単一品種によるバランスを追求するスタイル。美しい酸味と可憐な果実味、上品なバランスが特徴。

ボルドースタイル
Bordeaux

赤ワイン

特徴 カベルネ・ソーヴィニヨン、メルロを主体とした、複数品種によるアッサンブラージュの妙を追求するスタイル。

香り 若いうちはピーマンやインクの香り。熟成にともない腐葉土など植物系の熟成香に。

味わい 酸味と渋味、果実味のバランスをアッサンブラージュによって調整し、エレガントさと力強さを両立させた味わいに。

白ワイン

赤ワイン同様、異なる品種によるアッサンブラージュの妙を追いかけるスタイル。酸味がしっかりとしたエレガントな味わいが特徴。

ワインの?ギモン
グラン・ヴァンって?

グラン・ヴァン（Grand Vin）とは、「偉大なワイン」という意味のフランス語。上品さを表すワイン用語「フィネス」があるワインと表現され、長期熟成に耐えうる高い品質のワインを指す。ボルドーの5大シャトーやブルゴーニュのロマネ・コンティなど、有名で高価なワインに対して使われることが多く、ボトルに表記しているものもある。

France

❷

ヨーロッパのワイン法の基本型

フランスのワイン法

EUで新しいワイン法が導入され、フランスでも2009年ヴィンテージ以降新法が適用されているが、旧法の名称も引き続き使用可能で、こちらを使用するワインが多い。

フランスの品質分類

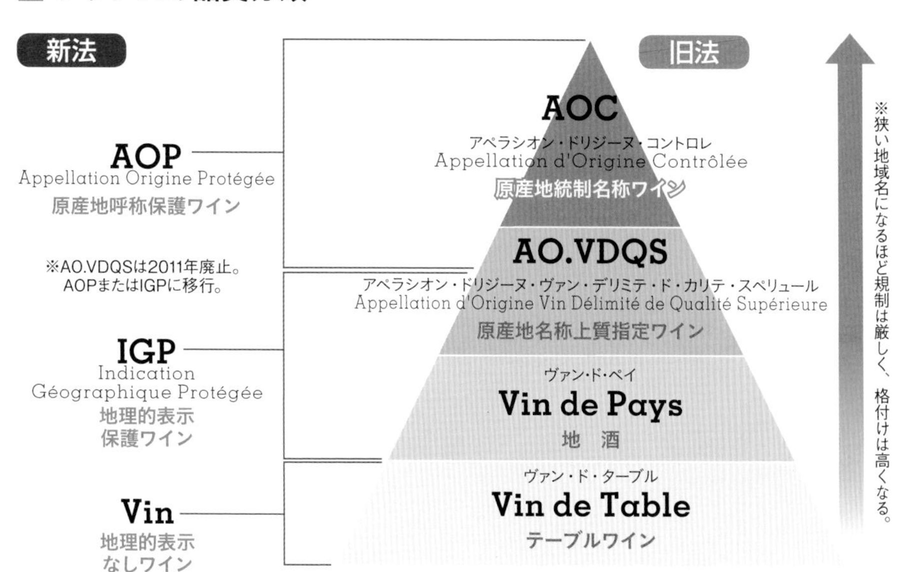

AOC表記例

Appellation 〇〇〇〇〇〇〇 Contrôlée

AOC名が入る。この場合ボルドーの村名SAINT-JULIEN（サン・ジュリアン）の格付けワインということ。

Appellation（アペラシオン）とContrôlée（コントロレ）の文字の間に表示されるのが、格付けされた産地の名前。

産地の名前が品種や味わいのヒント

フランスのワイン法（AOC法）では、使用できるブドウ品種や醸造方法など、産地ごとに明確な生産基準が定められている。そのため、フランスワインのラベルには、アルザスなど一部の地域を除き、味わいのヒントとなるブドウ品種の表示がない。これは、産地によって使用できるブドウ品種が決まっているのだから、産地名さえあれば、ブドウ品種もわかるはずだ、という考えに基づいている。

そんなフランスワインを知るためには、産地ごとの代表的なブドウ品種と味わいの特徴を押さえていくことが重要なポイントといえるだろう。

5大シャトーのひとつ、シャトー・ラフィット・ロスチャイルドの広大なセラー。美しい空間に熟成中のワインが入った樽が並ぶ

アッサンブラージュの妙が生む高級ワインの産地

ボルドー

France

Bordeaux

DATA **主要品種** 赤／カベルネ・ソーヴィニヨン、メルロ、カベルネ・フラン
白／ソーヴィニヨン・ブラン、セミヨン

ボルドーを知るならこのワイン！

- カベルネ・ソーヴィニヨン主体の赤
- メルロ主体の赤
- メルロとカベルネ・フラン主体の赤

複数のブドウ品種が織りなす力強くエレガントな赤ワイン

フランスを代表する名醸（めいじょう）地のボルドーは、フランス南西部、ガロンヌ川、ドルドーニュ川、ジロンド川の3つの川の流域に広がる、温暖な海洋性気候の産地。

ボルドーを代表するワインといえば、数種類のブドウ品種をアッサンブラージュ（ブレンド）して造られる赤ワイン。主体となるブドウ品種はカベルネ・ソーヴィニヨン、メルロ、カベルネ・フランの3品種。各味わいのバランスが調整された、力強さとエレガントさをあわせもつ味わいが特徴で、上品な料理とも合わせやすい。長期熟成可能なワインが多く、時間を経てこなれた古酒の味わいは、もうひとつのボルドーの魅力といえる。

ボルドー主要産地MAP

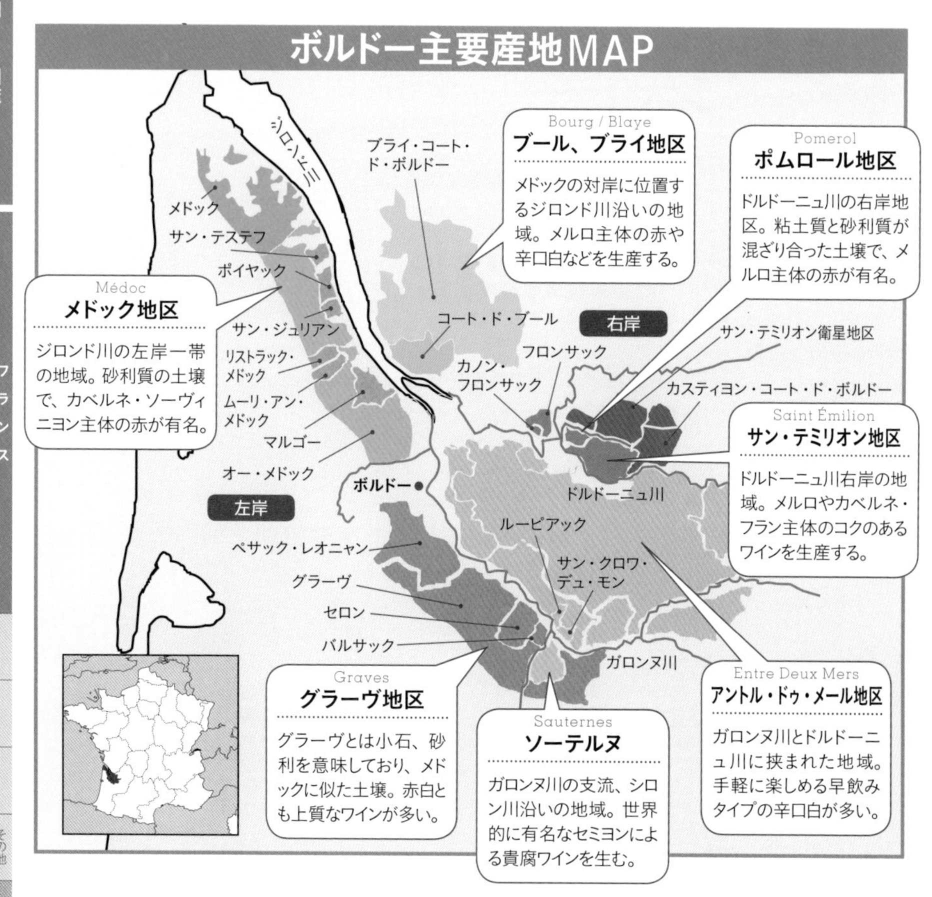

1

川の左右で異なる、地域の特徴から押さえよう

右岸と左岸

ボルドーの産地は、粘土質の土壌でメルロが主役の「右岸」と、砂利質の土壌でカベルネ・ソーヴィニヨンが主役の「左岸」の大きくふたつに分けられる。

左岸の特徴

主にジロンド川とガロンヌ川の左岸地域、メドック地区とグラーヴ地区を指す。カベルネ・ソーヴィニヨンを主体とした、繊細かつ力強い赤ワインが生産されている。大規模なシャトーによる、個性を打ち出したワインが多い。

右岸の特徴

ジロンド川の上流、ドルドーニュ川の右岸地域、主にポムロール地区とサンテミリオン地区を指す。メルロやカベルネ・フランを主体とした力強さと上品なやわらかさをもつ赤ワインが生産される。小規模なシャトーが多い。

Bordeaux

“城”の名をもつ大規模なボルドーの造り手

シャトー

自社畑で栽培した複数の品種を独自の比率でブレンドする造り手

ボルドーの造り手の大半に「シャトー」の名がついている。シャトーとは、自社畑をもち、ブドウ栽培からワインの醸造まで行う栽培家兼醸造家。左岸をはじめ、ボルドーのシャトーは、本来の意味である「城」の名にふさわしい、広大なブドウ畑を所有する大規模な造り手が多い。複数のブドウ品種の自社畑をもち、それらのブドウをシャトー独自の比率でアッサンブラージュしてワインを造る。そのため、ボルドーではシャトーごとの特徴を打ち出したワインが生み出される。

そんなシャトーごとの個性が明確なボルドーでは、AOCに加え、メドック、グラーヴ、ソーテルヌ、サン・テミリオンの4地区にシャトーをランク付けした独自の公式格付け「グラン・クリュ」が存在（左頁参照）。これらの格付けワインは「クリュ・クラッセ」とも呼ばれる。

5大シャトーのひとつ、シャトー・マルゴー。ボルドーのシャトーは、その名の通り城のように豪華な造りの建物をもつものが多い

Bordeaux

3

地区ごとに独自にシャトーを格付け

グラン・クリュ

ボルドー独自の格付けが「グラン・クリュ」の階級。1855年のパリ万国博覧会を機にメドックとソーテルヌのシャトーが格付けされたのがはじまりで、現在はグラーヴ、サン・テミリオンを合わせた4地区に公式格付けがある。素晴らしいワインを造るシャトーが選ばれている一方、長い間見直しがされていないため、格付けと品質が一致しないシャトーが混在している場合もある。

メドック地区の格付け

( )内は村名

1級	Premiers Grands Crus	●シャトー・ラフィット・ロートシルト（ポイヤック） ●シャトー・ラトゥール（ポイヤック） ●シャトー・ムートン・ロートシルト（ポイヤック） ●シャトー・マルゴー（マルゴー） ●シャトー・オー・ブリオン（ペサック）※	の全5シャトー
2級	Deuxièmes Grands Crus	●シャトー・コス・デストゥルネル（サン・テステフ）など	全14シャトー
3級	Troisièmes Grands Crus	●シャトー・ラグランジュ（サン・ジュリアン）など	全14シャトー
4級	Quatrièmes Grands Crus	●シャトー・ラフォン・ロシェ（サン・テステフ）など	全10シャトー
5級	Cinquièmes Grands Crus	●シャトー・ランシュ・バージュ（ポイヤック）など	全18シャトー

※シャトー・オー・ブリオンはメドック地区外から唯一選ばれたグラーヴ地区のシャトー

ボルドーの白ワイン 辛口白と貴腐ワイン

赤が有名なボルドーだが、ソーヴィニヨン・ブラン主体のグラーヴの辛口白、セミヨン主体のソーテルヌの貴腐ワインなど、高品質の白にも注目したい。

●グラーヴの辛口白

ボルドー大学のドゥニ・デュブルデュー教授によるスキン・コンタクト（→P.52）をはじめとした技術の向上により、コクのある辛口白が登場している。

●ソーテルヌの貴腐ワイン

世界3大貴腐ワインのひとつ。貴腐菌がつくことによって、水分が少なくなり成分が凝縮された貴腐ブドウから造られる甘美な極甘口。

セミヨンの貴腐ブドウは一粒ずつ手摘みされる

Bordeaux

4

ボルドーに君臨する個性豊かな代表選手

ボルドー 5大シャトー

ボルドーで最も有名な造り手が、「5大シャトー」と呼ばれるメドック地区1級格付けのシャトー。それぞれのシャトーが異なった個性において秀でた特徴をもつ。

シャトー・ムートン・ロスチャイルド(ロートシルト)

Château Mouton Rothschild

特徴 毎年絵柄が変わる濃厚スタイル

最も果実味が豊か。ラベルの絵柄が毎年変わることでも有名。

セカンド
Second ル・プティ・ムートン・ド・ムートン・ロスチャイルド
Le Petit Mouton de Mouton Rothschild ➡P.213

シャトー・ラフィット・ロスチャイルド(ロートシルト)

Château Lafite Rothschild

特徴 気品あふれる理想のプロポーション

最もバランスがとれているといわれる、「王のワイン」。

セカンド
Second カリュアド・ド・ラフィット
Carruades de Lafite
➡P.212

シャトー・マルゴー

Château Margaux

特徴 やわらかくまろやかな貴婦人のワイン

最も女性的といわれる、しなやかでエレガントなワイン。

セカンド

Second パヴィヨン・ルージュ・デュ・シャトー・マルゴー
Pavillon Rouge du Château Margaux ➡P.213

シャトー・ラトゥール

Château Latour

特徴 しっかりとした骨格をもつ男性的な長寿ワイン

最も骨格がしっかりしており、長期熟成が可能。

セカンド

Second レ・フォール・ド・ラトゥール
Les Forts de Latour

➡P.213

シャトー・オー・ブリオン

Chateau Haut-Brion

特徴 力強さと上品さが調和したスパイシーなスタイル

最もスパイシーで個性的。唯一メドック外から選ばれたシャトー。

セカンド
Second ル・クラレンス・ド・オー・ブリオン
Le Clarence de Haut-Brion ➡P.213

ワインの ? ギモン

セカンドワインって?

シャトー名を冠した最上級品(ファーストワイン)の水準まで達しないワインや、若い樹のブドウなどから造られるワインのこと。同じ造り手のワインながら比較的安価なので、シャトーの個性を手軽に楽しめる。

Bordeaux

5

独自の格付けとあわせて産地の規定ももつ

ボルドーのAOC

ボルドーのAOCは地方名、地区名、村名の3段階。ブルゴーニュのような畑ごとの格付けはなく、その代わりにシャトーごとの独自の格付けをもつのが特徴。

ボルドーのAOC階層

※狭い地域名になるほど規制は厳しく、格付けは高くなる。

- コミュナル **Les Appellations Communales** 村名AOC — ex) Margaux（マルゴー）、Saint-Julien（サン・ジュリアン）など
- レジョナル **Les Appellations Régionales** 地区名AOC — ex) Médoc（メドック）、Graves（グラーヴ）など
- ジェネラル **Les Appellations Générales** 地方名AOC — ex) Bordeaux（ボルドー）または Bordeaux Supérieur（ボルドー・シュペリュール）

ラベルの見方

ボルドーワインのラベルには、ブドウ品種名は書かれていないことが多い。格付けワインの表示は、AOCとあわせてグラン・クリュの表示もあるのが特徴。

**買い物上手はこれ！
当たり年のセカンド
はずれ年のファースト**

5大シャトーのワインをお得に楽しむポイントはヴィンテージ。シャトー名が冠されたファーストは比較的価格が安価なはずれ年のものを、セカンドワインは、ファーストの水準に達していないブドウでも高品質な味わいが期待できる当たり年のものを選ぶのがおすすめです。

夏

カベルネ・ソーヴィニヨン主体の赤

レディ・ランゴア / シャトー・ランゴア & レオヴィル・バルトン

Lady Langoa / Chateaux Langoa & Léoville Barton

メドックらしい上品でまとまりのある秀逸なバランス

格付け3級のシャトー・ランゴア・バルトンと2級のシャトー・レオヴィル・バルトンのセカンド・ワインをブレンド。化粧のニュアンスもあるほこりっぽい苔むした複雑な香りと、ほどよい酸味、渋味でバランスがよい。

基本DATA

品種 カベルネ・ソーヴィニヨン72%、メルロ20%、カベルネ・フラン8%

産地 サン・ジュリアン　ヴィンテージ 2013年

アルコール度数 13%

価格 6270円／オルカ・インターナショナル

マリアージュのポイント

骨格はしっかりしているので牛、仔羊など赤身肉と。上品でスムーズなので、濃いソースではなくシンプルにステーキで合わせたい。

メルロ主体の赤

ジャルダン・ド・プティ・ヴィラージュ / シャトー・プティ・ヴィラージュ

Le Jardin de Petit Village / Château Petit Village

しっかりとしつつ丸みのある典型的なメルロの味わい

AOCポムロールの中心を担うグラーヴの高台に位置する、シャトー・プティ・ヴィラージュのセカンド・ワインで、若木から造られる。丸みと膨らみのある果実味豊かな味わいで、ポムロールらしさが堪能できる。

基本DATA

品種 メルロ100%

産地 ポムロール

ヴィンテージ 2016年　アルコール度数 13.5%

価格 7480円／アルカン

マリアージュのポイント

果実味が豊かで丸みと膨らみのあるメルロには、焼肉などのまったりとした甘味のあるソースがよく合う。肉は上品なハラミが好相性。

メルロとカベルネ・フラン主体の赤

サン・テミリオン・グラン・クリュ / シャトー・シマール

Saint-Émilion Grand Cru / Château Simard

メルロの重厚感とカベルネ・フランがもたらすスムーズさ

文献上1530年以前にまで遡る歴史あるシャトーで、シャトー・オーゾンヌの当主であるアラン・ヴォーティエ氏が所有。力強い果実味と渋味にスムーズさが加わった、長期熟成可能なポテンシャルを感じる味わい。

基本DATA

品種 メルロ80%、カベルネ・フラン20%

産地 サン・テミリオン

ヴィンテージ 2015年

アルコール度数 14%　価格 7150円／ nakato

マリアージュのポイント

しっかりした渋味は脂肪分と合わせるとやわらかい印象に。サシの入った和牛のすき焼きなら甘味のあるタレがワインの果実味とも合う。

牛

ドメーヌ・ミシェル・マニャンの自社畑では、2010年以降、積極的にビオディナミ農法を導入している

テロワールや造り手の個性が最も秀でる産地

ブルゴーニュ

France

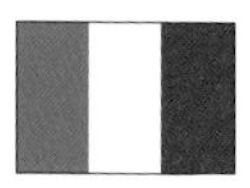

Bourgogne

DATA **主要品種** 赤／ピノ・ノワール、ガメイ　白／シャルドネ、アリゴテ

ブルゴーニュを知るならこのワイン！

ピノ・ノワールの赤　シャルドネの白　ガメイの赤

単一品種のブドウから造られる繊細な味わいの多彩なワイン

ボルドーと並び称されるブルゴーニュは、フランス中東部に南北約300kmにわたって広がる、比較的冷涼な地域。

ブルゴーニュのワインは、単一品種から造られるのが特徴で、主要品種はピノ・ノワール、シャルドネ、ガメイの3品種。1品種のブドウの出来がワインの味わいを左右するため、ワインはテロワールを反映しやすい。さらにそのテロワールは細分化された小さな畑ごとに異なり、畑単位の格付けをもつのも大きな特徴。畑の土壌や造り手によりワインの味わいは多彩なものとなる。そのためブルゴーニュのワインは難しいといわれるが、その多彩さこそ産地の魅力でもあるのだ。

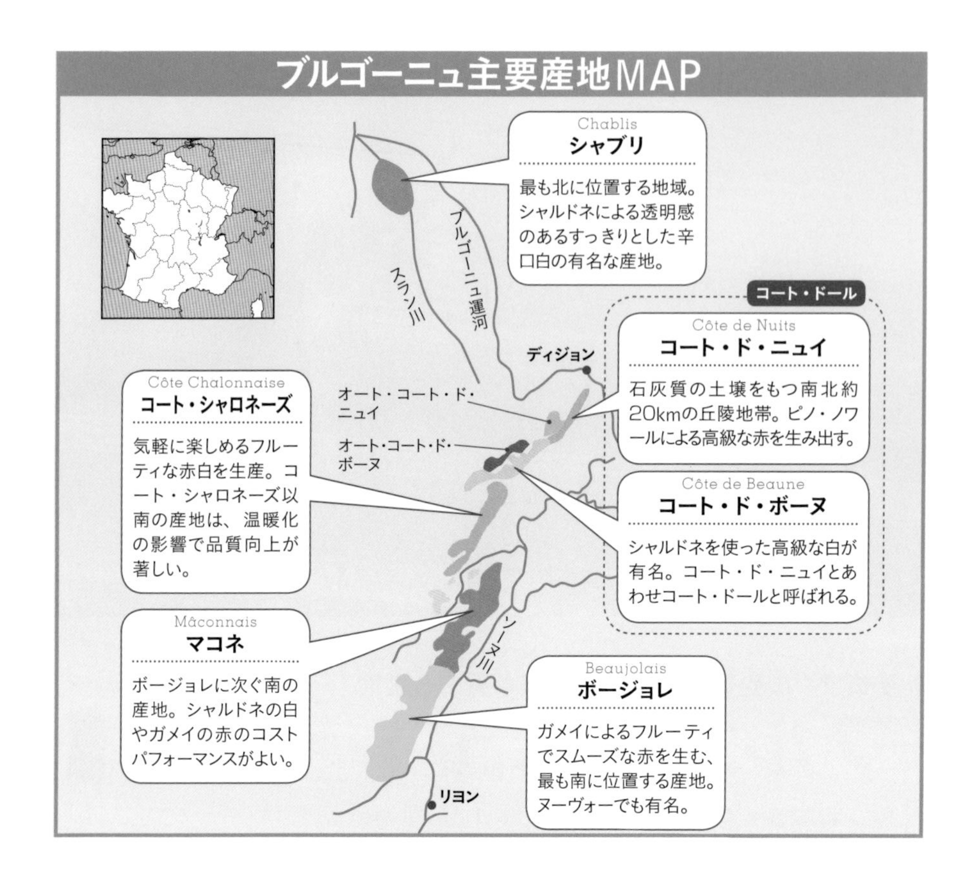

Bourgogne

細分化された畑を複数の造り手が所有

小規模な畑と造り手

ブルゴーニュの畑は細分化されており、さらにその小さな畑を複数の造り手が所有している場合が多い。生産形態もドメーヌなど小規模生産のところが多く、醸造施設をもたない造り手のブドウをネゴシアンが醸造する。数少ない単独所有のモノポールでは、ドメーヌ・ド・ラ・ロマネ・コンティ（DRC）が所有する畑、ロマネ・コンティが有名。

ドメーヌ	自社畑をもち、栽培も醸造も行う。小規模生産の造り手が多く、家族経営も多い。
ネゴシアン	自社畑をもたず、買いつけたブドウでワインを醸造する。
モノポール	細分化されておらず、ひとつの造り手が所有している畑。

Bourgogne

2

世界的に高名な高級赤ワインを生み出す

コート・ド・ニュイのピノ・ノワール

ピノ・ノワールによる魅力的な赤ワインの産地

コート・ド・ボーヌとあわせて、コート・ドール＝黄金の丘と呼ばれる丘陵地帯は、ブルゴーニュの最高格付けである特級畑のグラン・クリュも多いブルゴーニュ屈指の名醸地。

コート・ド・ニュイは、赤ワインのグラン・クリュが集中する地域。テロワールを反映した、ピノ・ノワールによる華やかな香りの繊細でスムーズな名醸ワインが造られている。

コート・ド・ニュイの村名AOC

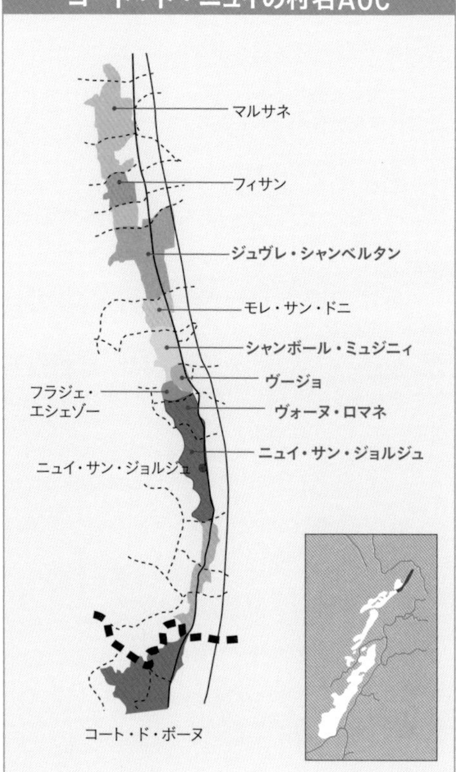

コート・ド・ニュイの代表的な村

● ジュヴレ・シャンベルタン
Gevrey-Chambertin

力強い味わいが特徴。シャンベルタンをはじめ、9つの特級畑がある。

● シャンボール・ミュジニィ
Chambolle-Musigny

最も個性的といわれる味わい。グラン・クリュのミュズニィが有名。特級畑はふたつ。

● ヴージョ
Vougeot

長期熟成可能な、しっかりとした骨格をもつワインが生まれる。特級畑はひとつ。

● ヴォーヌ・ロマネ
Vosne-Romanée

やわらかい味わいが特徴。ロマネ・コンティをはじめ、8つの特級畑がある。

● ニュイ・サン・ジョルジュ
Nuits-Saint-Georges

上品な味わいが特徴。特級畑はないが、上質な1級畑が多数ある。

Bourgogne

KEY POINT ③

世界的に高名な高級白ワインを生み出す

コート・ド・ボーヌのシャルドネ

シャルドネによる著名な白ワインの産地

コート・ドールの南部に位置しており、コート・ド・ニュイよりも幅も長さもある地域。生産量は3分の2が赤ワイン、3分の1が白ワインとなっているが、白ワインのグラン・クリュが集中する地域。

モンラッシェをはじめ、シャルドネによる世界的に有名な白ワインを生み出している。テロワールをまっすぐに反映するシャルドネらしい多彩な顔ぶれだ。

コート・ド・ボーヌの村名AOC

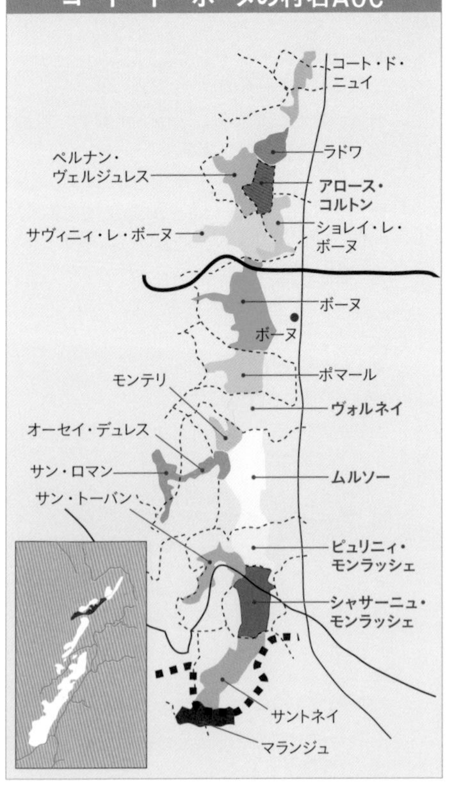

コート・ド・ボーヌの代表的な村

● アロース・コルトン Aloxe-Corton

力強く気品のある味わい。コルトン・シャルルマーニュが有名。

● ムルソー Meursault

樽が効いた、こってりとした味わい。特級畑はないが高品質な白が多い。

● ピュリニィ・モンラッシェ Puligny-Montrachet

繊細でピリピリとした酸味が特徴。最高峰と称されるモンラッシェがある。

● シャサーニュ・モンラッシェ Chassagne-Montrachet

まろやかな味わいが特徴。モンラッシェの畑はふたつの村にまたがっている。

「王のワイン」と呼ばれる赤ワインの産地

● ヴォルネイ Volnay

コート・ド・ボーヌの赤といえば「王のワイン」と称されるヴォルネイが有名。秀逸な造り手が多いのも特徴。

Bourgogne

KEY POINT 4

最北と最南の個性的な生産地
シャブリとボージョレ

ブルゴーニュの南北の端に位置するシャブリとボージョレは、飲みやすいワインが多く、日本でもなじみのあるワインといえるだろう。

シャブリのシャルドネ

シャブリはブルゴーニュ最北の産地で、キンメリジャンと呼ばれる白亜質(石灰岩)の土壌はシャルドネに最適といわれている。シャブリの名は、透明感のあるすっきりとした辛口白ワインの代名詞的存在。独自のAOC格付けがあり、ワインの品質によって4つに分類されている。格付けが高くなるほどアルコール度数が高くなるのも特徴。

■シャブリのAOC階層

※格付けが高くなるほど規制は厳しくなる。

シャブリ・グラン・クリュ
Chablis Grand Cru
7クリマ(区画)の特級畑から造られ、ラベルにはクリマ名が表示される。アルコール度数11%以上。

シャブリ・プルミエ・クリュ
Chablis Premier Cru
40クリマ(区画)の1級畑から造られ、ラベルには、通常17グループに分類された区画名が表示される。アルコール度数10.5%以上。

シャブリ
Chablis
シャブリ地区内で最も栽培面積が広く、基準となる格付け階層。アルコール度数10%以上。

プティ・シャブリ
Petit Chablis
格付けは最も低いが、比較的高品質で高価なワインも多い。アルコール度数9.5%以上。

ボージョレのガメイ

新酒のヌーヴォーで有名な、ガメイを使ったフレッシュでフルーティな赤ワインの産地。北部の良質で特徴のあるワインを生む10の村「クリュ・ボージョレ」のワインは、ガメイのさらなる魅力を教えてくれるはずだ。

押さえておきたいボージョレの村

● **ムーラン・ナ・ヴァン** Moulin-à-Vent
「風車」というロマンチックな名前をもつ村。バランスがよく一番高級。

● **モルゴン** Morgon
最も力強く肉厚。ボージョレのワインのなかでは渋味も強め。

● **フルーリー** Fleurie
花や果実の香りが特徴。最もフルーティで女性的。

● **サン・タムール** Saint-Amour
「愛の聖人」という意味の名前の村。年によって味わいが異なり、最も通向きといわれる。

5

ひとつひとつの畑まで格付けされた細かい区分
ブルゴーニュのAOC

ブルゴーニュのAOCは、地方名、地区名、村名、畑名まで細分化されている。さらに畑は特級畑のグラン・クリュと1級畑のプルミエ・クリュに格付けされる。

■ブルゴーニュのAOC階層

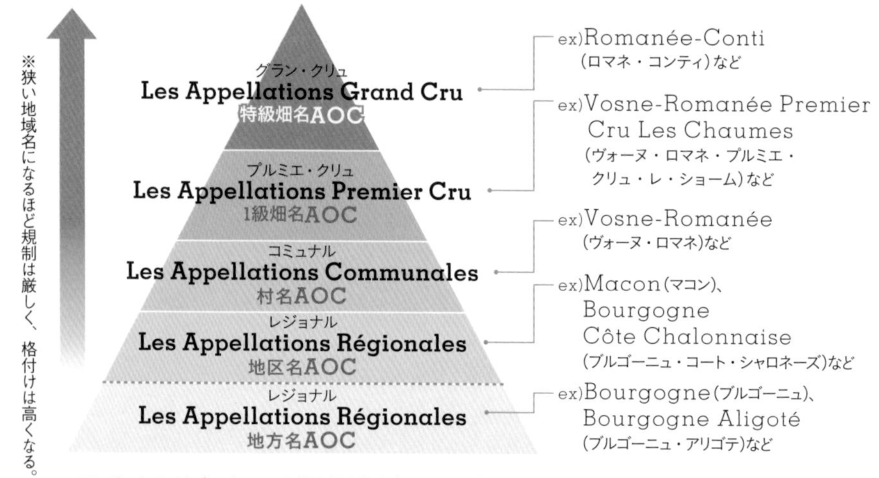

※レジョナルにはブルゴーニュ全域を指す地方名のものと、個別の地区を指す地区名のものがある。

ラベルの見方

容量
畑名
村名
ワイン名
Grand Vin de Bourgogne
MOREY SAINT DENIS
CLOS DES MONTS LUISANTS
Appellation Premier Cru Contrôlée
1996
DOMAINE PONSOT
Alc. 14,5 % by Vol. · Lot 1496 · 750 ml
造り手名
AOC表示
ヴィンテージ
アルコール度数

ひとつの畑を複数の造り手が所有している場合、同じワイン名でも造り手の異なるワインが存在するので、あわせて造り手名もチェックするのがポイント。

IDE'S EYE

ブルゴーニュのピノ・ノワールを美味しく飲むコツ

温度管理が最も難しいといわれるブルゴーニュのピノ・ノワール。美味しく飲むコツはスタート温度です。冷蔵庫の野菜室に一晩入れて8℃、室温23℃で15分毎に1℃上がるので1時間で12℃。グラスに注いでプラス2℃で14℃。5000円以上のピノ・ノワールはここから始めてみましょう。

ブルゴーニュを知る！ オススメの3本

ピノ・ノワールの赤

春

モレ・サン・ドニ／ドメーヌ・ミシェル・マニャン

Morey Saint Denis / Domaine Michel Magnien

お手本のようなピノ・ノワールの美しい酸味

2010年よりビオディナミ農法を積極的に導入するドメーヌ。コンクリート製タンクで発酵し、熟成には木樽のほか、"ジャー"と呼ばれる素焼きの甕を使用している。美しい酸味が特徴のきれいな味わい。

基本DATA

品種 ピノ・ノワール100%

産地 モレ・サン・ドニ

ヴィンテージ 2017年　アルコール度数 13%

6930円／富士インダストリーズ

マリアージュのポイント

ピノ・ノワールと鴨肉がもつ鉄のニュアンスを合わせる定番マリアージュ。家庭では火入れ調整がしやすい鴨鍋でピンク色に仕上げて。

鴨

シャルドネの白

夏

ムルソー／アンリ・ド・ブルソー

Meursault / Henry de Boursaulx

ムルソーらしい樽の効いた力強く上品なバランス

伝統的な製法で造られ、発酵はオーク樽で行い、うち50%は新樽を使用する。ムルソーは肉厚なシャルドネの代表格。白桃などの香りと豊かな果実味、美しい酸味と樽のバランスを追いかけたしっかりとした味わいをもつ。

基本DATA

品種 シャルドネ100%

産地 ムルソー

ヴィンテージ 2017年　アルコール度数 13%

6600円／スマイル

マリアージュのポイント

肉厚なシャルドネはシマアジや金目鯛など脂ののった魚のお刺身と好相性。熟成でねっとりとした食感になった方がより相性がよい。

お刺身

ガメイの赤

春

モルゴン・コート・デュ・ピ／ドメーヌ・ドミニク・ピロン

Morgon Côte du Py / Domaines Dominiques Piron

ヌーヴォーだけではない、ボージョレの魅力を味わえる

ボージョレ北部モルゴンを代表する造り手で、生物多様性を尊重し、リユット・レゾネを採用。平均樹齢50年以上のガメイを手摘みして造られる。赤果実などの香り、力強い酸味、果実味とフレッシュさが共存している。

基本DATA

品種 ガメイ100%

産地 ボージョレ モルゴン

ヴィンテージ 2017年　アルコール度数 13.5%

3850円／アルカン

マリアージュのポイント

酸味がしっかりとしてフレッシュ感もあり、果実味も豊かなので、家庭料理なら甘味のある子持ちガレイや赤魚などの煮魚とよく合う。

煮魚

クローズ・エルミタージュにおいて、かつてないほど濃厚なワインを生み出す話題の造り手、ドメーヌ・アラン・グライヨのブドウ畑

大地の恵みを感じる昔ながらのワインを生む

コート・デュ・ローヌ

France

Côtes du Rhône

DATA 主要品種 赤／シラー、グルナッシュ　白／ヴィオニエ、マルサンヌ、ルーサンヌ

コート・デュ・ローヌを知るならこのワイン！

シラーの赤　ヴィオニエの白　グルナッシュ主体の赤

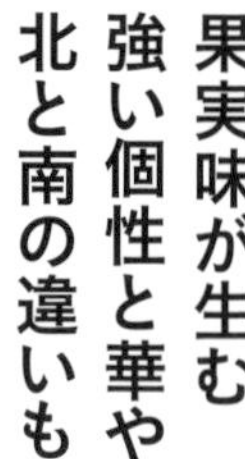

果実味が生む強い個性と華やかさ北と南の違いも楽しみたいエリア

陽の光をたっぷりと浴びて育ったブドウはよく熟す。ローヌ川沿い約200㎞に広がるコート・デュ・ローヌは、陽光に恵まれているがゆえに、しっかりとした香りをもつ果実味の凝縮したワインを生み出す地域だ。

南北に長いローヌは、その特徴をひと括りにはできない。北と南ではテロワールが異なるためワインの造り方も大きく違うのだ。単一品種による北ローヌの赤はスパイシーで野性的な熟成香が、多品種をブレンドまたは混醸する南ローヌの赤はやわらかい植物的な香りが魅力。また、評価の高い北ローヌの白は、大人の女性を思わせるような華やかさをもっている。

コート・デュ・ローヌ主要産地MAP

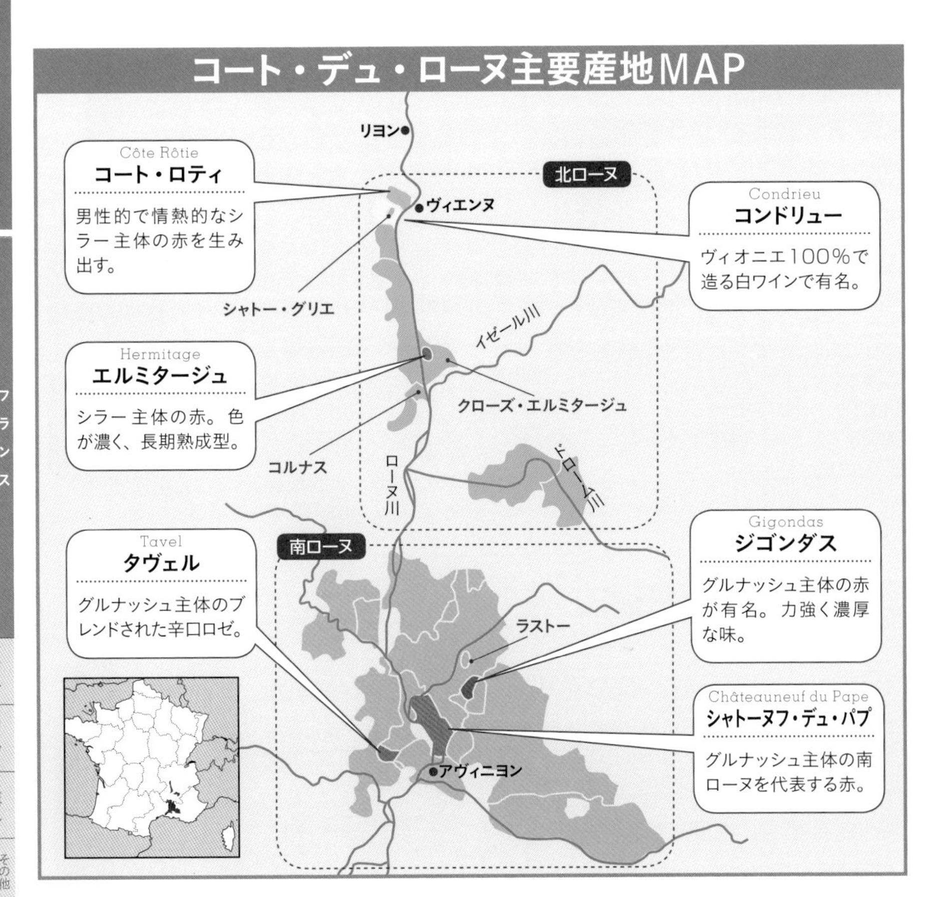

Côtes du Rhône

気候も地質も異なる
北ローヌと南ローヌ

同じローヌでも、北と南では気候も地勢も土壌も異なり、ワインのスタイルもまったく違う。ローヌのワインがバラエティに富んでいる理由のひとつだ。

北ローヌの特徴

一般的に単一品種で仕込まれる。ローヌ川沿いの急斜面に畑が広がっている。ヴィオニエのやや甘口の白を生み出すコンドリュー、シラー主体の濃密でスパイシーなエルミタージュなど個性豊かな有名AOCが点在する。

南ローヌの特徴

グルナッシュやシラー、ムールヴェドルなど、複数の品種をブレンドまたは混醸して造られることが多い。ローヌ全体の大部分が南部産ワイン。大量生産されるものも多く、ブドウ畑も広い平地に広がっている。

シラーの赤

クローズ・エルミタージュ・ルージュ / ドメーヌ・アラン・グライヨ

Crozes-Hermitage / Domaine Alain Graillot

シラーらしいスパイシーな香りと滋味溢れる味わい

伝統的な栽培法を用いつつ、肥料を抑え除草剤は使用せず、鋤で耕作し手摘みで収穫。土や獣のニュアンスに、コリアンダー、ナツメグなどスパイスの香りが次々と広がる。重厚で奥行きがありつつ飲みやすい味わいだ。

基本DATA

品種 シラー
産地 クローズ・エルミタージュ
ヴィンテージ 2017年　アルコール度数 13.5%
4400円／アルカン

マリアージュのポイント

濃く重いワインは赤身肉と好相性。ワインがもつスパイシーな香りと滋味豊かな味わいには、仔羊の香草パン粉焼きがぴったり。

羊

ヴィオニエの白

コンドリュー / レ・ヴァン・ド・ヴィエンヌ

Condrieu / Les Vins de Vienne

コンドリューらしい白い花の香りとほのかな苦味が秀逸

リュット・レゾネを採用。除草剤、殺虫剤、化学肥料は使わず、畑にはほかの雑草の繁殖を防止するためクローバーの種を蒔き、醸造には天然酵母を使用する。華やかな白い花の香りと美しくまろやかな味わいをもつ。

基本DATA

品種 ヴィオニエ100%
産地 コンドリュー
ヴィンテージ 2018年　アルコール度数 14%
8250円／ nakato

マリアージュのポイント

サザエの壺焼きなど、火を通した貝料理と。ワインの華やかさが磯の香りを包み込み、肝の苦味とワインの心地よい苦味が調和する。

サザエ

グルナッシュ主体の赤

ジゴンダス・ル・パ・ド・レイグル / ピエール・アマデュー

Gigondas le pas de L'aigle / Pierre Amadieu

グルナッシュらしい濃厚な果実味と畑の土を思わせる香り

ジゴンダスは、グルナッシュ主体の力強く重厚な赤ワインが有名な産地。遅摘みと手作業で熟した房を選別し、果皮を浸漬したまま1カ月かけ発酵させ、力強く抽出する。キノコや鉄などの香りがあり、果実味豊か。

基本DATA

品種 グルナッシュ 90%、シラー 10%
産地 ジゴンダス
ヴィンテージ 2014年　アルコール度数 15%
5500円／ラ・ラングドシェン

マリアージュのポイント

キノコの香りがあるワインは火を通した野菜と好相性。果実味豊かだが濃すぎずやわらかいので、筑前煮など醤油を使った煮物とよく合う。

野菜

ソミュール地区の歴史ある造り手、ラングロワ・シャトーのブドウ畑。
美しい古城が点在するロワール川流域は世界遺産にも認定されている

バラエティに富んだワインの宝庫

ロワール

France

Loire

DATA **主要品種** 赤／カベルネ・フラン、ピノ・ノワール
白／シュナン・ブラン、ミュスカデ、ソーヴィニヨン・ブラン　ロゼ／グロロー

ロワールを知るならこのワイン！

- ソーヴィニヨン・ブランの白
- シュナン・ブランの白
- カベルネ・フランの赤

美食の宝庫で生まれる料理と合わせたい多彩なワイン

全長1000㎞を超すフランス最長の川、ロワール。その中流から下流域にかけて広がるワインの産地は、広大なために特徴をとらえにくい。

赤、白、ロゼ、スパークリングと多彩なワインのなかで、全体的に冷涼な気候のロワールで生まれる白ワインは、ミネラル感があり、酸味と果実味のバランスがよい。海も山も川もある、ロワール地方ならではの豊富な食材との相性も抜群だ。辛口のソーヴィニヨン・ブランなら白身魚やチーズに、甘口、辛口、発泡もできるシュナン・ブランなら食前酒から食後酒までいける万能選手だ。近年、カベルネ・フランのスムーズな赤ワインも注目されている。

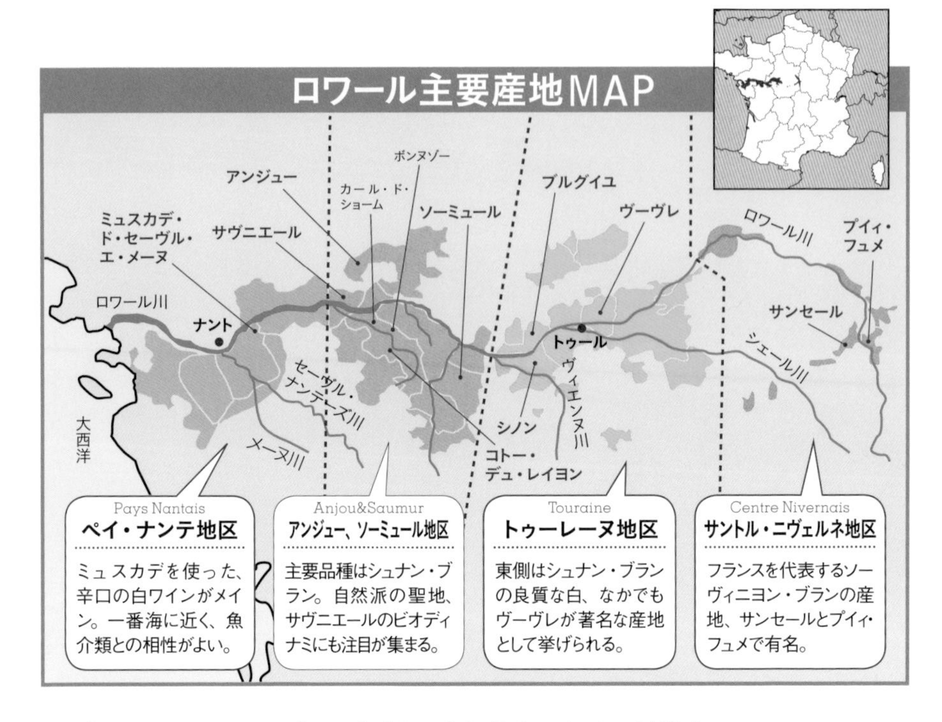

Loire

シンプルで気軽に味わえるスタイルが魅力

単一品種の白ワイン

現在5地区に分けられるロワールは、東西に長く、気候も土壌も、栽培される主要品種も異なる。比較的安価で、単一品種のものが中心。

ソーヴィニヨン・ブラン

柑橘系の爽やかな風味。スッキリしたタイプのサンセールと、しっかりタイプのプイィ・フュメが代表格。プイィ・フュメは樽の効いた熟成香も。

シュナン・ブラン

甘口から、辛口スッキリ系、微発泡、発泡まで幅広いスタイルのワインに変身するオールマイティさが特徴。代表格は甘口で有名なヴーヴレ。

ミュスカデ

柑橘系の香りと、すっきりとした酸味のある辛口に仕上がる。オリを取り除く作業をしない発酵方法「シュール・リー」製法が名高い。

親しみやすい味わい **ロゼワイン**

以前は、フレンチで甘口のロゼといえばロゼ・ダンジューというほど、ポピュラーだったロワールのロゼ。今でもフランスの3大ロゼに数えられる。肉厚なカルベネ・ダンジュー、氷を入れても美味しいロゼ・ダンジュー、生産量も甘口に比べると少なく、日本では珍しい辛口のカベルネ・ド・ソーミュール、ロゼ・ド・ロワールなどが有名だ。

ロワールの4大ロゼワイン

カベルネ・ダンジュー（甘口）
ロゼ・ダンジュー（甘口）
カベルネ・ド・ソーミュール(辛口)
ロゼ・ド・ロワール(辛口)

ロワールを知る！ オススメの3本

ソーヴィニヨン・ブランの白

サンセール・キュヴェ・プレステージ / ドメーヌ・リュシアン・クロシェ

Sancerre Cuvee Prestige / Domaine Lucien Crochet

春

上品なソーヴィニヨン・ブランらしい香りと美しい酸味

サンセールを代表する名家のひとつに数えられる家族経営のドメーヌ。青リンゴやレタスなど、まさにソーヴィニヨン・ブランらしい香りをもつ。サンセールらしい上品でスムーズな喉越しで、後を引く酸味も美しい。

基本DATA

品種 ソーヴィニヨン・ブラン100%

産地 サンセール

ヴィンテージ 2016年

アルコール度数 13.5%　8360円／スマイル

マリアージュのポイント

上品な酸味と果実味が、グレープフルーツやメロンなどとよく合う。フルーツサラダに仕立てて、ドレッシングで酸味を調整するとよい。

果物

シュナン・ブランの白

ヴーヴレ・ラ・クドレ・セック / ドメーヌ・シルヴァン・ゴードロン

Vouvray La Coudraie Sec / Domaine Sylvain Gaudron

太陽の香りを思わせる、まったりとした個性的な味わい

4代にわたりヴーヴレを造る家族経営のワイナリー。ヴーヴレはひねたニュアンスの個性的な味わいが特徴。濃い果実味としっかりとした酸味のバランスがよく、まったりとした味わいでコストパフォーマンスがよい。

基本DATA

品種 シュナン・ブラン100%

産地 ヴーヴレ

ヴィンテージ 2016年

アルコール度数 13%　3740円／ジェロボーム

マリアージュのポイント

太陽を感じるひねた香りとまったりとした味わいは、豚肉の西京焼きや味噌鍋など、甘味のある味噌を使った料理とベストマッチ。

豚

カベルネ・フランの赤

ソミュール・シャンピニー / ラングロワ・シャトー

Saumur Champigny / Langlois-Chateau

料理と合わせやすいカベルネ・フランらしいスムーズさ

ソミュール・シャンピニーの名はラテン語の「Campus-Ignis（火の野原）」に由来。カベルネ・フランらしいピーマンの香り、上品でスムーズな飲み口、セイバリー（→P.229）と表現される、旨味を感じる料理を引き立てる味わいだ。

基本DATA

品種 カベルネ・フラン

産地 ソミュール・シャンピニー

ヴィンテージ 2017年

アルコール度数 13%　3850円／アルカン

マリアージュのポイント

ロワールでは、ヤツメウナギの赤ワイン煮が定番マリアージュ。日本で楽しむなら、どじょう鍋と合わせてみるのもおもしろい。

どじょう

現在のアルザスワインの旗手と呼ばれる造り手、ドメーヌ・オステルタッグのブドウ畑。全ての畑でビオディナミ農法を取り入れている

透明感のあるワインの名産地

アルザス

France

Alsace

DATA 主要品種 赤／ピノ・ノワール　白／リースリング、ゲヴュルツトラミネール、ピノ・グリ、ミュスカ

アルザスを知るならこのワイン！

リースリングの辛口白　ピノ・ノワールの赤　ゲヴュルツトラミネールの白

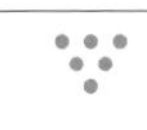

ドイツと品種は同じでも独自路線 フランスとドイツのいいとこ取り

フランス北東部、シャンパーニュ地方と並んでフランスの最北に位置する産地。単一品種で造り上げられるアルザスのワインは、透明感がありみずみずしく、際立つミネラル感が絶妙だ。

栽培品種の数は多く、ライン川を挟んでドイツと国境を接していることから、リースリングをはじめとするドイツの代表品種を栽培していたり、ボトルの形もドイツ的だったりと、ドイツと共通する部分は多いが、ワインの仕上がりはフランスならではの辛口で、独自の繊細な味わいを貫いている。単一品種で製法もシンプルなので、ミネラル感と品種そのものの味わいを楽しむことができる。

アルザス主要産地MAP

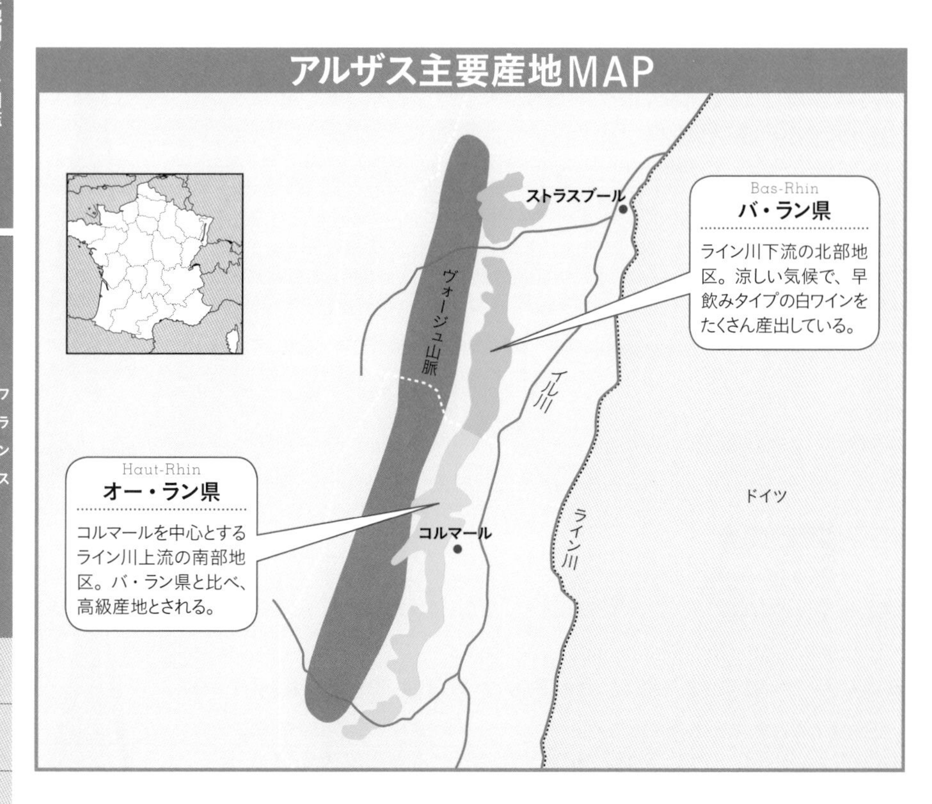

Alsace

ラベルにも表示される地区とブドウ品種

グラン・クリュとブドウ4品種

アルザスはほかのフランスワインと違い、土壌よりも品種を重視し、ラベルにも品種名が記載される。アルザス・グラン・クリュでは、原則として4高貴品種のどれかを単独で用いた白ワインしか認められず、グラン・クリュに認定された畑はリューディ（小地区）がラベルに記載される。

リースリング

もともとはドイツの品種として有名。ミネラル感のある上品な酸味が特徴。

ゲヴュルツトラミネール

熟しやすく、華やかな香りが特徴。甘口のワインにも使用される。

ピノ・グリ

ボリューム感のある酸味と蜜のような甘いアロマ。遅摘みの甘口も美味しい。

ミュスカ

みずみずしい辛口ライトボディに使用。爽やかでアルコールや酸味も低め。

リースリングの辛口白

リースリング・シュロスベルグ・グラン・クリュ / ドメーヌ・ポールブランク

Riesling "Schlossverg" Grand Cru / Domaine Paul Blanck

キレのよい酸味と豊かな果実味の調和を楽しむ

傾斜の急なシュロスベルグの斜面は、ミネラルが多様で豊富な土壌。白い花からアプリコットの香りに。リースリングは酸味を感じた瞬間、果実味が広がり酸味がすーっと消えてしつこくないのが特徴。余韻も心地よい。

基本DATA

品種 リースリング

産地 オー・ラン県

ヴィンテージ 2016年　アルコール度数 12.5%

6380円/アルカン

マリアージュのポイント

キノコを入れて鉄っぽさをプラスした豚しゃぶ鍋で。ワインの酸味に合わせて、ポン酢やゆずで酸味を調整しながら楽しみたい。

ピノ・ノワールの赤

秋

アルザス・ルージュ / マルセル・ダイス

Alsace Rouge / Marcel Deiss

さらりとした果実味と酸味のバランスで旨味豊かな味わい

アルザスの自然派を代表する造り手。テロワールの個性を引き出すためにビオディナミを実践し、クローン樹を極力使用しない。木製開放槽を用い、天然酵母のみで発酵したワインは、上品な旨味が感じられる。

基本DATA

品種 ピノ・ノワール100%　産地 ベルグハイム、サン・イポリット、ベブランハイム各村

ヴィンテージ 2018年　アルコール度数 13.5%

4620円/ヌーベル・セレクション

マリアージュのポイント

ピノ・ノワールと鴨の鉄分を合わせる定番の鴨のローストに、オレンジなどのフルーツソースで自然な甘さとワインの酸味を合わせて。

ゲヴュルツトラミネールの白

夏

ゲヴュルツトラミネール・レ・ジャルダン / ドメーヌ・オステルタッグ

Gewurstraminer,Les Jardins / Domaine Ostertag

ミネラル感と甘味のバランスで飲み飽きないきれいな甘口

ビオディナミ栽培されたブドウを完熟してから収穫し造られる甘口。ゲヴュルツトラミネールらしいライチの香りと、ミネラル感とのバランスで甘さを感じるが決して残らない。きれいな骨格で締めの一杯にもぴったり。

基本DATA

品種 ゲヴュルツトラミネール

産地 エピフィグ村

ヴィンテージ 2018年

アルコール度数 12%　5060円/JALUX

マリアージュのポイント

甘口ワインの定番マリアージュ、フォアグラのテリーヌと合わせて。蜂蜜入りのフルーツソースで甘味を調整するのもおすすめだ。

名門シャンパーニュ・メゾン、ベスラ・ド・ベルフォン。カーヴでの長期熟成など伝統的な造りを尊重している

スパークリング・ワインの代名詞的存在

シャンパーニュ

France

Champagne

DATA **主要品種** 白・ロゼ／シャルドネ、ピノ・ノワール、ピノ・ムニエ

シャンパーニュを知るならこのワイン！

- NVのブラン・ド・ブラン
- NVのアッサンブラージュ・スタイル
- NVのロゼ

秀でたバランスと美しい泡をもつ極上のスパークリング・ワイン

シャンパーニュとは、シャンパーニュ地方の特定地域で決められた品種のブドウを使い、シャンパーニュ方式（→P.23）で造られたスパークリング・ワインのこと。使われるブドウ品種は3種類のみ。シャルドネはエレガントさや繊細さ、ピノ・ノワールは骨格、ピノ・ムニエはフルーティさ、爽やかさを与える。

最も一般的なスタイルは3種類のブドウを使い、複数の生産年のワインをアッサンブラージュして造られるノン・ヴィンテージ（NV）。さらに、シャルドネだけで造ったエレガントなブラン・ド・ブランや、フルーティでコクのあるロゼでシャンパーニュの魅力を存分に楽しもう。

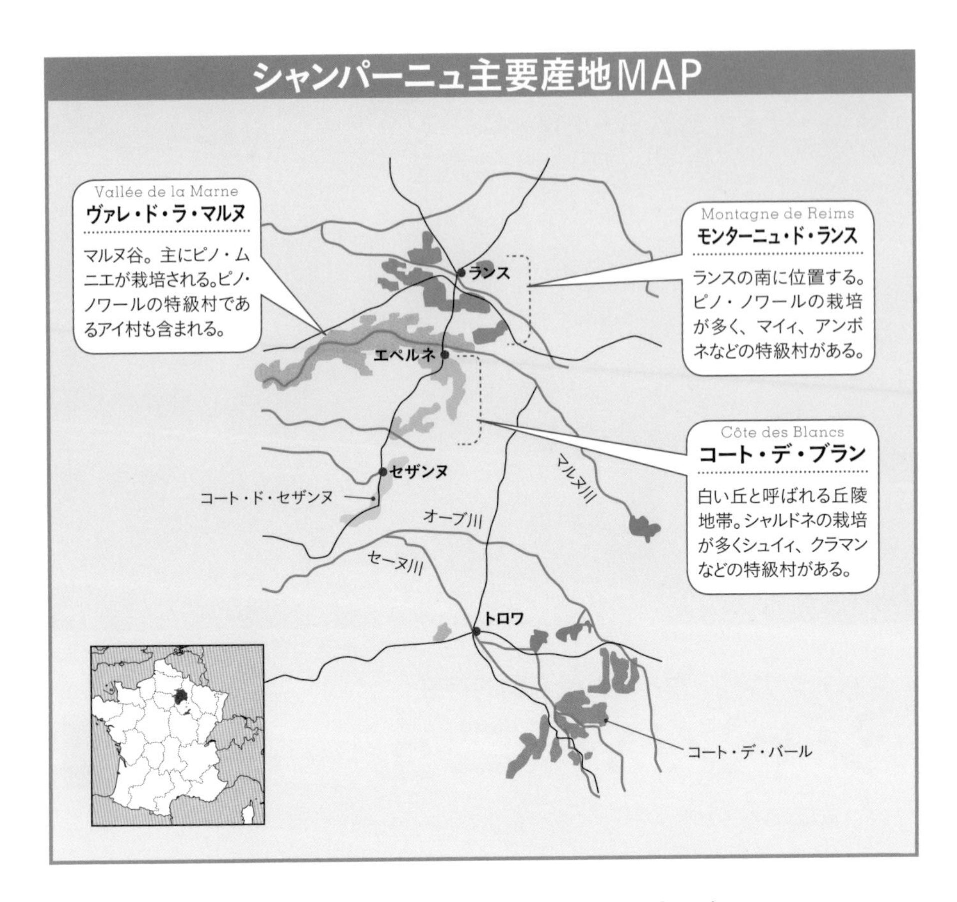

Champagne

KEY POINT 1

独自のスタイルを打ち出す大規模な造り手

グラン・メゾン

シャンパーニュは、グラン・メゾンと呼ばれる大手の造り手が多いが、小規模な造り手のものも人気がある。ボトルには生産業態を示す略号が表示されている。

主な生産業態と略号

NM ネゴシアン・マニピュラン	ブドウの一部、もしくは全部を外部から購入してシャンパーニュを造る造り手。ほとんどがこれに該当する。
CM コーペラティヴ・ド・マニピュラン	造り手が加盟する協同組合がシャンパーニュを造り販売する。
RM レコルタン・マニピュラン	自社畑のブドウでシャンパーニュを造る栽培家兼醸造家。小規模な造り手が多い。

主なグラン・メゾンのプレステージ・シャンパーニュ

グラン・メゾン	プレステージ・シャンパーニュ
クリュッグ	クリュッグ・クロ・ダンボネ
ルイ・ロデレール	クリスタル
ヴーヴ・クリコ	ラ・グランダム
ボランジェ	ボランジェRD

Champagne

KEY POINT ❷

ふたつに分けてとらえよう

シャンパーニュの分類

シャンパーニュは、色、ブドウ品種、ヴィンテージなどの造り方による違いと、造り手のランク付けによる違いによって分類することができる。

1.造り方による分類

色、ブドウ品種による違い

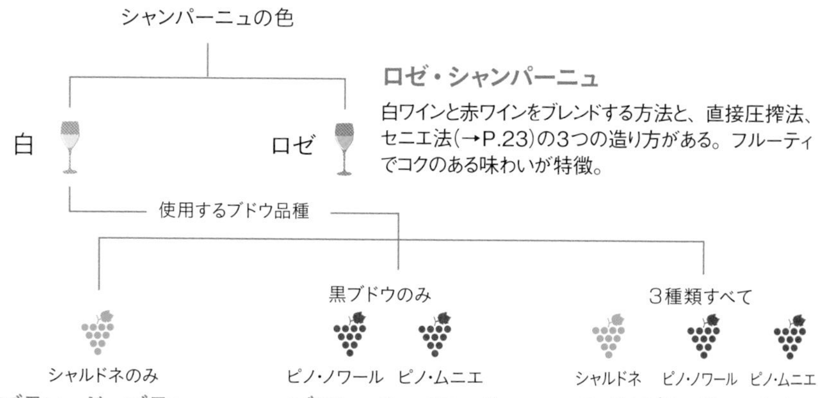

ロゼ・シャンパーニュ
白ワインと赤ワインをブレンドする方法と、直接圧搾法、セニエ法(→P.23)の3つの造り方がある。フルーティでコクのある味わいが特徴。

ブラン・ド・ブラン
白ブドウのシャルドネ100%で造られる白。エレガントで繊細な味わいが特徴。

ブラン・ド・ノワール
黒ブドウから造られた白。コクのある味わいが特徴。ややピンクがかったものもある。

アッサンブラージュ・スタイル
使用が認められている3種類のブドウすべてを使った白。最も一般的なスタイル。

ヴィンテージによる違い

単一年の原酒のみを使用

ミレジメ(ヴィンテージ・シャンパーニュ)
ブドウの出来がよかった年にのみ生産され、ブドウの収穫年がラベルに表記される。瓶内熟成の期間が3年以上と長く、藁のようなひなびたニュアンスがある。

複数年の原酒を使用

NV(ノン・ヴィンテージ)
異なる収穫年の原酒をアッサンブラージュすることで、各メーカーのスタンダードな味わいを安定して生み出す。瓶内熟成は15カ月以上と決められている。

2.ランクによる分類

高級 プレステージ・シャンパーニュ
各メーカーの最上級品で、最も高価。造り手の特徴が最も強調されたハイグレードな味わい。

各メーカーの通常商品で、NVであることが多い。

Champagne

③

押さえておきたいシャンパーニュの規定

格付けと甘辛表示

シャンパーニュの格付けは、原料ブドウを産出する畑によって決められる。甘辛表示があるのも特徴で、意味を知っておけば味わいを知るヒントになる。

格付け

100％に査定された畑から収穫されたブドウで造られたワインはグラン・クリュ、90 ～ 99％の査定の場合はプルミエ・クリュと表示できる。

グラン・クリュ Grand Cru	格付け100％の畑から収穫されたブドウのみで造ったシャンパーニュ。
プルミエ・クリュ Prumier Cru	格付け90 ～ 99％の畑から収穫されたブドウのみで造ったシャンパーニュ。

甘辛表示

シャンパーニュのラベルには甘味を示す甘辛表示がある。残留糖度によって以下のように表示される。

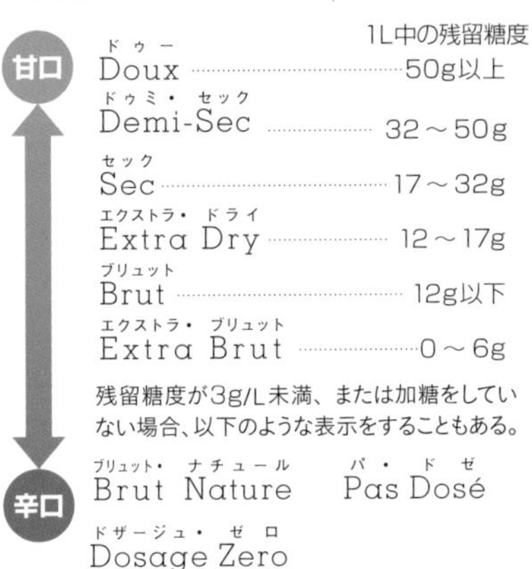

シャンパーニュのラベルには、格付け、甘辛表示、生産業態の略号、ブラン・ド・ブランなどの造り方の違い、ヴィンテージなどが表示される。

乾杯だけではなく もっと自由に気軽に シャンパーニュを！

食前酒として、コース全般を通してなど、幅広く活躍することができるシャンパーニュ。ただ、食前酒としてシャンパーニュを飲むと、その後のワインも上質なものでないと物足りなくなり、支払い額が多くなりがち。食事の締めにシャンパーニュという楽しみ方も、気軽な新しい形です。

シャンパーニュを知る！ オススメの3本

NVのブラン・ド・ブラン

ベスラ・ド・ベルフォン・グラン・クリュ・ブラン・ド・ブラン / ベスラ・ド・ベルフォン

Besserat de Bellefon Grand Cru Blanc de Blancs / Besserat de Bellefon

ブラン・ド・ブランらしい、すっきりと上品な透明感

突出したシャンパーニュを生み出す、180年の歴史をもつ造り手で、オルセー美術館とルーブル美術館、両方のスポンサーを務める。特級と1級のワインを高い割合で使用。泡は軽やかで穏やか、美しい酸味のきれいな造りだ。

基本DATA

品種 シャルドネ100%
産地 シャンパーニュ
ヴィンテージ NV　アルコール度数 12.5%
13200円／ラ・ラングドシェン

マリアージュのポイント

キャビアやイクラ、数の子など、白ワインだと生臭く感じる魚卵も、ブラン・ド・ブランのシャンパーニュならすっきりと合わせられる。

魚卵

NVのアッサンブラージュ・スタイル

ブリュット・レゼルヴ / テタンジェ

Brut Reserve / Taittinger

料理も人も選ばない、万人受けするシャンパーニュらしさ

テタンジェは、その名を社名に掲げるテタンジェ家が今なおオーナー兼経営者である希少な大手シャンパーニュ・メゾン。シャルドネの比率が高く飲み心地がスムーズで上品、合わせる料理のキャパシティが広い。

基本DATA

品種 シャルドネ40%、ピノ・ノワール35%、ピノ・ムニエ25%　産地 シャンパーニュ
ヴィンテージ NV　アルコール度数 12.5%
7598円／サッポロビール

マリアージュのポイント

アッサンブラージュのシャンパーニュは身の白い魚や肉が合うが、温冷問わず前菜からメインまで1本で通せるキャパシティの広さが魅力。

身が白い魚

鶏

NVのロゼ

クラッシック・ブリュット・ロゼ / ジャン・ノエル・アトン

Classic Brut Rose / Jean Noël Haton

フルーティでコクがある、強い料理にも合うシャンパーニュ

1928年創業のファミリー経営の造り手。ヴァレ・ド・ラ・マルヌ地区のピノ・ムニエのフルーティさを生かしたシャンパーニュを生産する。10%の赤ワインをブレンドして造られるロゼは、しっかりとコクのある味わい。

基本DATA

品種 ピノ・ムニエ35%、ピノ・ノワール35%、シャルドネ30%に加えて赤ワイン10%をブレンド
産地 ヴァレ・ド・ラ・マルヌ　ヴィンテージ NV
アルコール度数 12.5%　7700円／明治屋

マリアージュのポイント

マグロやサーモンなどの身が赤い魚や、イベリコ豚などの赤身肉と好相性。醤油やだしともよく合うので、天つゆでいただく天ぷらもいい。

身が赤い魚
イベリコ豚

食事と一緒に楽しみたい多彩なワインを生む

イタリア

DATA		
D	ワイン年間生産量	4250万hL（世界第1位）
A	ブドウ栽培面積	699kha
T	主要品種	赤 サンジョヴェーゼ、ネッビオーロ
A		白 コルテーゼ、ガルガーネガ

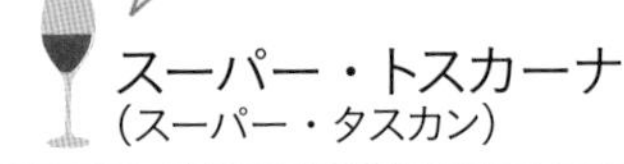

サンジョヴェーゼの赤

ネッビオーロの赤

スーパー・トスカーナ（スーパー・タスカン）

産地の食文化に合わせて発展した料理と好相性の多彩なワイン

古代からワイン造りが盛んなイタリアは、フランスと常に生産量のトップを争う屈指のワイン生産国。20あるすべての州で、それぞれの食文化に合わせたワイン造りが行われてきたため、北部の酸味がしっかりとした繊細な味わいのワイン、南部のパワフルでストレートな味わいのワインをはじめ、実に多彩なワインが揃う。

そんな多彩なイタリアワインの代表品種は、バローロ、バルバレスコを生むネッビオーロと、キアンティ・クラッシコを生むサンジョヴェーゼの2品種。さらにボルドー品種を使ったスーパー・トスカーナや、南イタリアのワインにも注目したい。

アルプス山麓から平野に連なる丘陵を中心にブドウ畑が広がるピエモンテ州。テヌータ・カレッタの畑もそのひとつ

イタリア主要産地MAP

Piemonte
ピエモンテ

バローロ、バルバレスコをはじめ、発泡性のアスティ、ガーヴィなど著名なワインの宝庫。

Lombardia
ロンバルディア

シャンパーニュ方式で造られる上質なスパークリング・ワイン、フランチャコルタが有名。

Veneto
ヴェネト

辛口白のソアーヴェや、干しブドウから造られるレチョート、アマローネなどで知られる。

Toscana
トスカーナ

キアンティ・クラッシコなどサンジョヴェーゼによるイタリアを代表するワインを生む産地。

Campania
カンパーニャ

この地でアリアーニコ種のブドウから造られる、辛口赤のタウラージは古代からの名酒。

トレンティーノ・アルト・アディジェ
スイス
ヴァッレ・ダオスタ
46
フリウリ・ヴェネツィア・ジューリア
ヴェネツィア
ミラノ
ポー川
アルプス山脈
トリノ
44
フランス
エミリア・ロマーニャ
リグーリア
フィレンツェ
マルケ
ウンブリア
アブルッツォ
ローマ
アペニン山脈
モリーゼ
コルシカ島
ラツィオ
プーリア
ナポリ
40
バジリカータ
カラブリア
サルデーニャ
38
シチリア
36 N

Italy

イタリアの代表的ワインを生み出す2大産地

ピエモンテとトスカーナ

1

イタリアの北部に位置する丘陵地帯、ピエモンテとトスカーナ。イタリアを代表する2大産地とその主要品種が生むワインの特徴をみてみよう。

ピエモンテのネッビオーロ

「ワインの王であり、王のワインである」といわれる赤ワインのバローロと、その弟分であるバルバレスコを生む、ピエモンテを代表するブドウ品種がネッビオーロ。伝統的な大樽による醸造方法がとられ、強い酸味と渋味をもつ、長期熟成型のワインを生む。近年では、華やかな香りと豊かな果実味をもつ早飲み可能なモダンタイプのバローロも生まれるなど、多様化が進んでいる。

トスカーナのサンジョヴェーゼ

トスカーナは、しっかりとした酸味とスムーズな口当たりの赤ワインを生むサンジョヴェーゼの最大の産地。その代表格がキアンティ・クラッシコだ。サンジョヴェーゼにはクローンが多く、そのひとつブルネッロ(サンジョヴェーゼ・グロッソ)から造る力強い味わいのブルネッロ・ディ・モンタルチーノも有名。

規制にとらわれないもうひとつのトスカーナを代表するワイン

スーパー・トスカーナ(スーパー・タスカン)

ワイン法にとらわれず、カベルネ・ソーヴィニヨンやメルロなどのボルドー品種を使い、近代的な手法で造られるワイン。テーブルワインの格付けながら、高品質の高級ワインが次々と生まれている。3大アイアと呼ばれるソライア、サッシカイア、オルネライアが有名。

Italy

KEY POINT ❷

発展めざましい注目の産地

南イタリアのワイン

近年、量から質への転換が急速に進み、高品質のワインが登場している南イタリア。注目の州とそれぞれの産地やワインの特徴についてみてみよう。

プーリアのプリミティーヴォ

プーリアのプリミティーヴォは、キリスト教の普及とともにカリフォルニアに渡りジンファンデルになった個性的な品種。早熟な黒ブドウで、アルコール度数が高く、濃厚な果実味のワインを生む。以前は酸味が強く肉厚なタイプが少なかったが、近年の傾向として、濃く個性的で飲み飽きないワインが増えてきている。

シチリアのエトナ

1990年代に国際品種を使ったワインで急成長をしてきたシチリアは、近年テロワールを表現する注目産地に変わってきている。特に注目されているのがエトナ。シチリア島内外から多くの生産者が進出している。標高300～1200mの火山性土壌の畑から生まれる固有品種カッリカンテ主体の白ワインなど、熟成タイプのワインが人気となっている。

③

伝統と商業的価値で評価される

イタリアのワイン法

EUの新ワイン法に合わせ、イタリアでも2009年ヴィンテージから新法が適用され、国内法も2010年に改正されているが、伝統的表示も引き続き使用可能だ。

■イタリアの品質分類

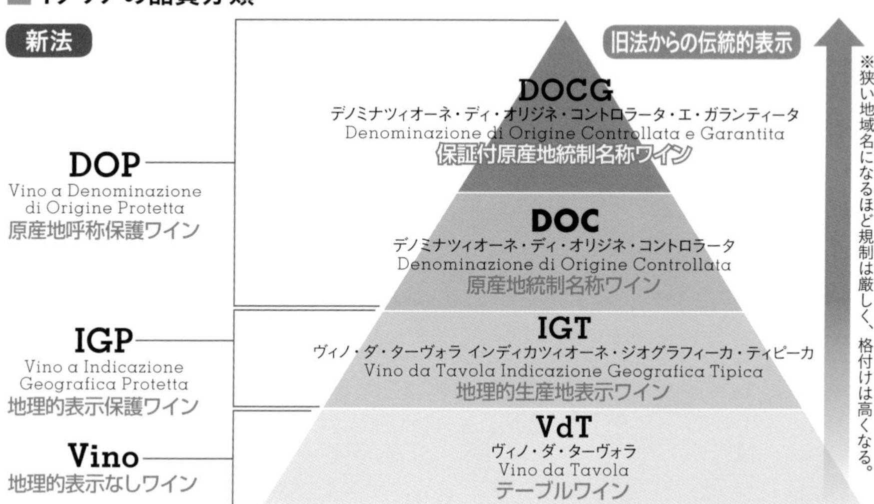

ラベルの見方

DOCGやDOCなどの上級ワインは、そのまま格付け名称がワイン名になる。スーパー・トスカーナなどは独自のブランド名がワイン名になる場合が多い。

IDE'S EYE

イタリアワインとイタリア料理の美味しい関係

イタリアワインはしっかりとした酸味をもつのが特徴です。酸味のあるワインは酸味のある食材やソースと好相性。さらに料理の塩分を感じにくくします。トマトソースなど酸味のあるしっかりとした味付けのイタリア料理とイタリアワインが好相性なのもうなずけますね。

イタリアを知る！ オススメの3本

サンジョヴェーゼの赤

ルベスコ・ヴィーニャ・モンティッキオ・トルジャーノ・ロッソ・リゼルヴァ / ルンガロッティ

Rubesco Vigna Monticchio Torgiano Rosso Riserva / Lungarotti

凝縮感のあるサンジョヴェーゼのスタイル

海抜300mの丘にある単一畑のブドウを使用。サンジョヴェーゼらしい醤油の香りや酸味、滑らかさをもちつつ、凝縮感のある力強い味わいに。キアンティだけではないサンジョヴェーゼの魅力を引き出した一本だ。

基本DATA

品種 サンジョヴェーゼ100%
産地 ウンブリア トルジャーノ
ヴィンテージ 2015(写真は2012)年
アルコール度数 14.5%　■11000円／明治屋

マリアージュのポイント

サンジョヴェーゼの醤油の香りは、煮付けなど醤油を使った和食とよく合う。上品なワインなので、クセのない金目鯛などがおすすめだ。

金目鯛

ネッビオーロの赤

カッシーナ・ボルディーノ・バルバレスコ / テヌータ・カレッタ

Cascina Bordino Barbaresco / Tenuta Carretta

バルバレスコらしいしっかりとした酸味と渋味

550年以上の歴史をもつピエモンテ屈指の老舗のワイナリー。単一畑で収穫されたネッビオーロから、伝統的な製法と革新により生まれるバルバレスコは、複雑な香りをもち、しっかりとした酸味と渋味が楽しめる。

基本DATA

品種 ネッビオーロ100%
産地 ピエモンテ
ヴィンテージ 2012年　アルコール度数 14%
■8808円／サッポロビール

マリアージュのポイント

渋味のしっかりとしたワインは、豚の角煮や霜降り和牛のステーキなど、肉の脂を楽しむ料理と合わせてまろやかさを楽しみたい。

牛

スーパー・トスカーナ(スーパー・タスカン)

イラトライア / ブランカイア

Ilatraia / Brancaia

力強くエレガントなイタリアのボルドースタイル

黒果実やインク、軽い腐葉土の香りが素晴らしく、凝縮感のある力強い味わいをエレガントなバランスでまとめている。ボルドー品種を使い、昔ながらのボルドースタイルを追求した上品なスーパー・トスカーナ。

基本DATA

品種 カベルネ・ソーヴィニヨン 40%、プティ・ヴェルド 40%、カベルネ・フラン 20%
産地 トスカーナ　ヴィンテージ 2014年
アルコール度数 14%　■8800円／アルカン

マリアージュのポイント

牛や仔羊と合わせたいしっかりとした骨格をもつ。上品でスムーズな味わいなので、調理法はステーキなどシンプルなものがおすすめ。

牛
羊

個性豊かなワインを生む冷涼なテロワール

ドイツ

DATA

ワイン年間生産量	750万hL（世界第10位）
ブドウ栽培面積	103kha
主要品種	赤 シュペートブルグンダー（ピノ・ノワール）、ドルンフェルダー
	白 リースリング、ゲヴュルツトラミネール、シルヴァネール、ミュラー・トゥルガウ

ドイツを知るならこのワイン！

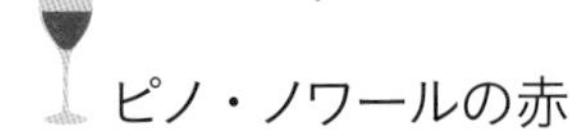

リースリングの辛口白

リースリングの軽甘白

ピノ・ノワールの赤

北の産地らしい美しい酸味をもつバラエティ豊かなワイン

北緯50度前後の範囲に広がるドイツのワイン生産地域は、世界のブドウ栽培地のなかでも北限に近い産地。冷涼な気候のドイツでは、より熟した糖度の高いブドウから造られるワインが上級とされてきたためか、甘口のイメージが強いが、実は甘口から辛口までバラエティに富んだワインが生産されている。近年は温暖化の影響もあり辛口が増え、醸造技術の発達とともに上質なワインが急増している。

ドイツワインの最大の魅力は、ゆっくりとブドウが熟すことによって生まれる、フレッシュで生き生きとした美しい酸味。まずは樽が効いた長熟タイプのリースリングや、果実味豊かなピノ・ノワールで堪能してみよう。

ドイツにおけるピノ・ノワールの名手、フリードリッヒ・ベッカーのブドウ畑。ファルツの最南端にあり、フランスとの国境に位置している

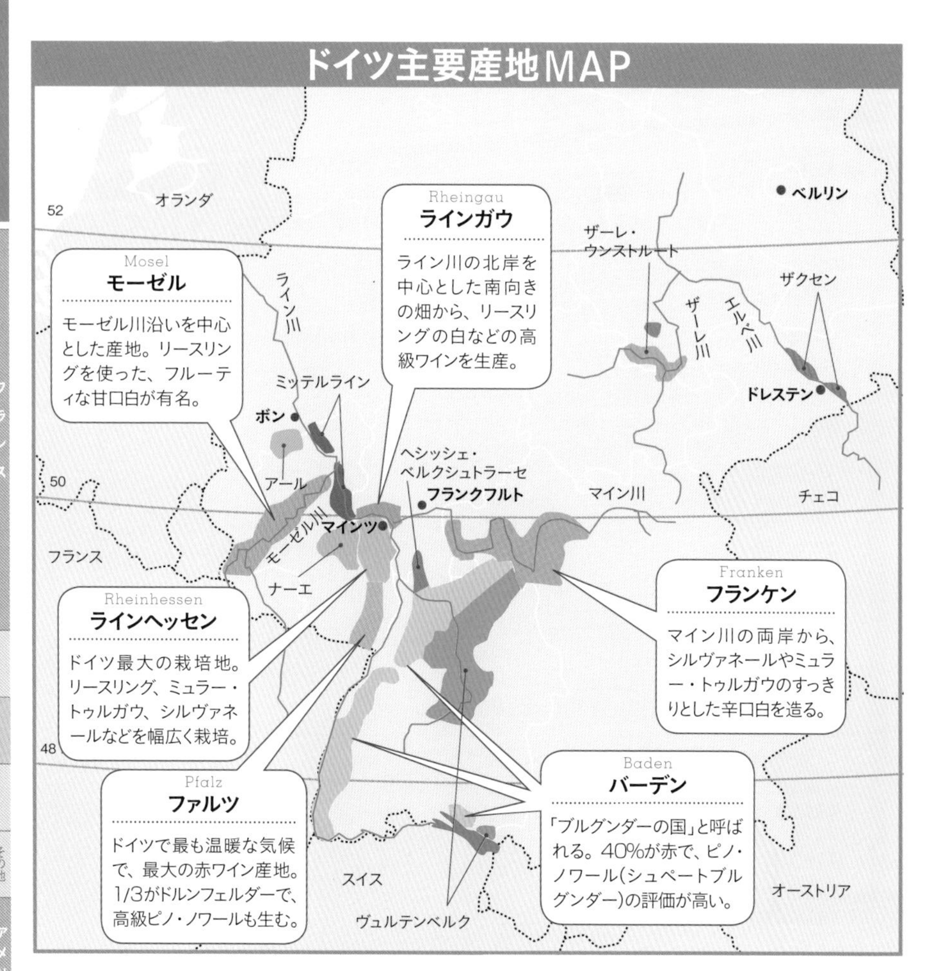

Germany

KEY POINT 1

冷涼な気候をカバーする立地の工夫

冷涼な気候と川沿いの畑

ドイツのブドウ畑は、そのほとんどが川沿いの斜面に造られている。斜面は日光を効率よく浴びるのに役立ち、川は水面の照り返しにより日照量を確保し急激な冷え込みを防ぐだけでなく、秋には川から発生する霧で寒さから畑を守る役割も果たす。北限の厳しい気象条件をこうした立地でカバーすることで、ブドウはじっくりと熟すことができるのだ。

Germany

KEY POINT ❷

甘辛度で分かれるドイツワインの基準

甘口と辛口

ドイツでは、従来の果汁の糖度によるワインの分類や、残糖値による基準などがある。ワイン選びにも役立つ甘辛表示について整理してみよう。

果汁糖度の基準

甘口

トロッケンベーレンアウスレーゼ Trockenbeerenauslese
干しブドウのようになった粒選りの貴腐ブドウから造られる。
最低エクスレ度150～154　最低アルコール度数5.5%

アイスヴァイン Eiswein
自然の状態で樹になったまま凍結した果実を収穫、圧搾した果汁で造られる。
最低エクスレ度110～128
最低アルコール度数5.5%

ベーレンアウスレーゼ Beerenauslese
粒選りの干しブドウのようになった貴腐ブドウか、過熱状態のブドウから造られる。
最低エクスレ度110～128
最低アルコール度数5.5%

アウスレーゼ Auslese
房選りの完熟したブドウから造られる。
最低エクスレ度83～100　最低アルコール度数7%

シュペートレーゼ Spätlese
遅摘みのブドウから造られる。
最低エクスレ度76～90　最低アルコール度数7%

カビネット Kabinett
熟したブドウから造られる良質なワイン。
最低エクスレ度70～82　最低アルコール度数7%

辛口

プレディカーツヴァインによる分類
収穫時のブドウ果汁の糖度によって分類される。「エクスレ度」で示され、数値が高くなるほど糖度が高く、格付けも高くなる。

残糖値の基準とスタイル

辛口

トロッケン Trocken
残糖値4g/L以下か、総酸値と残糖値の差が2g/L以下であれば9g/Lまでの辛口ワイン。

ハルプトロッケン Halbtrocken
残糖値9～18g/L以下、ただし総酸値と残糖値の差は10g/L以下の中辛口ワイン

リープリッヒ Lieblich
ハルプトロッケンを上回り、残糖値45g/L未満の甘口ワイン。

ズュース Süße
残糖値45g/L以上の甘口ワイン。

甘口

残糖値による分類
EUの規定に基づく残糖値による表記。ラベルへの表記は任意で、残糖値の誤差は1g/Lまで許容範囲とされる。

ファインヘルプ Feinherb
法的な数値基準のない中辛口。残糖値はハルプトロッケンをやや上回るが、酸やミネラルとのバランスで甘味が抑えられて感じられる場合に使われることが多い。ハルプトロッケンに代わる用語として使われはじめ、現在では広く用いられている。

Germany

3

収穫したブドウ果汁の糖度による格付け

ドイツのワイン法

ドイツでは格付けは地域だけでなく甘辛度によっても分類される。EUの新法に合わせ2009年ヴィンテージから新法が適用され、2012年以降は新しい表記のみに。

■ドイツの品質分類

新法

g.U.
wein mit geschützter Ursprungsbezeichnung
原産地呼称保護ワイン
※ PrädikatsweinやQ.b.Aの表記と属する分類はそのまま引き継がれる。

プレディカーツヴァイン **Prädikatswein** 生産地限定格付け上質ワイン	13の指定栽培地域の1区画で収穫されたブドウのみから造られる。果汁糖度、収穫方法によって6つに分類される（右頁参照）。
クヴァリテーツヴァイン **Qualitätswein** 生産地限定上質ワイン	13の指定栽培地域の1区画で収穫されたブドウのみから造られる。
ラントヴァイン **Landwein** 地理的表示保護ワイン	26の指定栽培地域の高品質テーブルワイン。一部を除きトロッケン、ハルプトロッケンのみ。
ドイッチャー・ヴァイン **Deutscher Wein** 地理的表示なしワイン	

※格付けが高くなるほど規制は厳しくなる。

ラベルの見方

ドイツワインのラベルは、産地名とあわせて、ブドウ品種名も表示されているのが特徴。格付けと甘辛表示をチェックするとワインの味わいを予想しやすい。

IDE'S EYE

甘口から辛口へ さらにピノ・ノワールや スパークリングにも注目

現在では辛口・中辛口が全体の2/3を超えるドイツ。近年では温暖化の影響もあり、ブルゴーニュを凌駕するような高品質な南ドイツのピノ・ノワールも登場するなど、めざましい発展を遂げています。さらに今後は、生産者団体による新基準も作られた、スパークリングのゼクトにも注目です。

リースリングの辛口白

秋

グラッハー・ヒンメルライヒ・リースリング GG アルテレーベン / Dr.ローゼン

Graacher Himmelreich Riesling GG AlteReben / Dr.Loosen

辛口リースリングを代表するエレガントな味わい

モーゼルの3大リースリングといわれる造り手。モーゼルの銘醸地のひとつ、「天国」の名をもつ特級畑の樹齢130年以上のブドウを使用している。フルーティで余韻に苦味を感じる、きっちりとした辛口。

基本DATA

品種 リースリング

産地 モーゼル

ヴィンテージ 2017年 アルコール度数 12.5%

6380円／ヘレンベルガー・ホーフ

マリアージュのポイント

シメサバなど、酢締めした青魚と合わせることで、ワインの酸味がやわらかくなり、果実味をより豊かに感じることができる。

青魚

リースリングの軽甘白

冬

ヴェーレナー・ゾンネンウーア・リースリング・アウスレーゼ / J.J（ヨハン・ヨーゼフ）・プリュム

Wehlener Sonnenuhr Riesling Auslese / J.J.Prüm

酸味と甘味のバランスが秀逸な、ドイツらしいやさしい甘口

「日時計」という名の銘醸畑、ヴェーレナー・ゾンネンウーア最大の所有者で、モーゼルの3大リースリングのひとつ。完熟葡萄のみから造られる甘口は、蜂蜜やメロンの香りがあり、ドイツらしいやさしい甘さ。

基本DATA

品種 リースリング100%

産地 モーゼル

ヴィンテージ 2018年 アルコール度数 8%

9350円／八田

マリアージュのポイント

西京焼きや照り焼きなどの焼き魚と好相性。ワインのやさしい甘味を、火を入れた脂の甘味や味噌などの自然な甘味と合わせて。

焼き魚

ピノ・ノワールの赤

冬

シュヴァイゲナー・ピノ・ノワール / フリードリッヒ・ベッカー

Schweigener Pinot Noir / Friedrich Becker

ブルゴーニュを凌駕する力強さと透明感のある上品な旨味

シュヴァイゲン村の樹齢25〜40年のブドウのみで造られ小樽での熟成、無濾過無清澄で仕上げたワイン。凝縮感のある力強さを追いかけつつ上品な旨味に仕上がっており、昔ながらのブルゴーニュを思わせる秀逸な味わいだ。

基本DATA

品種 シュペートブルグンダー（ピノ・ノワール）

産地 ファルツ

ヴィンテージ 2014年 アルコール度数 13.5%

7150円／ヘレンベルガー・ホーフ

マリアージュのポイント

ピノ・ノワールとの定番マリアージュの鴨はシンプルに鴨鍋で。凝縮感があるので、仔羊もソースを使わず塩焼きでシンプルに合わせたい。

鴨
羊

固有品種によるカジュアルワインの宝庫

スペイン

Spain

DATA

ワイン年間生産量	3250万hL（世界第3位）	
ブドウ栽培面積	968kha	
主要品種	赤	テンプラニーリョ、グルナッシュ
	白	アイレン、マカベオ

スペインを知るならこのワイン！

テンプラニーリョの赤　アルバリーニョの白　カヴァ

スペイン固有のブドウ品種から世界で愛されるワインが生まれる

イタリア、フランスに次ぐ生産量を誇るスペインは、ヨーロッパの3大ワイン産地のひとつ。1870年代にヨーロッパ全土を襲ったフィロキセラの害で畑を失ったフランスの醸造家がスペインに移り住み、彼らが伝えた技術や道具によってスペインワインは大きく進歩した。

固有品種によるワイン造りが盛んで、代表品種であるテンプラニーリョによる赤ワインをはじめ、スパークリング・ワインのカヴァ、フォーティファイド・ワインのシェリーなど、世界的に人気の高いワインを数多く生産している。

手頃な価格のワインが多く、カジュアルに楽しめるのも魅力のひとつだ。

ジュヴェ・カンプスのブドウ畑。オーガニック農法の畑で手摘みされたブドウから高級カヴァが造られる

スペイン主要産地MAP

辛口から甘口まで多彩な味わい シェリー

このワインも CHECK!

主にパロミノから造られる辛口白ワインを酒精強化し、フロールと呼ばれる酵母と一緒に発酵させて独特の風味をもたせたもの。古い順に樽を積み重ね、一番下の樽から一部を抜き出して出荷し、上の樽から若いワインを順に継ぎ足すソレラ・システムで熟成させる。

主なシェリーのタイプ	
フィノ Fino	15度まで酒精強化し、フロールとともに熟成させたフレッシュな極辛口。
マンサニーリャ Manzanilla	河口近くの産地、サンルーカル・デ・バラメーダで熟成されるフィノ。
アモンティリャード Amontillado	フィノをフロールが消滅した後も熟成させたもの。
オロロソ Oloroso	17度まで酒精強化し、フロールなしで熟成させたもの。
ペドロ・ヒメネス Pedro Ximénez	ペドロ・ヒメネス種を天日干しして造られる、凝縮感のある極甘口。
モスカテル Moscatel	モスカテル種を天日干しして造られる、フレッシュ感のある極甘口。
ミディアム Medium	アモンティリャードにペドロ・ヒメネスをブレンドした甘口。
クリーム Cream	オロロソにペドロ・ヒメネスをブレンドした甘口。

Spain

KEY POINT 1

地元のブドウ品種にこだわったワインが豊富

固有品種の多彩なワイン

スペインのブドウ品種は、固有品種が多い。代表品種であるテンプラニーリョと、複数の固有品種から生まれるカヴァについて見てみよう。

テンプラニーリョ

スペインを代表する黒ブドウ品種。しっかりとした酸味、渋味と濃厚な果実味をもつワインとなり、熟成するとピノ・ノワールに似てくるのが特徴。リオハの主要品種として知られているが、スペイン全土で栽培されており、各地で独自の呼び方(シノニム)がある。

■主な産地でのテンプラニーリョのシノニム

リベラ・デル・ドゥエロ	ティント・フィノ Tinto Fino もしくは ティント・デル・パイス Tinto del Pais
ラ・マンチャ	センシベル Cencibel
カタルーニャ	ウル・デ・リェブレ Ull de Llebre

スーパー・スパニッシュワイン

テンプラニーリョを主体に、カベルネ・ソーヴィニヨンなどをブレンドしたボルドースタイルのワイン。固有品種が主体となるのが大きな特徴だ。

カヴァ

手作業による高級カヴァの造り手、ジュヴェ・カンプスの広大な地下セラー

洞窟(どうくつ)やセラーを意味する名のカヴァは、シャンパーニュ方式で造られるスパークリング・ワイン。コストパフォーマンスに優れており、世界中で人気が高い。このカヴァも下記の3種類の固有品種から造られるのが一般的だ。

■カヴァに使われる主要ブドウ品種

マカベオ(ビウラ)	フルーティさと爽やかさ
パレリャーダ	花のような華やかな香り
チャレッロ	酸味とアルコール分

原産地による格付けに加え、熟成度合いがポイント

スペインのワイン法

スペインには、産地による格付けに加え、熟成による品質区分もある。EU新法にともない2009年から新法が適用されているが、旧法の分類も引き継がれている。

格付け

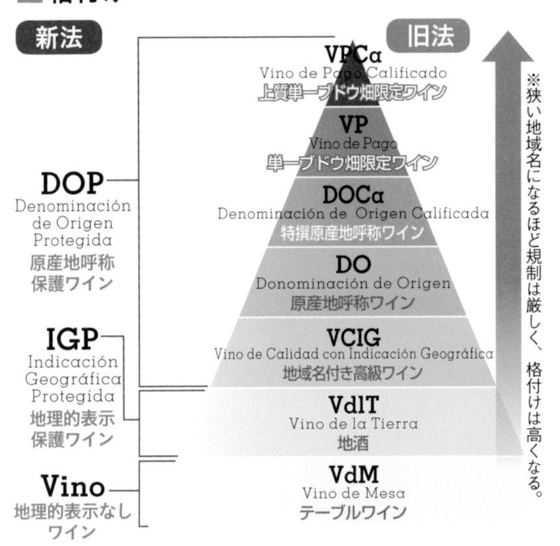

熟成規定

熟成期間

グラン・レセルバ Gran Reserva

赤ワインは最低60カ月(うち樽で18カ月)以上熟成したもの。白、ロゼの場合は最低48カ月(うち樽で6カ月)の熟成が必要。

レセルバ Reserva

赤ワインは最低36カ月(うち樽で12カ月)以上熟成したもの。白、ロゼの場合は最低24カ月(うち樽で6カ月)の熟成が必要。

クリアンサ Crianza

赤ワインは最低24カ月(うち樽で6カ月)以上熟成したもの。白、ロゼの場合は最低18カ月(うち樽で6カ月)の熟成が必要。

ラベルの見方

スペインワインのラベルには、産地による格付け表示のほか、熟成規定の表示があるのが特徴。ブドウ品種の表示がある場合、シノニムで表示されることも多い。

高格付けのワインをリーズナブルに楽しめるのが魅力

スペインワインは、フランスなどのヨーロッパのほかの産地と比べ、リーズナブルな価格のワインが多いのが特徴です。そのため、高格付けのヨーロッパの上級ワインを気軽に楽しむことができます。重すぎず、軽すぎず、カジュアルに楽しめるスタイルも魅力です。

スペインを知る！ オススメの3本

テンプラニーーリョの赤

ティント・グラン・レゼルバ / マルケス・デ・リスカル

Tinto Gran Reserva / Marques de Riscal

あたたかみを感じるテンプラニーーリョらしさを凝縮

　フランスの製造法を早くから採用する、スペイン王室御用達のワイナリー。樹齢80年以上のブドウを使用し、フレンチオーク樽で31カ月間熟成したワインは、果実味の凝縮感と炭焼きコーヒーのような香ばしさがある。

基本DATA

品種 テンプラニーーリョ、グラシアノ、マスエロ
産地 リオハ
ヴィンテージ 2012年　アルコール度数 14%
■ 8698円／サッポロビール

マリアージュのポイント

ワインの凝縮感のある豊かな果実味と樽由来の香ばしさは、ウナギの蒲焼きの甘辛いタレや焼き目の香ばしさとベストマリアージュする。

ウナギ

アルバリーニョの白

ベイガ・ダ・プリンセサ / パソ・ド・マル

Veiga da Princesa / Pazo do mar

凝縮感のあるきりっとした辛口のアルバリーニョ

　農薬を極力使わず花崗岩地質の畑で栽培されたアルバリーニョを使用。蜂蜜や黄桃などの甘い香りがありつつ、味わいは酸味、果実味ともにしっかりとしており、凝縮感のある辛口タイプに仕上げている。

基本DATA

品種 アルバリーニョ 100%
産地 リアス・バイシャス
ヴィンテージ 2018年　アルコール度数 13.5%
■ 2860円／アルコトレード トラスト

マリアージュのポイント

ワインの甘い香りとしっかりとした味わいは、甘酸っぱい味わいの料理と好相性。タコとキュウリの酢の物やべったら漬けとよく合う。

タコ

カヴァ

グランド・ブリュット / ジュヴェ・カンプス

Grand Brut / Juve & Camps

幅広い料理やシチュエーションに合う贅沢なカヴァ

　オーガニック農法の畑で手摘みされたブドウのフリーランジュースのみを使用し、平均42カ月という長い瓶内熟成で造られる高級タイプのカヴァ。ナッティーな香りが印象的な超辛口で、コクがありながらすっきり楽しめる。

基本DATA

品種 チャレロ40%、マカベオ25%、シャルドネ25%、パレリャーダ10%
産地 ペネデス　ヴィンテージ 2015年
アルコール度数 12%　■ 6600円／明治屋

マリアージュのポイント

1本で前菜からメインまで通せるシャンパーニュを目指した味わいは、魚料理から肉料理まで料理を選ばず楽しめる幅広さが魅力。

魚
牛
野菜

こちらも押さえておきたい

その他ヨーロッパ

これまで紹介したフランス、イタリア、ドイツ、スペイン以外にも、ヨーロッパには魅力的なワインを生む産地が数多く存在する。その土地ならではの個性豊かなワインを生み出す、7カ国について見てみよう。

伝統的にポートワインが出荷されてきた
ドウロ川河口の町ヴィラ・ノヴァ・デ・ガイア

Portugal

ポルトガル

ポルトガルを知るならこのワイン!

ポートワイン
→P.238

まずは日本でもなじみ深い酒精強化ワインポートワインから

シェリーやマデイラとともに、世界三大酒精強化ワインと称されるポートワインは、日本でもなじみ深い存在。発酵途中で77%のグレープ・スピリッツを添加し、発酵を止めて造られる。黒ブドウ原料のレッドと白ブドウ原料のホワイトがあり、格付け6段階、甘さは5段階と幅広い。品種はトウリガ・ナショナル、ティンタ・バロッカなどをブレンドするのが一般的だ。

近年では、赤はアラゴネス（テンプラニーリョ）のスティル・ワインの生産量が最も多い。白では柑橘系の味わいが特徴のフェルナォン・ピレス、トロピカルフルーツのニュアンスのアルヴァリーニョ、強い酸味のアリントなどが造られている。

ヴェストシュタイヤーマルクのシルヒャーを代表する造り手、ラングマンのブドウ畑

Austria

オーストリア

オーストリアを知るならこのワイン!

グリューナー・ヴェルトリーナーの白→P.238

日本にもファンが多い上品な味わいの自然派ワインを生むビオディナミ発祥の地

ルドルフ・シュタイナーによって提唱されたビオディナミ発祥の地であり、近年では世界を代表する自然派ワインの産地となっている。それにともない、従来の農法でも自然派の流れが強く、品種の個性とテロワールを大切にした上品なワインが多いため、日本でもファンが増えてきている。

オーストリアの白といえばグリューナー・ヴェルトリーナーで、全体の3割近い生産量を占める。フレッシュですっきり淡麗辛口な味わいが特徴だ。赤はブラウアー・ツヴァイゲルトが有名。フルーティな果実の香りとスパイシーさ、土っぽいイメージがあり、仏ローヌのグルナッシュとシラーのブレンドを思わせる味わい。

このワインもCHECK!

世界一酸度が高いロゼワイン シルヒャー

今や世界各地で造られている大人気のロゼワイン。なかでも注目はヴェストシュタイヤーマルクで造られるロゼワイン、シルヒャーだ。ブラウアー・ヴィルトバッハー種を早く収穫し、強烈な酸をもつロゼワインに仕上げており、「世界一酸度が高いロゼワイン」ともいわれる。ストロベリーやラズベリーなど赤いベリーの香りとアセロラの風味、フレッシュできりっとした酸味が特徴だ。

ボルドー
ブルゴーニュ
コート・デュ・ローヌ
ロワール
アルザス
シャンパーニュ
フランス
イタリア
ドイツ
スペイン
その他ヨーロッパ
カリフォルニア
オレゴン・ワシントン
アメリカ
オーストラリア
ニュージーランド
チリ
アルゼンチン
南アフリカ
日本

地中に埋めた「クヴェヴリ」と呼ばれる伝統的な素焼きの壺でワインを熟成させる

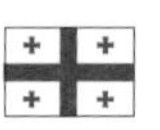

Georgia

ジョージア

ジョージアを知るならこのワイン！

アンバーワイン
（オレンジワイン）
→P.239

素焼きの壺クヴェヴリで造られるオレンジワインの原点「アンバーワイン」

1991年にソビエト連邦から独立した、8000年にも及ぶワイン造りの歴史をもつ国。

「wine」の語源はジョージア語の「ghvivili（グヴィヴィリ）」にあるという説も有力視されており、「ワイン発祥の地」ともいわれる。

「クヴェヴリ」と呼ばれる素焼きの壺を使った伝統的なワイン造りがいまも行われており、いま最も話題なのがオレンジワインで、ジョージアでは「アンバーワイン」と呼ばれる。白ブドウを用い、果皮や茎、種と一緒にクヴェヴリで発酵させ、スキン・コンタクトを行いながら熟成する。

ほとんどが土着品種で、日本ではあまり聞き覚えのないものも多い。

Greece
ギリシャ

ギリシャを知るならこのワイン!

クシノマヴロの赤
→P.240

ワインとギリシャ文化との結びつきが4000年以上という歴史ある産地。以前は、日本におけるギリシャワインはレツィーナという松ヤニ入りの白ワインが最も有名で、松ヤニ由来の苦い味わいには賛否両論があった。

近年はクリーンな造りのカジュアルなワインが多いなか、クシノマヴロなどの土着品種による上質なワインも日本に入ってきている。

Switzerland
スイス

スイスを知るならこのワイン!

シャスラの白
→P.240

ワイン産地はフランス語圏、ドイツ語圏、イタリア語圏と、言語の異なる3つの地域に分かれており、隣接する国々の影響も受けている。

代表的なブドウ品種は、白は栽培面積の60%を占めるシャスラで、軽快な味わいのワインを生む。赤はドイツ語圏でブラウブルグンダーと呼ばれるピノ・ノワールで、酸がしっかりした軽やかなワインが多い。

Hungary
ハンガリー

ハンガリーを知るならこのワイン!

トカイワイン
→P.240

仏ソーテルヌ、独トロッケンベーレンアウスレーゼと並び、世界三大貴腐ワインと呼ばれるトカイ・アスーが最も有名。フランス王ルイ14世が「王のワインにしてワインの王」と称したことでも知られる。アスーとは「シロップのような」という意味で、貴腐ぶどうの割合が高くなるにつれ「プットニョシュ」の数字があがっていく。最高級のエッセンシアは貴腐100%。

UK
英国

英国を知るならこのワイン!

スパークリング・ワイン
→P.240

昔からイギリス人のシャンパーニュ好きは有名で、王室行事からお祭りまでさまざまなシーンで飲まれてきた。

2000年頃から温暖化の影響もあって、スパークリングメーカーが増えてきており、シャンパーニュの主要3品種であるピノ・ノワール、シャルドネ、ピノ・ムニエを使い、瓶内二次発酵で造られる高品質なスパークリング・ワインに世界中が注目している。

新世界のワインを牽引する存在

USA

アメリカ

DATA

ワイン年間生産量	2330hL（世界第4位）
ブドウ栽培面積	434kha
主要品種	赤 カベルネ・ソーヴィニヨン、ジンファンデル、メルロ、ピノ・ノワール
	白 シャルドネ、リースリング、ソーヴィニヨン・ブラン

進化を続けるカリフォルニアワイン さらにオレゴン、ワシントンにも注目

アメリカを代表するワインといえば、やはり「パリ対決」（→P.123）で新世界のワインの実力を世に示したカリフォルニアワイン。その特徴はパワフルでストレートなブドウ本来の味わいといわれていたが、近年は上品な辛口の造りが多くなってきており、この流れはほかの新世界のワインのトレンドにもなっている。世界中のワインが基本はフランス、応用はカリフォルニアの流れに沿って進んでいるような印象だ。カリフォルニア大学のデイビス校を中心とした醸造技術の飛躍的進化も大きく貢献している。

ピノ・ノワールが有名なオレゴン、多様な国際品種のワインが造られるワシントンも近年発展がめざましい。

カリフォルニアのソノマ・コーストを有名にした、フラワーズの銘醸畑「キャンプ・ミーティング・リッジ」。約400mの高地にある

アメリカ主要産地MAP

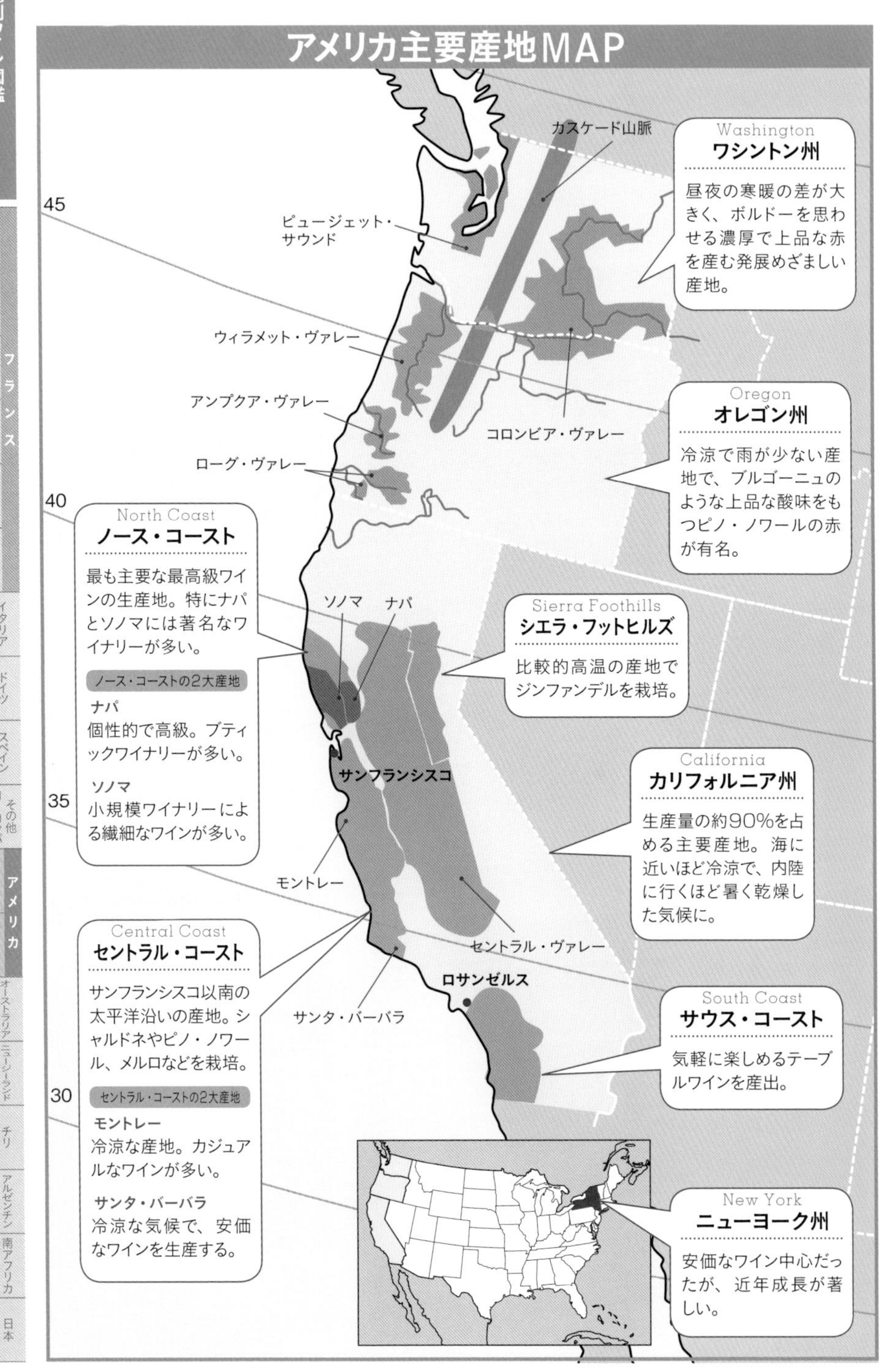

USA

新世界のワイン法の基本型

アメリカのワイン法

アメリカでは、ブドウの使用割合によりラベル表示を規制している。産地表示には政府認定の栽培地域AVAがあるが、EUのような使用品種などの規制はない。

ラベル表示の規制

産地名

州名
州内で収穫されたブドウを75%以上使用
※カリフォルニア州は100%、ワシントン州とオレゴン州は95%

郡名（カウンティ County）
郡内で収穫されたブドウを75%以上使用

AVA名
AVA内で収穫されたブドウを85%以上使用

畑名（ヴィンヤード Vineyard）
同一畑のブドウを95%以上使用

品種名

表示されたブドウ品種を75%以上使用

ヴィンテージ

AVA内…その年に収穫されたブドウを95%以上使用

AVA以外…その年に収穫されたブドウを85%以上使用

ワインのタイプ

プロプライエタリー・ワイン Proprietary Wine

ワイナリー独自のブランド名などを表示したワイン。通常最高級。

メリテージ Meritage

主にボルドーのブドウ品種を使ったブレンドワインで、高品質のもの。

ヴァラエタル・ワイン Varietal Wine

ブドウ品種名をラベルに表示した高級ワイン。

セミ・ジェネリック Semi-Generic

ワイン名の一部にヨーロッパの有名産地名を使ったテーブルワイン。

※2006年から新しく販売する銘柄には使用禁止となっているが、既存の銘柄は継続使用が可能。

ラベルの見方

Au Bon Climat — 造り手名
2008 — ヴィンテージ
Santa Ynez Valley — 産地名
CHARDONNAY — ブドウ品種名
SANFORD & BENEDICT VINEYARD
Produced and bottled by Jim Clendenen, Mind Behind, Santa Maria, California, from grapes grown at Sanford & Benedict Vineyard. Alcohol 13.5% by volume. — アルコール度数

アメリカのワインのラベルには、ブドウ品種名が表示されていることが多い。ただしプロプライエタリー・ワインの場合は独自のブランド名が表示される。

IDE'S EYE

カリフォルニアワイン大ブームのきっかけ、フレンチパラドックス

1991年にアメリカの人気ニュース番組「60ミニッツ」で、肉や脂肪の摂取が多いフランス人に血液系の疾患が少ないのは、ワインの効用であるとする説が発表されました。これはフレンチパラドックスと呼ばれ、これによりカリフォルニアワインは国内外で大ブームとなりました。

南カリフォルニアの銘醸地パソ・ロブレスに広がる、話題の造り手ダオ・ヴィンヤードのブドウ畑

新世界ワインを世に知らしめた立役者

カリフォルニア

USA

California

DATA 主要品種 赤／カベルネ・ソーヴィニヨン、ピノ・ノワール、ジンファンデル、メルロ
白／シャルドネ、ピノ・グリ、ソーヴィニヨン・ブラン

カリフォルニアを知るならこのワイン！

- シャルドネの白
- カベルネ・ソーヴィニヨンの赤
- ジンファンデルの赤

新世界のお手本 上品な辛口に進化する パワフルで果実味豊かな カリフォルニアワイン

1976年にパリで行われたブラインドテイスティングで、大方の予想に反し、カリフォルニアワインがフランスの著名なワインをおさえてトップに立った「パリ対決」。これによりカリフォルニアには世界中から参入した醸造家が持ち込んだ伝統技術、アメリカの資本、カリフォルニア大学のデイビス校を中心とした最新技術が融合した、ヨーロッパのワインとは一線を画す、わかりやすい味わいのワインが確立した。

近年は、パワフルでストレートと表現される従来のカリフォルニアらしい濃い果実味と高いアルコール度数の力強さを、上品な辛口にまとめる造りが多くなってきている。

シャルドネの白

冬

ダオ・リザーブ・シャルドネ・パソ・ロブレス・カリフォルニア / ダオ・ヴィンヤード

Daou Reserve Chardonnay Paso Robles California / Daou Vineyards

今後のカリフォルニアを代表していくシャルドネの味わい

ワイン誌の『世界のトップシャルドネ9選』にも選ばれた、新進気鋭の造り手による話題の一本。上質なムルソーを思わせる、樽が効いてしっかりとしつつ美しい辛口の味わいは、新しいカリフォルニアのスタイルといえる。

基本DATA

品種 シャルドネ100%

産地 パソ・ロブレス

ヴィンテージ 2019年　アルコール度数 14.2%

価格 8800円／ナニワ商会 ワイン蔵オンライン

マリアージュのポイント

肉厚で上品なシャルドネは、タイやヒラメ、甘鯛など上質な身の白い魚をねっとりと熟成させた刺身と好相性。鮨とのマリアージュも格別だ。

カベルネ・ソーヴィニヨンの赤

冬

レイミー・ナパ・ヴァレー・カベルネ・ソーヴィニヨン / レイミー

Ramey Napa Valley Cabernet Sauvignon / Ramey

カリフォルニアのカベルネ・ソーヴィニヨンの真骨頂

ドミナスなどの超一流ワイナリーのクオリティを支え続けたデイヴィット・レイミー氏が自ら立ち上げたワイナリー。ボルドーの上品さとカリフォルニアの濃い果実味をあわせもつ、まさにナパを代表する味わいだ。

基本DATA

品種 カベルネ・ソーヴィニヨン78%、メルロ12%、マルベック7%、プティ・ヴェルド 3%

産地 ナパ・ヴァレー　ヴィンテージ 2015年

アルコール度数 14.5%　価格 12100円／布袋ワインズ

マリアージュのポイント

凝縮感がありながら、濃すぎず渋すぎず上品なバランスのワインは、塩分やバターを控えて素材を生かした料理とも合わせやすい。

ジンファンデルの赤

冬

ジンファンデル / フロッグス・リープ

Zinfandel / Frog's leap

ジャミーだけではない、次世代の辛口ジンファンデル

甘く力強い濃厚な果実味という従来のジンファンデルとは一線を画す、辛口スタイル。補助品種を混植混醸することでジンファンデルの個性を引き出す。甘い果実香はもちつつ、ポテンシャルを感じる締まった味わいだ。

基本DATA

品種 ジンファンデル82%、プティ・シラー 14%、カリニャン4%　産地 ナパ・ヴァレー

ヴィンテージ 2018年　アルコール度数 14%

価格 6270円／ラ・ラングドシェン

マリアージュのポイント

カシスやイチジクなどを思わせる甘いフルーツやスパイシーな香りは、モツ焼きなど内臓系のクセのある肉料理とも合わせやすい。

オレゴンのサブAVA認定に貢献した造り手、
ケン・ライト・セラーズのピノ・ノワール畑

発展めざましい注目の産地

オレゴン・ワシントン

USA

Oregon / Washington

DATA 主要品種 赤／ピノ・ノワール、カベルネ・ソーヴィニヨン、メルロ、シラー
白／シャルドネ、ピノ・グリ、ソーヴィニヨン・ブラン、リースリング

オレゴン・ワシントンを知るならこのワイン！

〈オレゴン〉ピノ・ノワールの赤

〈ワシントン〉カベルネ・ソーヴィニヨンの赤

〈ワシントン〉シャルドネの白

果実の凝縮感と上品なバランスを両立させたハイレベルなワイン

オレゴンは、ブルゴーニュに近い気候の産地で造られるピノ・ノワールが有名。小規模ワイナリーが多く、有機栽培やビオディナミのワイナリーも多い。ワインはエレガントで、リリース直後から美味しく飲めるのが最大の特徴。ブルゴーニュを凌駕するようなものも出てきており、特に自然派のワインは飛躍的な進化を続けている。

一方ワシントンは、ボルドー品種の栽培に適した気候で、赤ワインのレベルの高さが注目されている。産地はカスケード山脈を境に大きく2つに分かれ、冬の厳しい寒さでフィロキセラは生息できず、多くのブドウが自根で栽培されているのも特徴だ。白はここ数年シャルドネが増えている。

〈オレゴン〉ピノ・ノワールの赤

ピノ・ノワール・カナリー・ヒル・ヴィンヤード／ケン・ライト・セラーズ

Pinot Noir Canary Hill Vineyard / Ken Wright Cellars

濃くエレガントなオレゴンスタイルのピノ・ノワール

オレゴンのピノ・ノワールの成功に貢献した、ケン・ライト氏のワイナリー。たっぷりの果実味としっかりした酸味のバランスがよく、ブルゴーニュを思わせる上品さに果実の凝縮感が加わった、オレゴンらしい味わい。

基本DATA

品種 ピノ・ノワール100%

産地 オレゴン　イオラ・アミティ・ヒルズ

ヴィンテージ 2015年　アルコール度数 13%

9130円／オルカ・インターナショナル

マリアージュのポイント

ピノ・ノワールの鉄っぽさは、同じく鉄分を感じるキノコと好相性。オレゴンの名産でもあるサーモンと一緒に、ホイル焼きで楽しむのもいい。

サーモン

〈ワシントン〉カベルネ・ソーヴィニヨンの赤

秋

パワーズ・シャンプー・ヴィンヤード・カベルネ・ソーヴィニヨン／パワーズ・ワイナリー

Powers Champoux Vineyard Cabernet Sauvignon / Powers Winery

カリフォルニアとボルドーの中間的なワシントンらしい赤

シャンプー・ヴィンヤードは最上のカベルネ・ソーヴィニヨンができるといわれる畑で、5つの造り手が共同所有している。カリフォルニアの熟した果実感とボルドーの上品さを兼ね備えた、ワシントンを代表する味わい。

基本DATA

品種 カベルネ・ソーヴィニヨン94%、カベルネ・フラン2%、メルロ2%、マルベック2%　産地 ワシントン　ホース・ヘヴン・ヒルズ　ヴィンテージ 2016年　アルコール度数 14%　オープン価格／ジリオン

マリアージュのポイント

上品なカベルネ・ソーヴィニヨンは、シンプルに焼いた和牛のステーキとよく合う。渋味は控えめなので、脂身のない赤身がおすすめ。

牛

〈ワシントン〉シャルドネの白

秋

ウッドワード・キャニオン・シャルドネ／ウッドワード・キャニオン

Woodward Canyon Chardonnay / Woodward Canyon

ワシントンのパイオニア的存在によるやわらかな味わい

農家の5代目であるリック・スモール氏が設立した家族経営のワイナリー。リンゴや洋梨などフルーツの香りがあり、酸味は控えめで、ワシントンのシャルドネの特徴といえる、ふわっとやわらかい味わいが楽しめる。

基本DATA

品種 シャルドネ100%

産地 ワシントン

ヴィンテージ 2018年　アルコール度数 14%

6490円／オルカ・インターナショナル

マリアージュのポイント

鶏やタラ、白子、白菜を入れた寄せ鍋など、やさしい味わいの料理と楽しみたい。ポン酢で酸味を調整すればより相性がよくなる。

鶏
野菜

Australia

バラエティ豊かな品種のワインが揃う

オーストラリア

DATA	
ワイン年間生産量	1370万hL(世界第5位)
ブドウ栽培面積	145kha
主要品種	赤 シラーズ(シラー)、カベルネ・ソーヴィニヨン、ピノ・ノワール
	白 シャルドネ、ソーヴィニヨン・ブラン、リースリング、セミヨン

オーストラリアを知るならこのワイン!

シラーズ(シラー)の赤　シャルドネの白　ブレンドの赤

代表選手 シラーズを筆頭にスパイシーなワインが揃う

豊かな自然に恵まれたオーストラリアでは、その広大な国土の南側3分の1、比較的冷涼な地域を中心に、すべての州でワインが造られている。

シラーズと呼ばれる代表品種のシラーをはじめ、ほぼすべてのヨーロッパ系品種が栽培されているといわれるほど、多彩なブドウ品種からワインが造られているのが最大の特徴。

近年の傾向としては、大企業によるワイン造りが盛んな一方で個人を中心とした小規模なワイナリーが増えてきたことや、スクリューキャップが多数を占めてきたことなどが挙げられる。さらに、南オーストラリア州やヴィクトリアなどでは自然派ワインが注目されている。

カレスキーのブドウ畑。平均樹齢50年という畑では、創業から160年以上、一度も農薬や化学肥料を使用していない

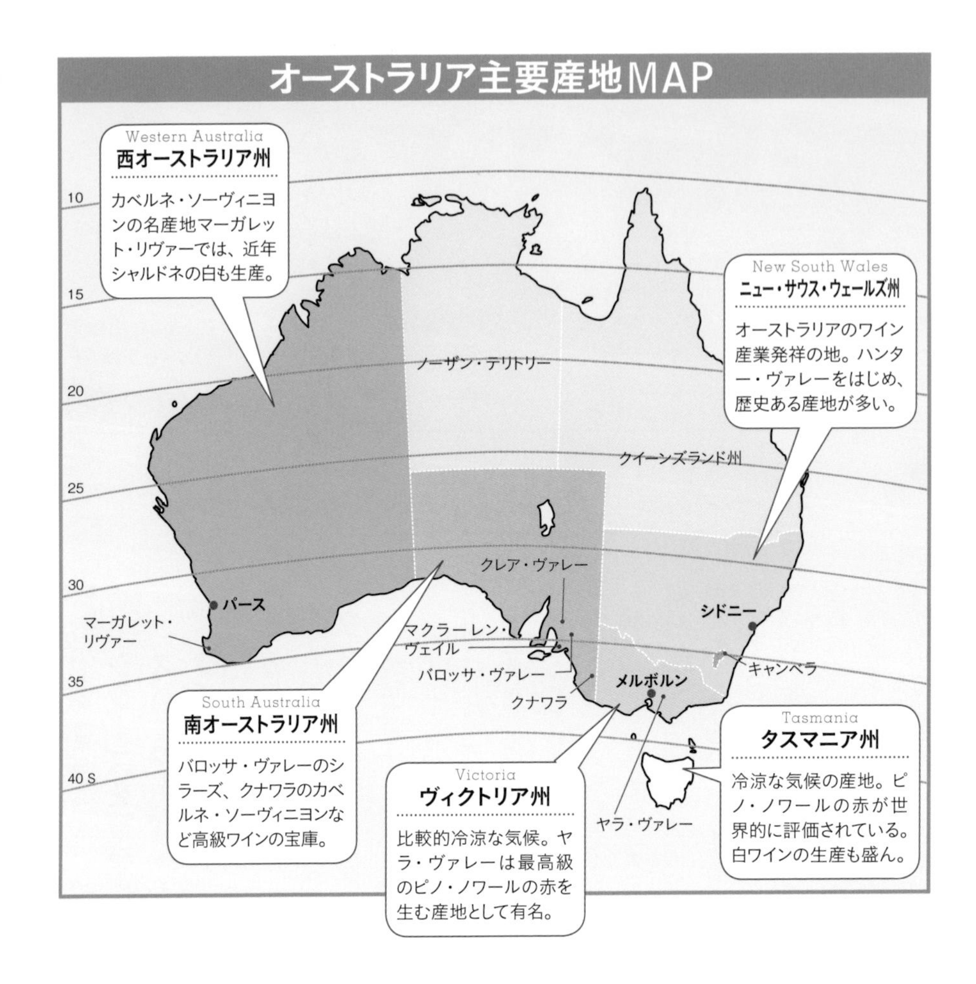

Australia

品種の飲み比べにもぴったりのラインナップが魅力

オーストラリアワインの特徴

近年やや上品で軽やかなスタイルに変わってきているが、多彩な品種のワインでブドウ本来の味わいが楽しめるので、品種の特徴をつかみやすい。近代的な栽培技術と醸造の研究、教育機関が発達しており、大企業による最新技術を駆使したワイン造りが行われているのも特徴だ。

1 果実味重視のストレートタイプ

2 やや重めでスパイシーな味わい

3 ブドウ品種がバラエティ豊か

4 最新技術を取り入れたワイン造り

オーストラリアを知る！ オススメの3本

シラーズ（シラー）の赤

グリーノック・シラーズ / カレスキー

Greenock Shiraz / Kalleske

濃厚なパワフルさを上品な辛口に仕上げた新しいシラーズ

1853年からブドウを栽培するカレスキー家が2002年に設立したワイナリー。ビオディナミの畑の平均樹齢は50年以上。オーストラリアらしい力強さを辛口で表現した、シラーズの新しいカテゴリーを代表する一本だ。

基本DATA

品種 シラーズ100%
産地 南オーストラリア州バロッサ・ヴァレー
ヴィンテージ 2018年
アルコール度数 14.5%　6160円／GRN

マリアージュのポイント

ユーカリやブラックベリーなどシラーズらしい香りと、パワフルで濃厚な味わいは、バーベキューなどの力強い料理にも負けない。

牛

秋

セクストン・ヴィンヤード・シャルドネ / ジャイアント・ステップス

Sexton Vineyard Chardonnay / Giant Steps

オーストラリアらしい力強さを丸みのあるスタイルで表現

ヤラ・ヴァレーの多様性を単一畑ごとに表現する造り手。オーストラリアのシャルドネらしい樽の効いた凝縮感のあるパワフルさがありつつ、もっちりと丸みのあるボディに仕上げられた、ワンランク上の味わい。

基本DATA

品種 シャルドネ100%
産地 ヴィクトリア州ヤラ・ヴァレー
ヴィンテージ 2018（写真は2017）年
アルコール度数 13.5%　6050円／GRN

マリアージュのポイント

凝縮感があり、樽が効いたワインには、アンコウなど力強い味わいの素材がよく合う。上品なので調理はシンプルに、鍋がおすすめだ。

アンコウ

ブレンドの赤

マーヴェリック・ビリッチ・ザ・レッド・シラーズ・グルナッシュ・ムールヴェドル / マーヴェリック

Maverick Billich The Red Shiraz Grenache Mourvedre / Maverick

3品種をブレンドするオーストラリアで人気のスタイル

頭文字をとってSGMなどと呼ばれる、シラーズ、グルナッシュ、ムールヴェドルの3品種使ったオーストラリアで人気のブレンド。ビオディナミの畑のブドウを使用している。酸味のしっかりとしたジャミーな味わい。

基本DATA

品種 シラーズ、グルナッシュ、ムールヴェドル
産地 バロッサ・ヴァレー 、イーデン・ヴァレー
ヴィンテージ 2013年　アルコール度数 15.1%
7590円／ラ・ラングドシェン

マリアージュのポイント

ワインのしっかりとした酸味に、牛鍋や牛のしぐれ煮など甘味のある煮込み料理を合わせ、果実味を引き立たせるマリアージュを楽しみたい。

牛

新しいスタイルの新世界ワインを発信

ニュージーランド

DATA

ワイン年間生産量	290万hL（世界第14位）
ブドウ栽培面積	38kha　※2019年ニュージーランド・ワイン・グロワーズ資料参照
主要品種	赤 ピノ・ノワール、メルロ、カベルネ・ソーヴィニヨン
	白 ソーヴィニヨン・ブラン、シャルドネ、リースリング

ニュージーランドを知るならこのワイン！

ピノ・ノワールの赤　　ソーヴィニヨン・ブランの白　　シャルドネの白

冷涼な新世界のテロワールからエレガントなワインが生まれる

ニュージーランドは、「北半球のドイツ」といわれるほど冷涼な気候であり、そのテロワールから美しい酸味をもったエレガントなワインが生み出されている。

赤ワインの主要品種はピノ・ノワールとメルロ。ほかの新世界よりもフランスに近い、繊細な味わいが特徴だ。一方、白ワインの主要品種はソーヴィニヨン・ブラン。当初リースリングからはじまったニュージーランドの白ワイン造りだが、1980年代後半からマールボロの高品質なソーヴィニヨン・ブランが一世を風靡したことでソーヴィニヨン・ブランの人気が高まり、現在ではリースリングに代わる白ワインの主要品種となっている。

プロフェッツ・ロックの自社畑「ロッキー・ポイント・ヴィンヤード」。ダンスタン湖を眼下に臨む急峻な高地にある

ニュージーランド主要産地MAP

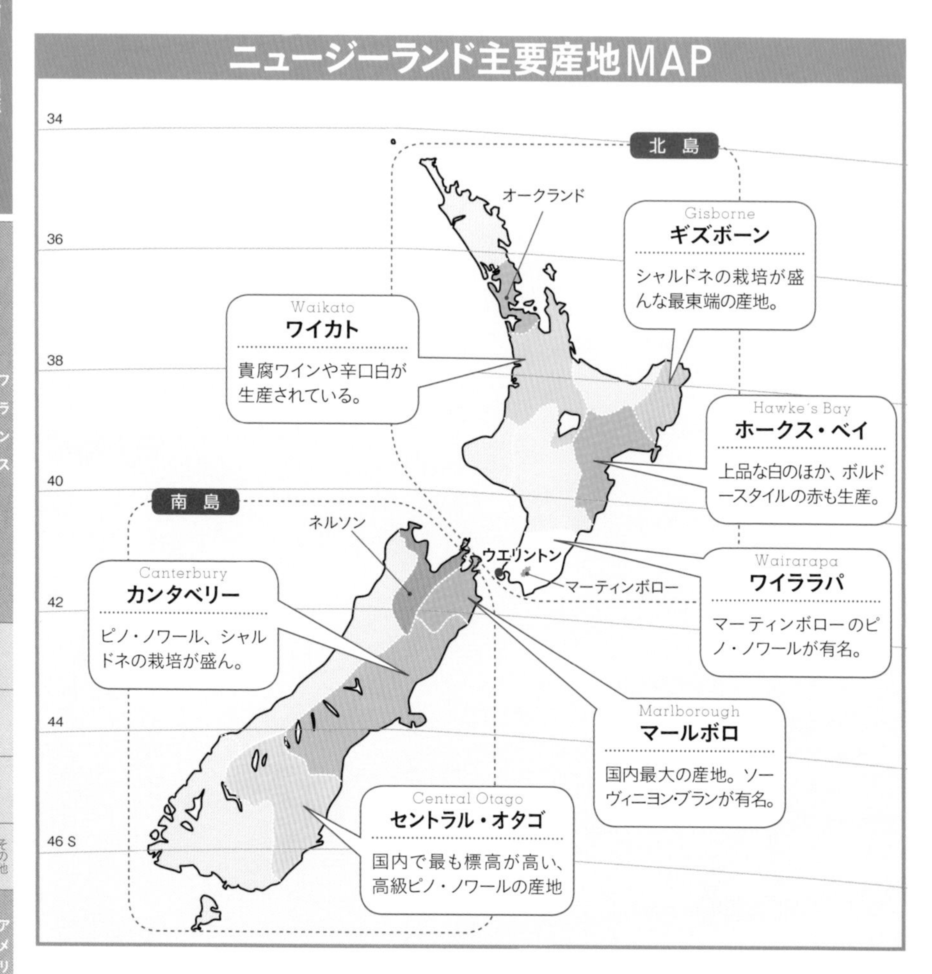

New Zealand

KEY POINT

「南半球のドイツ」とも呼ばれている

冷涼な気候

新世界の産地としては珍しく、ニュージーランドは暑いところでも真夏の平均最高気温が24.6℃と冷涼な気候なのが大きな特徴。季節による激しい温度差がない代わりに「1日のなかに四季がある」といわれるほど昼夜の気温差がある。そのため、ブドウはゆっくりと熟しながら美しい酸味と凝縮した果実味を蓄え、エレガントで果実味豊かなワインを生み出す。

ピノ・ノワールの赤

夏

ホーム・ヴィンヤード・ピノ・ノワール／プロフェッツ・ロック

Home Vineyard Pinot Noir / Prophet's Rock

濃厚な果実味と上品な美しさを両立した話題の自然派

徹底したキャノピーマネジメントと肥料を一切使用しない栽培、天然酵母のみで発酵を行う、世界が注目する自然派ワインの造り手。濃い果実味を上品に仕上げた、セントラル・オタゴらしさを知るのにふさわしい美しい味わい。

基本DATA

品種 ピノ・ノワール

産地 セントラル・オタゴ

ヴィンテージ 2015年　アルコール度数 14%

価 6930円／GRN

マリアージュのポイント

濃い果実味ながら上品な味わいは、シンプルに焼いた豚や鶏などの白身肉やサーモンやマグロなどの身が赤い魚と。特にサーモンはおすすめ。

サーモン

ソーヴィニヨン・ブランの白

冬

セクション94・ソーヴィニヨン・ブラン／ドッグ・ポイント・ヴィンヤード

Section 94 Sauvignon Blanc / Dog Point Vineyard

マールボロを代表する自然派のソーヴィニヨン・ブラン

手摘み収穫、古い樹齢、低収量、やさしいプレスにこだわるマールボロのパイオニア的存在。94番目の区画のブドウのみを使い、18カ月古いフレンチオークで熟成したワインは、しっかりとした果実味を堪能できる。

基本DATA

品種 ソーヴィニヨン・ブラン100%

産地 マールボロ

ヴィンテージ 2017年　アルコール度数 13%

価 6050円／ジェロボーム

マリアージュのポイント

ソーヴィニヨン・ブランらしい青い香りに畑の土を思わせる個性的な香りがあり、鮒寿司やくさやなど、魚の発酵食品と合う個性的なワイン。

発酵食品

シャルドネの白

夏

エステート・シャルドネ／クメウ・リヴァー

Estate Chardonnay / Kumeu River

ニュージーランドのシャルドネらしいバランスのよさ

ユーゴスラビアから移住したブラコヴィッチ・ファミリーにより設立されたワイナリー。酸味控えめでバランスがよく、すーっと入っていく飲み口のスムーズさをもつ、ニュージーランドのシャルドネの代表的な味わい。

基本DATA

品種 シャルドネ100%

産地 オークランド

ヴィンテージ 2019年　アルコール度数 14%

価 5280円／ジェロボーム

マリアージュのポイント

バランスがよく飲み口のスムーズさが心地よいワインは、カキなどの貝類の刺身のような、素材の旨味を生かした料理と合わせたい。

カキ

リーズナブルな国際品種ワインの宝庫

チリ

DATA		
D	ワイン年間生産量	950万hL（世界第8位）
A	ブドウ栽培面積	207kha
T	主要品種	赤 カベルネ・ソーヴィニヨン、メルロ、カルメネール
A		白 シャルドネ、ソーヴィニヨン・ブラン

チリを知るならこのワイン！

カベルネ・ソーヴィニヨン赤

ソーヴィニヨン・ブランの白

ブレンドの赤

恵まれたテロワールと欧米の英知が融合したワイン

本格的なワイン造りの開始が19世紀なかば以降といわれるチリは、新世界のなかでも比較的新しい産地。

そのチリが世界各国にワインを輸出する代表的産地へと急成長を遂げているのには、海外資本の影響が大きい。

しっかりと熟した糖度の高いブドウが得られるチリの恵まれた気候や土壌を求め、海外資本が次々にチリに進出してワインを生産しているのだ。

チリの恵まれたテロワール、フランスの栽培法、カリフォルニアなどの近代的な醸造方法が融合し、コストパフォーマンスに優れた国際品種による上質なワインが生み出されている。

チリを代表する造り手ヴィーニャ・コノスルのブドウ畑。動物や虫の力を借りたサステナブルな農法や有機農法を取り入れている

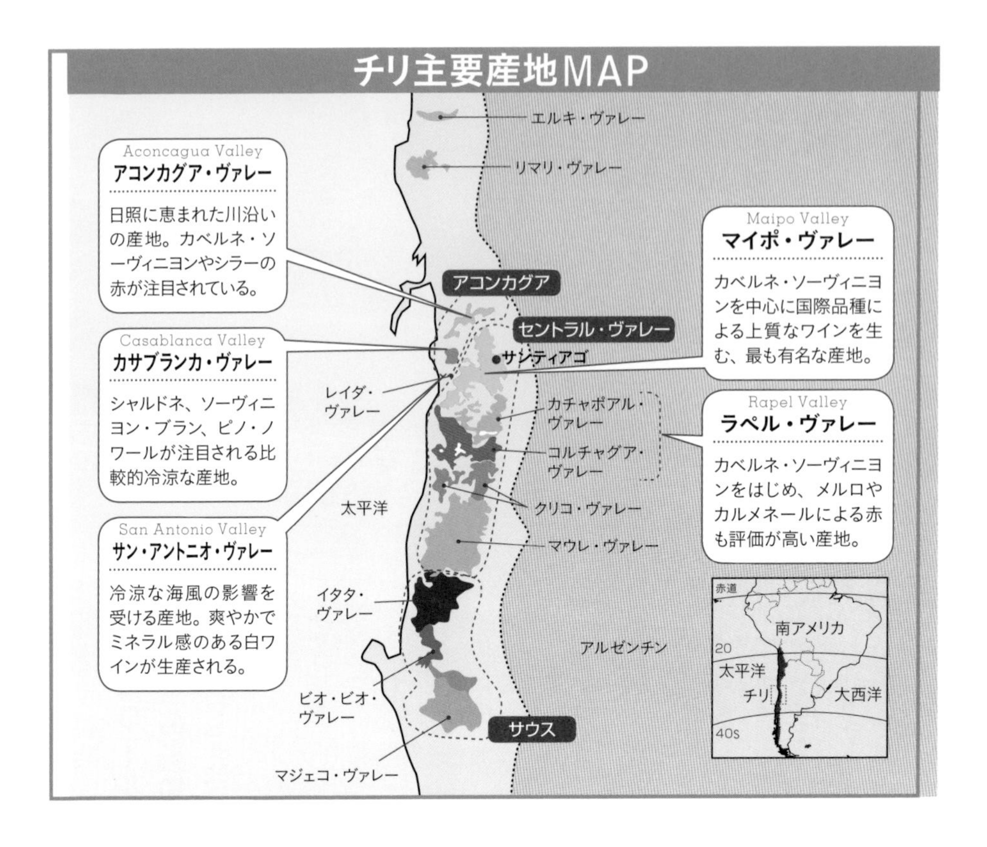

Chile

魅力的なテロワールに世界が注目

海外有名ワイナリーの進出

ブドウ栽培に適した恵まれた気候と土壌があるチリには、フランス、ボルドーの5大シャトーをはじめ、ヨーロッパ各国やアメリカなどから著名な造り手が次々と進出している。チリは比較的物価が安く、コストパフォーマンスにも優れた高品質のワインを生み出している。

主な海外ワイナリーの進出例

ワイナリー	概要
ロス・ヴァスコス Los Vascos	ボルドーのシャトー・ラフィット・ロートシルトがパートナーに。
アルマヴィーヴァ Almaviva	チリのコンチャ・イ・トロと、ボルドーのシャトー・ムートン・ロートシルトとのジョイントベンチャーによって誕生。
ミゲル・トーレス・チリ Miguel Torres Chile	スペインのミゲル・トーレスにより設立。
セーニャ Seña	チリのヴィーニャ・エラスリスと、オーパス・ワンを生み出したカリフォルニアのロバート・モンダヴィが手がけたプレミアムワイン。

ボルドー
ブルゴーニュ
コート・デュ・ローヌ
ロワール
アルザス
シャンパーニュ
フランス
イタリア
ドイツ
スペイン
ヨーロッパその他
カリフォルニア
オレゴン/ワシントン
アメリカ
オーストラリア
ニュージーランド
チリ
アルゼンチン
南アフリカ
日本

チリを知る！ オススメの3本

カベルネ・ソーヴィニヨンの赤

カーサ・レアル・カベルネ・ソーヴィニヨン / サンタ・リタ

Casa Real Cabernet Sauvignon / Santa Rita

厚い果実味をボルドースタイルに。ワンランク上のチリワイン

　マイポ・ヴァレーの自社畑、カルネロス・ビエホ・ヴィニャードのブドウを手摘み収穫し、品質が優れた年のみ製造される。チリの典型的な果実味の厚さとボルドーを思わせる渋味、酸味のしっかりとした骨格をもつ。

基本DATA

品種 カベルネ・ソーヴィニヨン
産地 マイポ・ヴァレー
ヴィンテージ 2013年　アルコール度数 14.5%
● 8808円／サッポロビール

マリアージュのポイント

プルーンやイチジクなどのフルーツの香りと濃い果実味は、焼肉のタレと好相性。渋味もしっかりあるので脂のある肉にも対応できる。

牛

ソーヴィニヨン・ブランの白

夏

ソーヴィニヨン・ブラン・20バレル・リミテッド・エディション / ヴィーニャ・コノスル

Sauvignon Blanc 20 Barrels Limited Edition / Vina Cono Sur

近年の辛口志向の流れを汲む、果実味由来の穏やかな甘さ

　冷涼なカサブランカ・ヴァレーのなかでも最も海寄りの畑のブドウを使用。爽やかな青みのある香りで、従来のチリワインのしっかりとした甘味とは異なる、穏やかな果実味由来の甘味を感じる、新たな新世界のスタイルだ。

基本DATA

品種 ソーヴィニヨン・ブラン100%
産地 カサブランカ・ヴァレー
ヴィンテージ 2019年　アルコール度数 13.5%
● 2750円／スマイル

マリアージュのポイント

青い香りはスパイスとよく合う。果実味と骨格もしっかりしているので、ジャークチキンなどスパイシーな肉料理と相性がよい。

鶏

ブレンドの赤

トラルカ / ビスケルト

Tralca / Bisquertt

バランスを追求するチリの新たなブレンドスタイル

　自社畑の特別な区画で収穫されたブドウで造られる、ビスケルトのアイコンワイン。黒果実や土、ジビエなど複雑な香り。甘さを抑え上品なバランスに仕上げた果実の凝縮感は、近年の辛口志向を反映したチリの新たなスタイルだ。

基本DATA

品種 カベルネ・ソーヴィニヨン、カルメネール、シラー　産地 コルチャグア・ヴァレー
ヴィンテージ 2015年　アルコール度数 14%
● 11000円／明治屋

マリアージュのポイント

ワインのジビエの香りと果実の凝縮感が、少しクセのある羊肉とベストマッチ。シンプルに塩で味わうジンギスカンがおすすめだ。

羊

Argentina

標高の高い産地で技術革新が進行中

アルゼンチン

DATA

ワイン年間生産量	1180万hL（世界第6位）
ブドウ栽培面積	222kha
主要品種	赤 マルベック、カベルネ・ソーヴィニヨン
	白 トロンテス、シャルドネ、ソーヴィニヨン・ブラン

アルゼンチンを知るならこのワイン！

マルベックの赤

トロンテスの白

ブレンドの赤

フルーティな個性派ワインに加え上質な国際品種ワインも登場

アンデス山脈の東側に位置しており、標高300〜2400mと高い位置に畑が作られているアルゼンチンは、温暖で乾燥しているため灌漑（かんがい）が欠かせない産地。

アルゼンチンならではのワインといえば、果実味豊かなマルベックの赤と、独自のフレーバーをもつトロンテスの白。どちらもフルーティな味わいが魅力的だ。

近年、アルゼンチンでは隣国チリワインの国際的高評価を受け、これまでの「質より量」の生産から、量を減らして質を高める傾向が出てきており、品質の向上が著しい。カベルネ・ソーヴィニヨンなどの国際品種を使った、肉厚な味わいの高品質のワインも登場している。

アルゼンチンを代表する造り手、トラピチェのブドウ畑。アンデス山麓の丘陵地帯に1255ha超の自社畑が広がる

アルゼンチン主要産地MAP

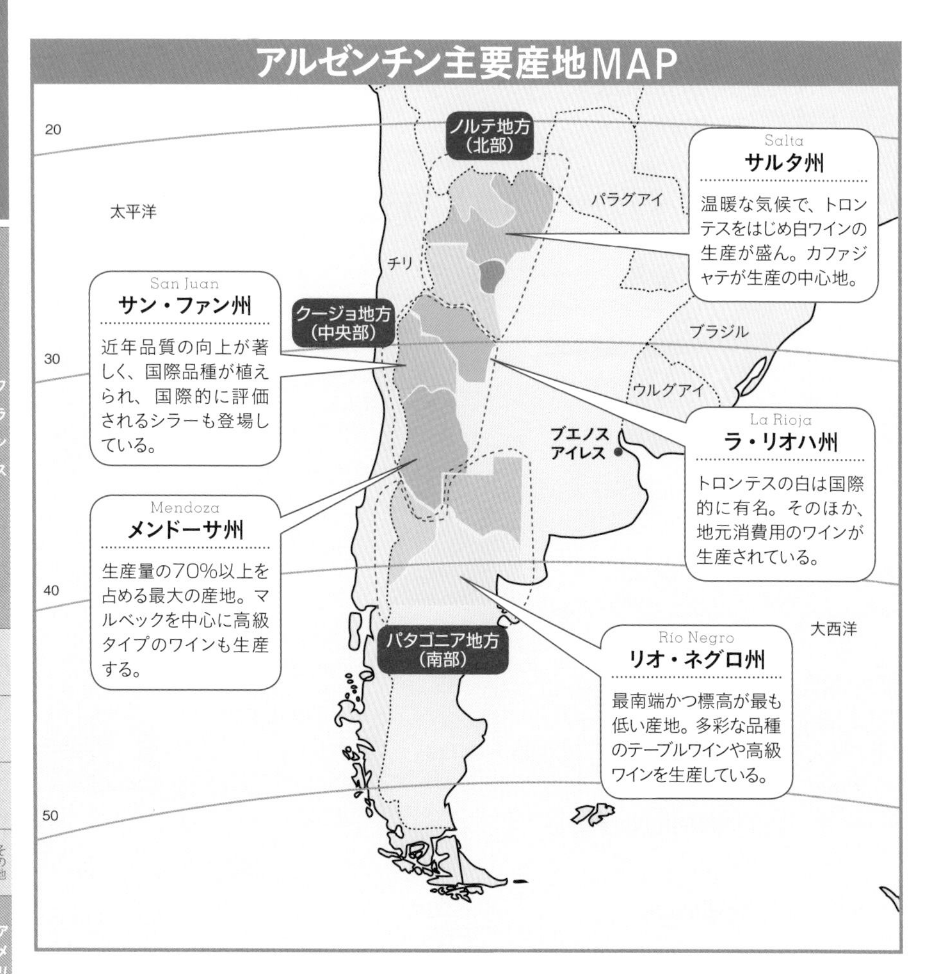

Argentina

アルゼンチン独自の味わいを確立したブドウ品種

マルベック

フランスでは一部を除き補助品種として使われることが多く、クセの強いシャープな味わいが特徴のマルベックだが、アルゼンチンではまったく印象の異なる、濃厚でフルーティなワインに仕立てられる。単一品種、もしくはマルベックを主体とした赤ワインが国際的に成功を収めており、フランスとは異なる独自のワインの味わいを確立している。

マルベックの赤

シングル・ヴィンヤード・マルベック / ヴィニテラ

Single Vineyard Malbec / Viniterra

アルゼンチンのマルベックらしい濃厚なフルーティさ

アルゼンチン・マルベックの伝道師といわれるアドリアーノ・セネティネール氏が1999年に設立したワイナリー。爽やかなハーブと赤果実の香り、凝縮感のある果実味とともにしっかりとした渋味、酸味もある力強い味わい。

基本DATA

品種 マルベック100%

産地 メンドーサ・ルハン・デ・クージョ

ヴィンテージ 2017年　アルコール度数 14.5%

価格 6611円／東亜商事

マリアージュのポイント

凝縮感のあるフルーティさとしっかりとした酸味が、すき焼きなど甘辛い味付けによく合う。渋味もあるのでサシの入った和牛もいい。

牛

トロンテスの白

オールド・ヴァイン1945 トロンテス / エル・エステコ

Old Vines 1945 Torrontes / El Esteco

軽やかに楽しめる爽やかなジューシーさ

ラベルの1945年は植樹の年。トロンテスはマスカットに似たフルーティさと飲み応えを兼ね備えた品種。このワインは高いアルコール度数ながら、キレのよい酸味と若々しいフルーティさにより、すっきりと爽やかな印象に。

基本DATA

品種 トロンテス100%

産地 カファジャテ

ヴィンテージ 2018年　アルコール度数 14%

価格 2750円／スマイル

マリアージュのポイント

キュウリやグレープフルーツの皮などの青い香りと軽やかな味わいは、レモン塩で味わう蒸し野菜など、ヘルシーな野菜料理にぴったり。

野菜

ブレンドの赤

イスカイ・マルベック & カベルネ・フラン / トラピチェ

Iscay Malbec & Cabernet Franc / Trapiche

マルベック主体のブレンドでアルゼンチンの上品さを追求

1883年創設、マルベックの先駆者としてアルゼンチンワインの発展に貢献する造り手。マルベックの濃厚な肉厚さにカベルネ・フランのスムーズさを加えた、パワフルで複雑なアルゼンチンを代表する高級ワインの味わい。

基本DATA

品種 マルベック70% カベルネ・フラン 30%

ヴィンテージ 2015年

アルコール度数 14.5%

価格 7733円／メルシャン

マリアージュのポイント

パワフルかつ上品さもあるワインは、シュラスコなどシンプルに焼いた肉料理と。渋味と酸味もしっかりしているので脂肪のある部位がいい。

牛

South Africa

果実味豊かなデイリーワインが豊富

南アフリカ

DATA		
D	ワイン年間生産量	1080万hL（世界第7位）
A	ブドウ栽培面積	128kha
T	主要品種	赤 ピノタージュ、カベルネ・ソーヴィニヨン
A		白 シャルドネ、スティーン（シュナン・ブラン）

南アフリカを知るならこのワイン！

カベルネ・ソーヴィニヨン主体の赤

シュナン・ブランの白

ピノタージュの赤

多彩なデイリーワインに加え高品質な高級タイプも登場

世界のベスト10に入るほどの生産量を誇る南アフリカのワインは、その大半が低価格帯のもので、安くて美味しいデイリーワインを探すのにおすすめの産地。

南アフリカ独自の交配品種であるピノタージュや、シュナン・ブラン、ソーヴィニヨン・ブランなどの国際品種による、多彩なワインを気軽に楽しめるのが南アフリカの最大の魅力だ。

高級タイプでは、肉厚で濃厚なタイプが多いカベルネ・ソーヴィニヨンに注目したい。

近年、ワイン生産者の協同組合（KWV）や独立系のワイナリーに加え、小規模な高級ワイナリーも誕生している。

アスリナのヌツィキ・ビエラ氏が現在間借りしている、ステレンボッシュにあるデルハイムワイナリーのブドウ畑

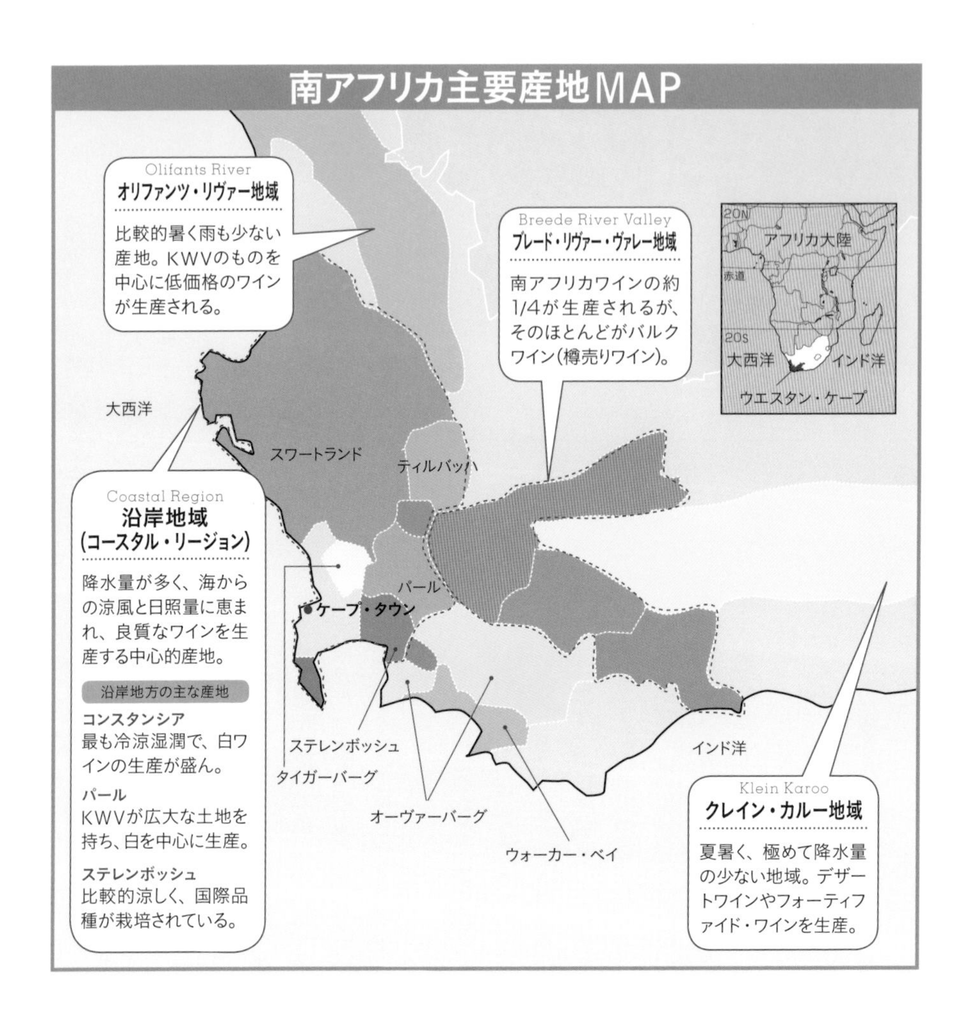

South Africa

南アフリカ独自のスムーズで力強い味わい

ピノタージュ

ピノタージュはステレンボッシュ大学で1925年に作られた、ピノ・ノワールとサンソーの交配品種。発育が早い、高い糖度が得やすい、病害に強いという特徴をもつ。従来のピノタージュのスタイルは、スムーズで果実味が濃く、甘味もあるフルーティな味わい。近年では醸造技術の進歩と世界的なニーズの変化により、辛口の高級タイプも造られるようになっている。

南アフリカを知る！ オススメの3本

カベルネ・ソーヴィニヨン主体の赤

ウムササネ／アスリナ

Umsasane / Aslina

濃厚かつ上品、コスパ◎の次世代カベルネ・ソーヴィニヨン

　肉厚なフルボディながら上品、熟成感があるのにフレッシュさも共存する奇跡の味わい。まるでボルドーとカリフォルニアを足して2で割ったようなハイレベルなクオリティ。コストパフォーマンスのよさも魅力だ。

基本DATA

品種 カベルネ・ソーヴィニヨン73%、カベルネ・フラン16%、プティ・ヴェルド11%
産地 ステレンボッシュ　ヴィンテージ 2018年
アルコール度数 14%　● 4400円／アリスタ・木曽

マリアージュのポイント

フルボディのカベルネ・ソーヴィニヨンは牛肉と好相性。上品なのでわさび醤油で味わうヒレステーキなど素材の味を生かした料理で。

牛

シュナン・ブランの白

シングル・ブロック・シュナン・ブラン／ラヴニール

Single Block Chenin Blanc / L'avenir

華やかな香りと果実味をさらりとスムーズに楽しめる辛口

　古くからのワイン産地として知られるステレンボッシュ、パール、フランシュックの3カ所を囲む位置に畑を所有。樽と南国フルーツの華やかな香りで、濃厚ながらスムーズな飲み口の新世界らしい味わい。

基本DATA

品種 シュナン・ブラン
産地 ステレンボッシュ、パール、フランシュック
ヴィンテージ 2017年　アルコール度数 14%
● 6061円／東亜商事

マリアージュのポイント

飲み口スムーズなワインに、西京焼きや粕漬けなどを合わせて、料理でコクをプラスするのがおすすめ。白子ポン酢とも好相性だ。

西京焼き 粕漬け

ピノタージュの赤

ピノタージュ・ウオーカー・ベイ／サザン・ライト

Pinotage Walker Bay / Southern Right

フルーティな果実味だけではない、ピノタージュの魅力

　南アフリカ独自品種のピノタージュは、甘味を感じる果実味豊かな造りが多い印象だったが、有機栽培のブドウで造られるこのワインは、凝縮感はありながら辛口に仕上げており、今後のピノタージュの主流となる味わいだ。

基本DATA

品種 ピノタージュ100%
産地 ヘメル・アン・アード・ヴァレー
ヴィンテージ 2019年　アルコール度数 13.9%
● 4950円／ラ・ラングドシェン

マリアージュのポイント

黒果実やたい肥、スパイスのニュアンスがあるので、羊やジビエと好相性。上品な辛口なのでシンプルにローストで合わせたい。

羊

世界が注目する南アフリカ初の黒人女性醸造家

「アスリナ・ワイン」の醸造家兼CEO、ヌツィキ・ビエラさん

進化する南アフリカの多様性と変革の象徴

南アフリカは長年続いたアパルトヘイト（人種隔離政策）のため諸外国の輸入規制があり、ワイン産業が停滞していましたが、1991年に同政策が廃止され、ワインの輸出が再開。ヨーロッパから移住した白人により開発されてきたワイン産業も、今大きく変わりつつあります。

僕がヌツィキ・ビエラさんのワインに出合ったのは2019年。ウムササネ2016年を口にした瞬間、驚きに目を見開きました。フレッシュな果実味とこなれた熟成感の同居！　価格を聞き愕然として、一口で彼女が造るワインの虜になりました。

南アフリカ初の黒人女性醸造家であるヌツィキ・ビエラさんは、クワズール・ナタール州の電気もない人口500人ほどの農村の出身。母は出稼ぎで家にいないことが多く、姉妹や親戚8人と祖母に育てられました。祖母は貧困に屈しない働き者で、思いやりと愛に溢れた人でした。

高校卒業後メイドとして働きながら「家族を楽にさせたい」と奨学金に応募し続けました。偶然獲得したのが南アフリカ航空のワイン奨学金で、ステレンボッシュ大学ワイン醸造学部に入学。それまでワインを口にしたことすらなく、「こんなまずいものをみんな嬉しそうに飲んでいるなんて！」とびっくりしました。

クラスメートのほとんどは白人で、授業は白人言葉のアフリカーンス語。講義も聞き取れず、アフリカーンス語を英語に補講する個人指導教員をつけてくれるよう大学に交渉。つらくてもあきらめず、周囲に助けてもらいながら次第に授業にもついていけるようになりました。

ワインの魅力に目覚めたのは、在学中に働いたデルハイム・ワイナリーでの経験が大きかったそうです。醸造家は白人でしたが、人種や性別、言葉の壁を超えて、ワインがいかに素晴らしいものかを教えてくれました。

2004年に大学を卒業後、

2019年、ヌツィキ・ビエラさん来日時の監修者との一枚

ステルカヤというブティックワイナリーで醸造家の職を得ました。将来独立して自分のブランドをもつため、小さくてもいろいろな仕事を経験できるワイナリーを選んだのですが、高齢の醸造責任者が引退して去り、いきなり一人で醸造をすることに。必要な知識を得るため頼れる先を必死に探し、多くの人々のサポートを受けました。

それから、ヌツィキ・ビエラさんの驚きの快進撃がはじまります。手掛けた初めてのワインが2006年にリリースされ、その中の一つ、カベルネ・ソーヴィニヨンとメルロ、そして同国の固有品種ピノタージュをブレンドした赤ワインが、国際品評会「ミケランジェロ・インターナショナル・ワイン・アワード」で最高の金賞受賞。そのワインを祖母に飲んでもらうと、初めてのワインの味に最初はとても複雑だった表情が次第に誇らしい表情になったそうです。

2009年には南ア国内誌の「the woman winemaker of the year」に選出され有名醸造家に仲間入り。

そして2016年、自身のブランド「ASLINA（アスリナ）」を立ち上げました。「アスリナ」は、ヌツィキ・ビエラさんの祖母の名前です。今はぶどうを購入しワイナリーを間借りして醸造していますが、いつかは自身のワイナリーを持ち、テイスティングルームを設けたいそうです。

2012年には教育機関ピノタージュアカデミーを共同で設立。18歳から25歳の若者が、1年間でテイスティングやマーケティング、観光業などを学べ、卒業後すぐにワイン業界で働ける知識を習得できるスクールです。女性の活躍をサポートしたいため生徒の約6割は女性です。

「ワインが何かも知らなかった子たちが学び、自立して活躍することは私の喜びです。誰かが困っていたら、手を差しのべて、共に歩んでいく世界が私の目指すもの。南アフリカは多くの経済的問題を抱えていますが、思いやりで溢れた世界になれば、国内のさまざまな問題は解決すると信じます。卒業生の活躍を見ると、彼女たちがいれば私の理想とする世界も実現できるのではと思えます。これからもキャリア支援を通じ、世界の進化を見届けたいです」と語ります。

2021年、コロナ禍で酒類の販売が規制される厳しい環境のなか、ヌツィキ・ビエラさんは南アフリカのワイン産業における先駆者ベスト4に選ばれ、「多様性と変革賞」を受賞しました。今、南アフリカのワイン業界は、性別、人種を超えて進化しているように思います。そしてヌツィキ・ビエラさんの「アスリナ」は、そんな南アフリカの輝かしい未来を象徴するワインのように感じるのです。

飛躍的な進歩を続ける日本ワイン

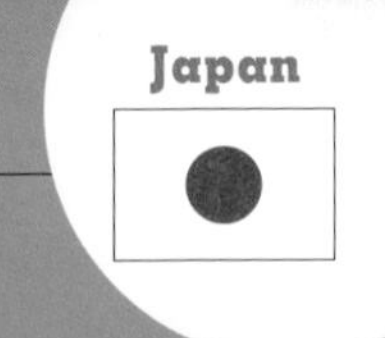

日本

DATA

日本ワイン生産量	17万hL	※国税庁 国内製造ワインの概況(2017年度調査分)参照
国産生ブドウ受入数量	2万3302t	※国税庁 果実酒製造業の概況(2017年調査分)参照
主要品種	赤 マスカット・ベーリー A、メルロ、カベルネ・ソーヴィニヨン 白 甲州、シャルドネ、リースリング、ケルナー、ミュラー・トゥルガウ	

日本を知るならこのワイン!

甲州の白

マスカット・ベーリー Aの赤

国際品種のワイン

近年成長が著しい個性豊かな日本のワインたち

日本では北海道から九州まで広い範囲でブドウが栽培され、各地でワイン造りが行われている。

以前はあまり個性が感じられず、薄い味わいのものが多かった国産ワインだが、造り手の努力と技術革新により、この30年余りで品質は飛躍的に向上してきており、甲州やマスカット・ベーリーAなどの日本独自のブドウをはじめ、国際品種からも高品質のワインが造られている。

日本では、他国のようなワイン法は整備されていなかったが、「日本ワイン」の表示ルールや地理的表示制度が定められ、山梨、山形、長野の各県では原産地呼称管理制度が運用されている。

「ワールド・ベスト・ヴィンヤード 2020」で30位に選出された、シャトー・メルシャンの椀子(まりこ)ヴィンヤードの広大なブドウ畑

日本主要産地MAP

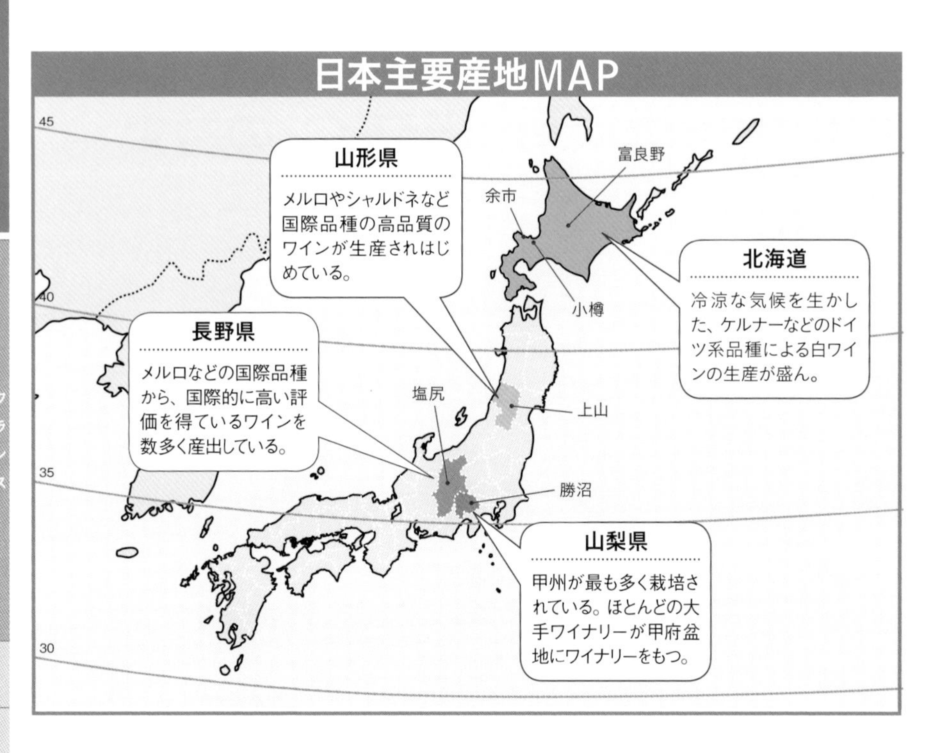

Japan

KEY POINT ❶

個性豊かな産地が揃う

日本の注目産地

日本における4大産地として注目されている山梨県、長野県、北海道、山形県について、それぞれの特徴を見てみよう。

山梨県

日本を代表する産地といえば勝沼。温暖化の影響で暑くなりすぎたと移転するワイナリーも出てきたが、醸造技術の進化と生産者の努力で生産量は今も日本一。押さえるべき品種は甲州とマスカットベーリーAの日本独自の品種。

長野県

メルシャンの桔梗ヶ原をはじめ、国際コンクールでも高い評価を得る有名ワインを数多く生む。押さえるべき品種は、国際品種ともいわれるシャルドネ、カベルネ・ソーヴィニヨン、メルロなどのヨーロッパ系ブドウ品種。

北海道

大手サッポロワイン、老舗の池田町十勝ワインのほか、温暖化の影響もあり新しいワイナリーがどんどん増えている。ドメーヌ・タカヒコなどビオワインも登場。ドイツ系品種のほか、今注目の品種はピノ・ノワール。

山形県

突出したワイナリーが注目されている。品種はさまざまで、この産地は品種ではなくワイナリーを押さえるといい。高畠ワイナリー、タケダワイナリー、酒井ワイナリー、朝日町ワイン、月山ワイン山ぶどう研究所など。

Japan

②

日本ではいつ頃から造られている?

日本におけるワインの歴史

日本でワイン醸造が開始されたのは1870～1871年頃。それ以前にも海外のワインが文献に登場している。甲州の起源については、ふたつの説がある。

718年	修行僧の行基（ぎょうき）が山梨県勝沼に大善寺（だいぜんじ）を開き、この付近でブドウを栽培した。
1186年	雨宮勘解由（あまみやかげゆ）が山梨県勝沼の城の平で野生ブドウを発見し、栽培した。
1549年	フランシスコ・ザビエルが織田信長に「珍陀酒（ちんたしゅ）」を献上。
1870～1871年頃	山梨県甲府の山田宥教（やまだひろのり）と詫間憲久（たくまのりひさ）がぶどう酒共同醸造場を設立。ワイン醸造開始。
1876年	札幌に開拓使葡萄酒醸造所が設立される。
1877年	山梨県勝沼で大日本山梨葡萄酒会社（通称・祝村葡萄酒会社）設立。高野正誠（たかのまさなり）、土屋竜憲（つちやりゅうけん）がフランスに派遣される。
1927年	新潟県で川上善兵衛（かわかみぜんべえ）が交配品種「マスカット・ベーリーA」を発表。

Japan

③

日本ならではの味わい

日本独自のブドウ品種

代表的な品種は白ブドウの甲州と黒ブドウのマスカット・ベーリーA。近年品質向上が著しい、日本ならではの味だ。そのほか、2020年には黒ブドウの山幸がこの2品種に次いで3番目に国際品種として登録された。

甲州

軽やかな味わいで和食との相性もよい、日本を代表する品種。以前は香りや味わいが穏やかで個性に乏しいとされてきた甲州のワインだが、近年の品質向上は著しく、個性豊かな甲州の辛口白が誕生している。

マスカット・ベーリーA

ベーリー種にマスカット・ハンブルグ種を交配した品種。濃厚なフルーツフレーヴァーが特徴で、スムーズで軽やかな味わいのワインを生む。早飲みタイプから長期熟成タイプまでさまざまなワインが造られている。

Japan

KEY POINT ④

造り手の努力により成功例が続々誕生

国際品種のワイン

日本各地でカベルネ・ソーヴィニヨンやメルロ、シャルドネなどの国際品種から高品質なワインが生産されている。主な成功例をみてみよう。

北海道のピノ・ノワール

冷涼な気候で、ケルナーやミュラー・トゥルガウなどのドイツ系の白ブドウ品種の栽培が盛んな北海道。そして現在、空知地方や余市町を中心に急速に増加しているのがピノ・ノワールで、日本のピノ・ノワール受入数量の半分以上を占める。

長野県のメルロ

長野県では多くの国際品種からワインが造られている。シャトー・メルシャンの桔梗ヶ原(ききょうがはら)メルロや、サントリー塩尻(しおじり)ワイナリーの信州メルロなど、メルロによる赤ワインが世界的に高い評価を得ている。

Japan

KEY POINT ⑤

国産ブドウ100%を使用したワイン

日本ワイン

従来の「国産ワイン」には輸入濃縮果汁や輸入ワインが原料のものがあり、国産ブドウのみを用いた「日本ワイン」とそれ以外の違いがラベル表示だけではわかりにくい状態だった。そのため、2015年に国税庁により「ワインのラベルの表示ルール」が定められ、ワインのラベル表示を規定する法制度が整った(施行は2018年)。

● **日本ワイン、国内製造ワイン、輸入ワインの区分** (国税庁HPより)

国内製造ワイン

日本ワインを含む、日本国内で製造された果実酒・甘味果実酒

日本ワイン

国産ブドウのみを原料とし、日本国内で製造された果実酒

ブドウ産地(収穫地)や品種等の表示が可能

濃縮果汁などの海外原料を使用したワイン

1 表ラベルに「濃縮果汁使用」「輸入ワイン使用」などの表示を義務付け

2 表ラベルに地名や品種等の表示ができない

輸入ワイン

海外から輸入された果実酒及び甘味果実酒をいうボトルワインなど

海外原料

濃縮果汁
バルクワイン
(原料ワイン)など

地名、ブドウ品種名、収穫年の表示が可能

日本ワインのラベル表示

国産ブドウのみを用いた場合のみ、「日本ワイン」という表記、地名、ブドウ品種名・収穫年を表示できる。以下の表示基準を定め、産地や品種、収穫年の表示についても規定を定めている。また、海外原料を使った場合は、その旨を記すことが義務付けられた。

表ラベルの表示項目

❶「日本ワイン」

「日本ワイン」に限り、商品名を表示する側のラベル(表ラベル)に「日本ワイン」という表示ができる

❷ 地名

ワインの産地名
地名が示す範囲内にブドウ収穫地(85%以上使用)と醸造地がある場合

醸造地名
地名が示す範囲に醸造地がある場合

❸ ブドウの品種

単一品種の表示
単一品種を85%以上使用した場合

2品種の表示
2品種合計で85%以上使用し、量の多い順に表示する場合

3品種以上の表示
表示する品種を合計85%以上使用し、それぞれの品種の使用量の割合とあわせて、使用量の多い順に表示する場合

❹ ブドウの収穫年

同一収穫年のぶどうを85%以上使用した場合

● 「日本ワイン」の表ラベルの表示例 (国税庁HPより)

● 日本を知る！ オススメの3本

甲州の白

ロリアン 甲州ヴィーニュ・ドゥ・ナカガワ / 白百合醸造

L'orient Koshu Vigne de Nakagawa / Shirayuri Winery

すっきりと飲めて旨味が強い、だしを思わせる味わい

山梨県笛吹市一宮町の中川君春氏が育てた甲州をタンクにて醸造。果実味は厚く、まるでだしのような旨味をもつ。従来見かけなかったセイバリー(→P.229) な味に見事成功した甲州。コストパフォーマンスも素晴らしい。

基本DATA

品種 甲州100%
産地 山梨県笛吹市一宮町末木
ヴィンテージ 2019年　アルコール度数 12%
■ 2640円／白百合醸造

マリアージュのポイント

だしのような旨味と甲州特有の心地よい苦味をもつワインは、あっさりとした野菜の煮物や上品な煮魚などの和食と好相性。

マスカット・ベーリー Aの赤

シャトー・マルス 穂坂 マスカット・ベーリー A 樽熟成 / シャトー・マルス

Château Mars Hosaka Muscat Bailey A Barrel Aged / Château Mars

濃厚なフルーツフレーヴァーを堪能できるやさしい味わい

山梨県屈指のワイン用ブドウ栽培地、韮崎市穂坂町産マスカット・ベーリーAを使い、樽で長期間熟成。マスカット・ベーリーAらしい華やかな果実香に樽香が加わり、凝縮した果実味をバランスよくまとめている。

基本DATA

品種 マスカット・ベーリー A
産地 山梨県韮崎市穂坂地区
ヴィンテージ 2018年　アルコール度数 13%
■ 2208円／本坊酒造

マリアージュのポイント

ワインのやさしい味わいに合わせて、料理もやさしい味わいの肉料理を選びたい。肉じゃがやクリームシチューなどがおすすめだ。

国際品種のワイン

余市　ピノ・ノワール / グラン・ポレール

Yoichi Pinot Noir / Grande Polaire

コクとスムーズさを両立したピノ・ノワールのバランス

北海道余市弘津ヴィンヤードのブドウのみを使用。北海道のピノ・ノワールの特徴は、コクがありつつ飲み口はスムーズで飲み疲れない味わい。国内トップクラスといえる、バランスのとれたハイレベルな一本だ。

基本DATA

品種 ピノ・ノワール
産地 北海道
ヴィンテージ 2017年　アルコール度数 13%
■ 5068円／サッポロビール

マリアージュのポイント

スムーズな飲み口で、上品なピノ・ノワールは、肉よりも魚と合わせたい。サーモンやカツオ、マグロなど身が赤いとの相性は抜群だ。

身が赤い魚

Q ブショネや還元臭のワインはあきらめるしかない？

A ワインの異臭としてよく耳にするのがブショネと還元臭。特にブショネの場合は劣化ワインなので、無理に飲むことはないですが、ブショネも還元臭もちょっとした裏技を使えば軽減して美味しく楽しむことができます。

ブショネとは

ブショネとは、コルクにつくカビによって発生する香りで、トリクロロアニソール(TCA)という物質。カビっぽい、湿ったダンボールのような香りがするワインの劣化のひとつ。一般的に2～3%のワインにブショネがあり、その90%以上がわからずに飲まれているともいわれている。近年では、ブショネ対策として天然コルクの代わりに合成樹脂コルクやスクリューキャップを採用する造り手も増えてきている。

■ ブショネの見分け方

- 抜栓(ばっせん)したときのコルクの異臭(カビ臭い、ほこりっぽい)
- ワインの香り：鉛筆削りの削りカスやおがくずの臭い
- ワインの果実味が薄い(ない)
- 余韻：喉の奥に違和感がある

ブショネ軽減の裏技

「もしかしたらブショネかな？」と思う程度の軽いブショネは、裏技を使えば美味しく飲むことも可能だ。方法は、ラップを30cmくらいの長さに切って、くしゃくしゃに丸めてワインのボトルに差し込むだけ。軽く瓶を振りながら10分もすれば、程度の軽いブショネはなくなってしまう。ラップのポリエチレンとブショネの成分が結合しやすいことを利用した方法なので、ラップの素材を確認してから試してみよう。

ラップを瓶口に入る程度の太さにしてボトルに入れる。ラップの先を折り曲げて中に落ちないようにしておくとよい

還元臭とは

還元臭とは、タクアンやぬか漬け、ゆで卵の黄身や硫黄、マッチなどを感じる特徴的な香りで、すぐにわかりやすい異臭として感じられる。還元臭自体は劣化ワインではなく、すべてのワインのアルコール発酵中に生成され、発酵が進むにしたがって自然に消えていくものとされている。酸化防止剤を入れないワインに多くみられるため、ビオ香、ビオ臭とも呼ばれている。

■ 還元臭の見分け方

- ワインの香り：タクアンやゆで卵、硫黄臭

還元臭軽減の裏技

還元臭は酸化させることによって軽減することができる。ワインを空気に触れさせることで還元臭を軽減するためのデキャンタージュ（→P.160）の方法は以下の通り。デキャンタに漏斗(じょうご)を差し入れ、デキャンタの底面に向かって垂直に落とすようにワインを移し替え、さらに空いたボトルに漏斗を差し入れて、同じようにデキャンタに入れたワインを戻す。この工程を香りが消えるまで繰り返していく。

ワインが空気に触れるように、勢いよくデキャンタージュするのがポイント。デキャンタがない場合は、ワインの空きボトルで代用してもよい

CHAPTER

3

第3章

〜さあ、ワインを飲んでみよう〜

ワインを楽しむ基礎知識

1 ワインのマナー

「楽しむ」気持ちがあればマナーは決して難しくない

本来、ワインは楽しく美味しく飲むもの。マナーの基本とは、周りの人も含め、すべての人が気持ちよく楽しむためのルールと考えればよいだろう。

まずはソムリエがいるレストランを例に、ワインのマナーにはどんなものがあるのかを知っておこう。これだけで不要な緊張をしなくても済む。ただし、カジュアルなお店でマナーに固執しすぎると、かえって雰囲気を悪くしてしまうこともある。マナーありきではなく、TPOに合わせて「ワインを楽しむ」気持ちが大切だ。

スッキリ解決 ワインのマナー 10のギモン

Q ワインを注文するときはどうすればいい?

A ワインリストが読めなくても大丈夫。「こんなワインが飲みたい」とソムリエに伝えよう。食事のメニューに合わせて提案してもらってもよい。

伝えるポイント

【予算】金額を言いにくい場合は、「このくらいで」とワインリストの金額部分を指で指し示すだけでもOK。

【好み】好きなブドウ品種や、酸味のある白、こってりめの白、渋味が少ない赤、パワフルな赤など、味わいや飲み口の好みを自分の言葉で自由に伝えよう。

【量】白ワイン1本でコースを通したい、という場合などは、ソムリエに相談すれば肉料理にも合う白ワインや、白ワインに合う肉料理を提案してくれる。

Q ホストテイスティングって何?

A 注文したワインの品質を確認するためのもの。気後れせず、スマートにやってみよう。

ホストテイスティングの手順

1. ソムリエにボトルを見せられたら、注文の銘柄、ヴィンテージであるかを確認、問題なければその旨を伝える(うなずくだけでもOK)。
2. グラスに少しだけワインが注がれたら、色、香り、味わいをさっと確認。問題なければ「お願いします」などと伝える。

注意点:好き嫌いを言う場ではない。温度については希望があればここで伝えてもOK。好みではないという理由で取り替えてもらうことはできない。

Q ワインを飲む順番は?

A 白泡→ロゼ泡→赤泡→軽白→重白→ロゼ→軽赤→重赤が基本型。次に飲むワインの味わいを損ねないものから飲めば、すべてのワインの魅力を楽しめる。以下のセオリーを覚えておこう。

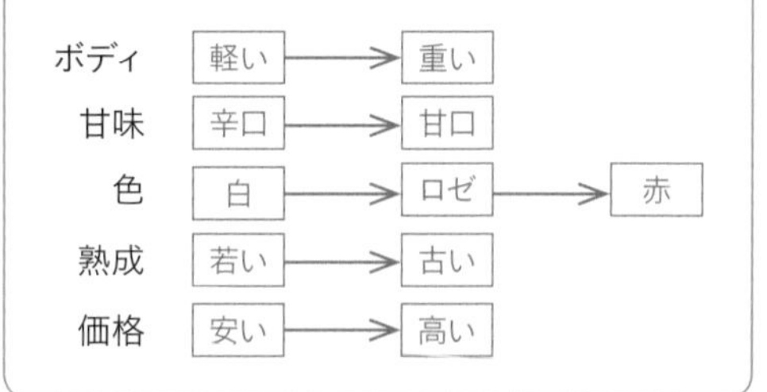

ワインレストラン&ソムリエの上手な活用術

1軒目利用：食事で利用するなら

コースはお店がおすすめする最高の組み合わせ。料理とワインをじっくり楽しみたいときは、コースをオーダーしてみましょう。コースが何種類かある場合は、ぜひ同席する相手と同じ食事を楽しんで。マリアージュの楽しさを共有できます。

2軒目利用：もう少し飲みたいときに利用するなら

「今、何を飲んできたのか」をぜひ伝えてみましょう。ソムリエが前のお店での食事やお酒を考慮したうえで、ワインやおつまみを提案してくれるはずです。料理は見た目でも楽しむもの。料理をシェアする際には、きれいに取り分けましょう。

Q ワインは誰が注ぐ？

A 基本的にお店の人が注ぐもの。カジュアルなお店なら自分たちで注いでもOK。自分たちで注ぐ際は男性が注ぐのがマナー。

注ぎ方のコツ

ワインはゆっくりと静かに注ごう。注ぎ終わりは手首を内側にひねって注ぎ口を少し回転させながらボトルを起こすと、ワインが垂れずに美しく注げる。

Q ワインを注いでもらうときのマナーは？

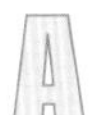

A グラスはテーブルに置いたままが正解。

Q ワインはどのくらい入れればいい？

A グラスの一番膨らんでいるところまでと覚えよう。目安はグラスの1/3。スパークリング・ワインなら7割が目安。入れすぎはグラスの脚が折れたり、こぼしたりする原因にも。

Q 注ぎを断るときは？

A グラスの上に軽く手をかざして。

Q グラスのもち方は？

A グラスの脚をもとう。回すときは、右手なら反時計回り、左手なら時計回りに。

Q ワインで乾杯するときのマナーは？

A グラスを合わせないこと。ワイングラスはガラスが薄く割れやすい。目の高さにグラスを上げて視線をかわそう。どうしてもグラスを合わせたいときはそっと静かに。

Q 飲み残しのワインは持ち帰ってもいい？

A もちろん持ち帰ってOK。お店の人に声をかけてみて。

2 ワインの開け方

対応できるワインの範囲が広いソムリエナイフでの抜栓を覚えよう

自然の恵みや造り手の思いが詰まったワイン。丁寧にスマートに栓を開けられれば、次に訪れるワインを飲む瞬間の喜びも格別なものになるはずだ。

さまざまなタイプのオープナーがあるが、おすすめはソムリエナイフ。開けにくい古いコルクなどにも対応できるので、将来いろいろなワインを飲みたいなら、最初からソムリエナイフでの抜栓（ばっせん）をマスターしよう。

ソムリエナイフでの抜栓の基本となるのが、ボトルを立てた状態でコルクを抜くスタンド抜栓。その手順とポイントについてみてみよう。

基本 スタンド抜栓の手順

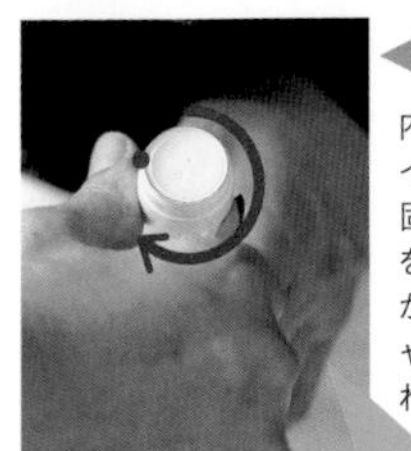

1 右手の親指以外の指で、ナイフの刃が内側にくるようにソムリエナイフを握り、親指はボトルに固定する。ボトルネックに刃をあて、親指を支点に左横から時計回りに180度、キャップシールに切れ目を入れる。

POINT

出っ張りの上ではなく下部分を切るのがポイント。鉛が使用されていることもあるキャップシールにワインが触れることを防ぐ意味がある。

2 ナイフの刃の向きを反対にもちかえ、人差し指をボトルにひっかけるようにして固定する。この人差し指を支点に左横から反時計回りに180度、キャップシールに切れ目を入れる。

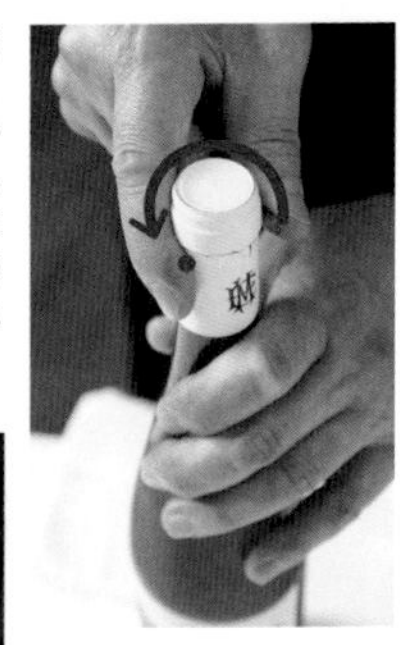

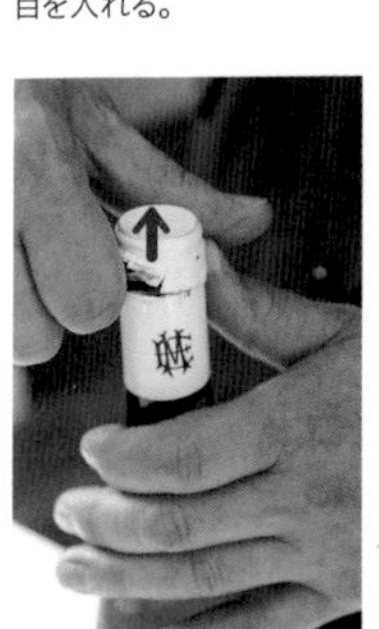

3 ナイフの刃の向きを元に戻し、切れ目にナイフの刃をあててキャップシールを上に引き上げる。

用意するもの

ソムリエナイフだけではなく、トーション（ふきん）も準備しておくと便利。

ソムリエナイフ

ワインを開けるのに欠かせない道具。以下のような仕組みになっている。

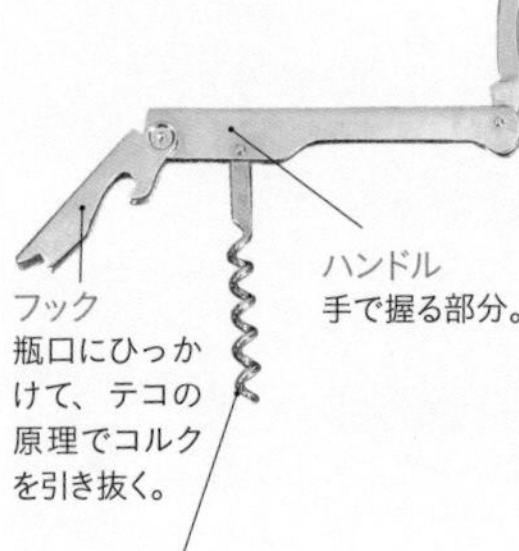

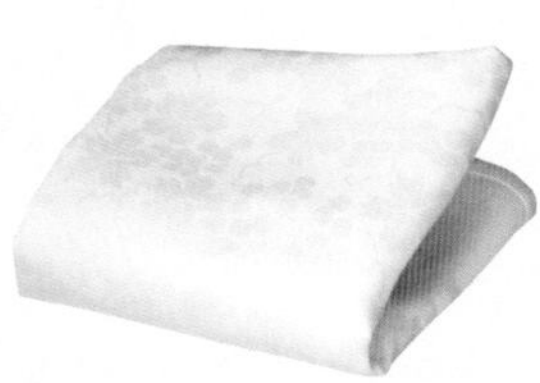

トーション

白いふきん。瓶口の汚れやカビを拭き取るのに使う。

4 トーションでボトルネックを拭いて汚れをしっかり取る。汚れがひどい場合は濡れたトーションで拭いてから乾いたトーションで拭き取るとよい。

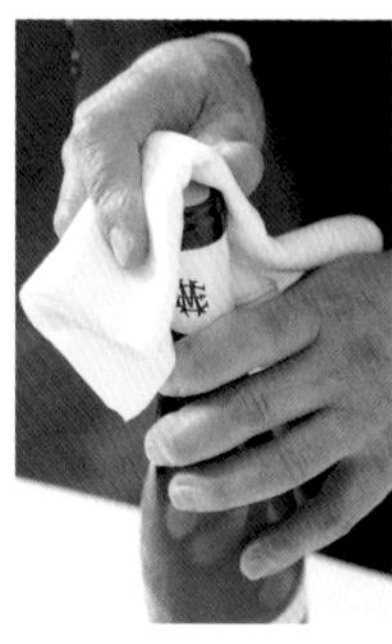

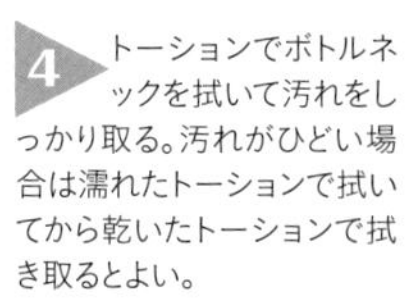

5 ナイフの刃をしまい、スクリューを出す。右手の親指と人差し指でスクリューの中ほどをもち、左手の親指の腹を添えてスクリューがぐらつかないようにコルクのやや外側に先端を置く。

POINT
スクリューの先端は斜めになっているので、真ん中に刺すと斜めに刺さってしまう。先端を置く位置は真ん中よりやや外側に。

6 やや外側に置いたスクリューの先端を、手前にひっかけるようなイメージでまっすぐコルクに刺していく。

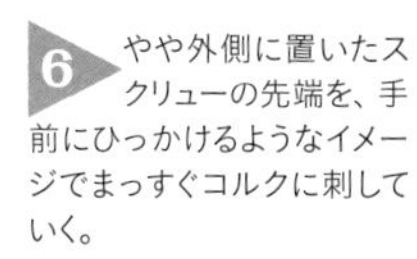

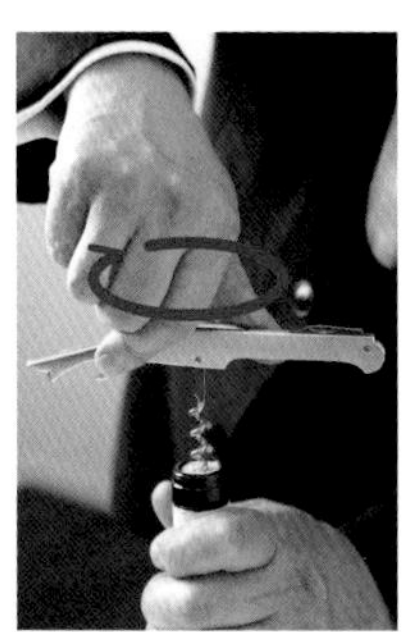

7 スクリューがまっすぐ刺さったら、ハンドル部分を親指と人差し指で軽くもって回していく。ぐいぐい押し込むのはNG。2巻半残したところで止める。

8 2巻半残した状態でフックを瓶口にひっかけ、コルクを1～1.5cmだけ引き上げる。右手をほんの少しだけ手前に引くような意識で引き上げると無駄な力が入りにくい。

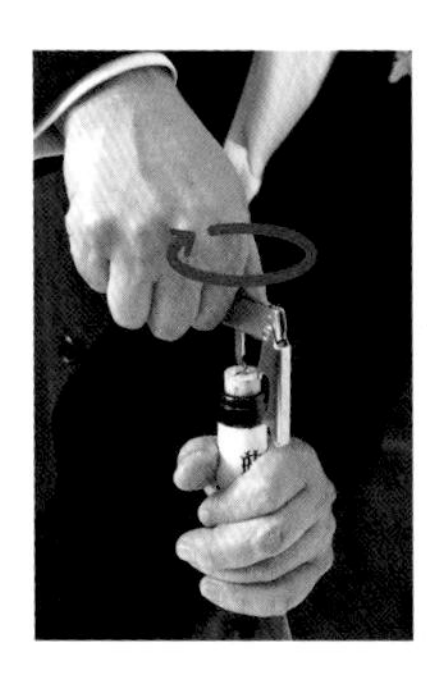

9 途中でコルクが切れてしまうのを防ぐため、さらに1巻分、ハンドル部分を回してスクリューをコルクに刺し込む。

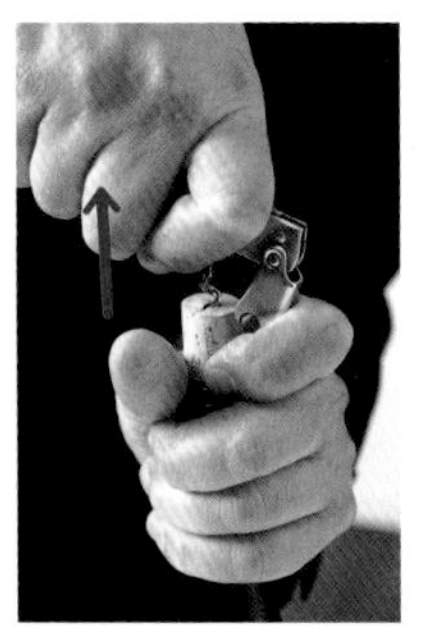

10 再びフックを瓶口にひっかけて、❽と同じ要領でコルクを引き上げる。全部を引き上げるのではなく、最後の数ミリは残しておく。

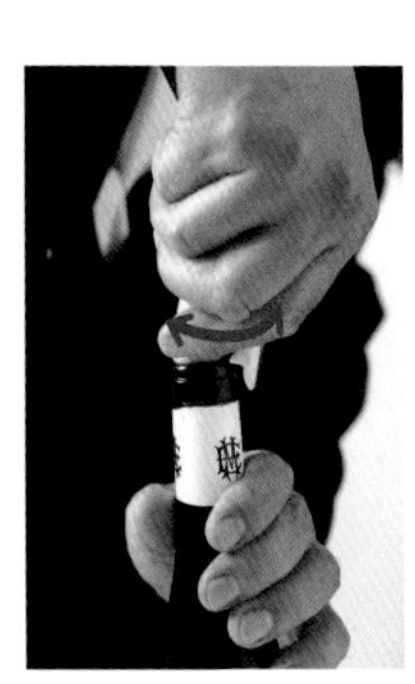

11 親指と人差し指で引き上げた部分のコルクをもち、やさしく揺すりながらゆっくりと引き抜く。

12 抜栓終了。仕上げに、トーションを折った先端でボトルネックの内側を拭く。汚れが中に落ちないように、掻き出すような要領で拭き上げるのがポイント。

抜栓したら…

コルクの臭いを嗅いでみよう。刺激臭など異臭がある場合はワインが傷んでいる可能性がある。

スパークリング・ワインの場合

スパークリング・ワインを開けるとき、ポンッとコルクが飛び出すのが怖いという人も多い。そこでおすすめなのがトーションをかぶせたまま行う抜栓（ばっせん）方法。ちょっとしたコツでコルクは飛び出しにくくなる。抜栓前にワインをよく冷やしておくのもポイントだ。

用意するもの

ワインクーラー
氷水を入れてワインを冷やすのに使う。

トーション

スパークリング・ワイン抜栓の手順

1 キャップシールを取る。写真のような開封用のテープがないものは、ソムリエナイフのナイフで切れ込みを入れて取る。

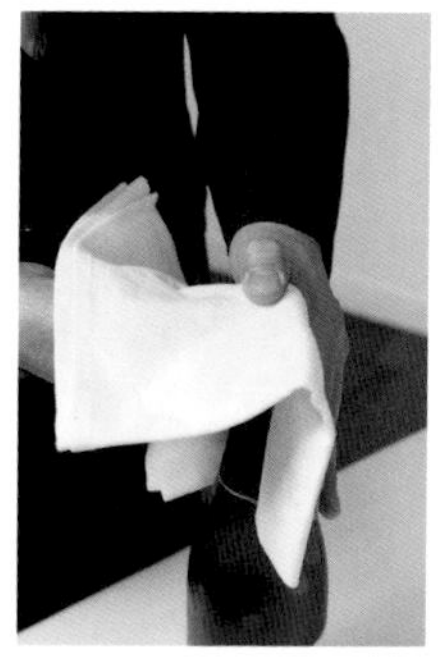

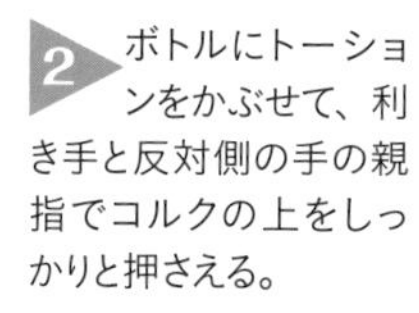

2 ボトルにトーションをかぶせて、利き手と反対側の手の親指でコルクの上をしっかりと押さえる。

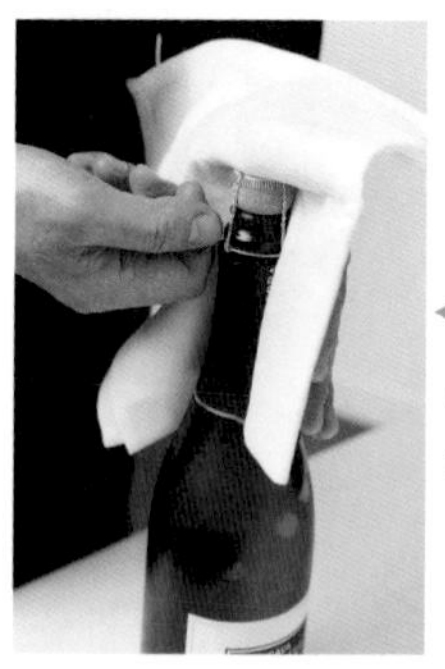

3 トーションの上からコルクをしっかり押さえたまま、針金を最後までゆるめる。

4 針金がついたままの状態で、トーションの上からコルク部分を握り、利き手でボトルの底をもって斜めにボトルを傾ける。コルクをもつ手とボトルをもつ手を逆方向に回すようにコルクをゆるめていく。ボトルをもつ手に力を入れると、少しの力で回すことができる。

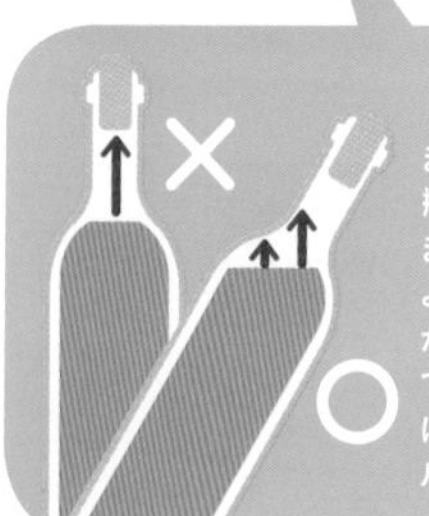

POINT

まっすぐに立てたままだと、瓶内のガスの力がそのままコルクにかかるので勢いよくコルクが飛んでしまいがち。瓶を斜めにすることでガスの力がいったん瓶にあたってから届くので、コルクが飛び出しにくい。

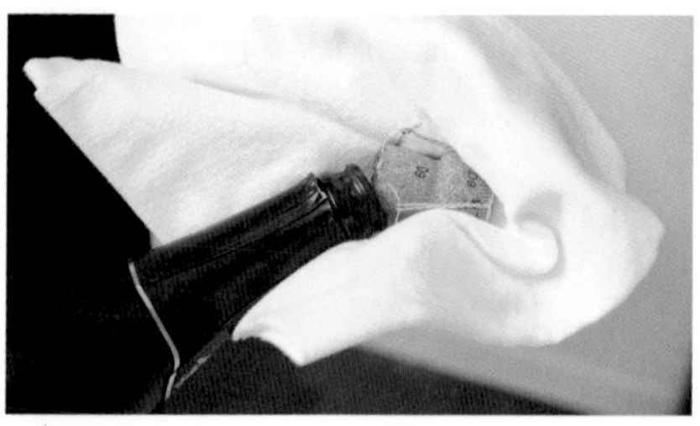

5 コルクがもち上がってきたら、スーッとゆっくりガスを抜くように斜めにコルクを引き抜く。

用意するもの

ソムリエナイフ

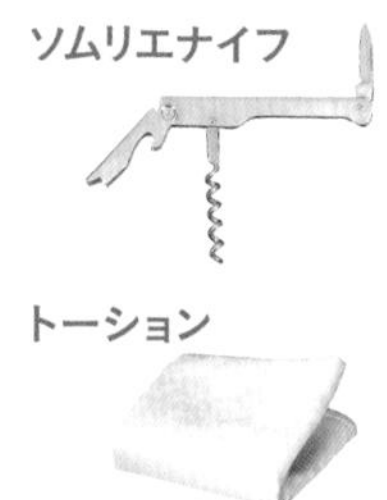

トーション

パニエ
寝かせて保存していたワインをそのまま運び、抜栓するときに使うカゴ。

オリがあるワインの場合

ボルドーの古酒など、オリがあるワインの抜栓はボトルを寝かせたまま行うのが鉄則。ワインを横にしたまま運べて抜栓もできるパニエを使おう。事前準備でオリをなるべく1カ所に集めることで、無駄なくワインが楽しめる（オリを取り除く方法はP.160参照）。

パニエ抜栓のPOINT

●抜栓時の注意点

手順はP.154のスタンド抜栓と同じ。ポイントは、手順❺～❾のスクリューを刺し込む際、ボトルネックの側面にコルクを押しつける力を加えながら刺していくこと。古いワインはコルクがゆるくなっている場合があり、ボトルの底面に向かって力を加えるとコルクがワインに落ちてしまう危険がある。

●事前の準備

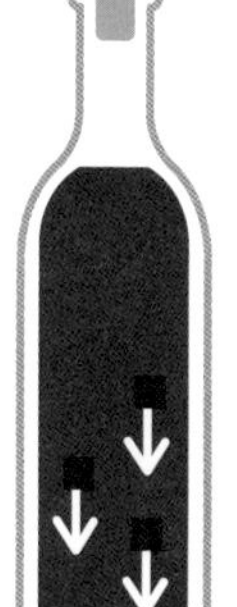

2週間前～
ボトルを5日～1週間ほど立てて、瓶内のオリを下に沈める。

1週間前～
オリが下に溜まったら、ゆっくりと瓶を寝かせて、瓶底のオリを斜めに集める。

column

オリまで愛するツワモノも……

オリとは、瓶内熟成による沈殿物のこと。ボルドースタイルの赤ワインなどによく見られます。オリを口に入れても問題はありませんが、オリが混ざったままワインを飲むと口の中でざらつくため、通常はオリを取り除きます。しかしワイン通のなかには、このオリをヴァニラアイスにかけてデザートとして楽しむ人も。好みも楽しみ方も人それぞれ。みなさんも自由にワインを楽しんでみましょう。

テイスティングの手順

❶ 外観を見る

トーション（なければ白い布や紙）の上でグラスを傾けて、ワインの液面を見る。色調や清澄度、粘性などを確認する。

ワインの熟成と色の変化
ワインの色調は、品種や産地、ヴィンテージ、醸造法などさまざまな要素によって異なる。さらにその色調は、熟成によって変化していく。

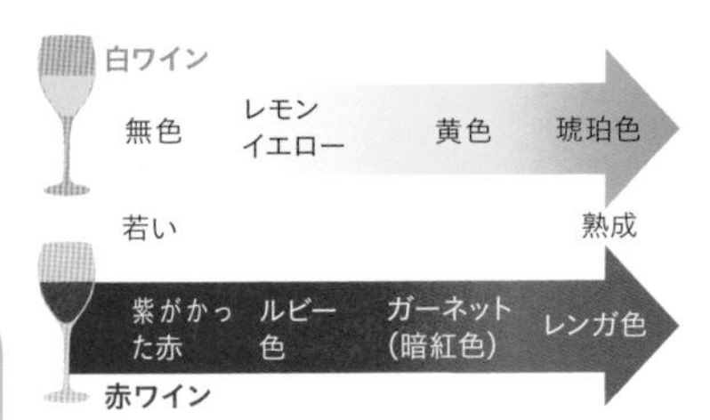

3 テイスティング

POINT
グラスを自分側に傾けると、グラスのガラス越しではなく直接液面を見ることができる。

ワイン液面の縁にできるグラデーションをエッジという

レッグ（ワインの涙）

グラスを傾けた後にできる、グラス側面をつたうワインの滴のこと。この滴が大きく太い（厚い）ほどワインの粘性が強いといえる。アルコールや糖分の度数が高いワインは粘性が強くなる。

❷ 香りをとる

静かにグラスを鼻に近づけて、香りを確認する。次に、グラスを回してから再度香りを確認する。鼻が疲れたと感じたら、自分の服の臭いを嗅ぐとリセットされる。

スワリング

ワインの入ったグラスを回すこと。ワインを空気と触れさせて香りを立たせる効果がある。ワインがこぼれても周りの人にかからないよう、回す方向は右手なら反時計回り、左手なら時計回りに。

▶グラスをもったまま回すのが難しい場合は、テーブルに置いて回してもよい

❸ 味わう

ワインを口に含み、口の中全体に行き渡らせて味わう。酸味、（塩味）、渋味、甘味、果実味（旨味）、苦味、アルコール分（余韻）と順番に味わいの要素を感じたら、大きさやバランス、ニュアンス（風味）などの全体の印象も確認する。

ワインを楽しむためのテイスティングとは？

テイスティングとは、ワインの外観、香り、味わいから、そのワインの品質を確認し、個性を読み取ること。

右頁のように、外観、香り、味わいと順を追って確認することで、そのワインの個性がつかみやすくなる。例えば香りの第一印象（トップノーズと表現される）では、主にブドウ由来の香りであるアロマを、スワリングすると、熟成時に生まれるブーケを感じることができる。

ワインの個性を知り、デキャンタージュや温度、合わせる料理など、そのワインが最も美味しくなる方法のヒントを見つけることが、ワインを楽しむためのテイスティングの目的といえるだろう。

テイスティングノートを書いてみよう

ワインを飲んだら、ぜひテイスティングノートをつけてみよう。ワイン名や産地、ブドウ品種や造り手の情報とあわせて、味わいについてもチャートやコメントを残しておくと、自分の好みを知るための大切なヒントとなる。

テイスティングノートの一例

年　月　日(　)場所:

産　地						ブドウ品種	
ワイン名							造り手
ヴィンテージ　年	アルコール度数　%			価　格　円			輸入元
味わいチャート						外　観	
酸味	1	2	3	4	5		
渋味	1	2	3	4	5	香　り	
果実味	1	2	3	4	5		
甘味	1	2	3	4	5	味わい	
ボディの厚さ	1	2	3	4	5		
総評							

ワインの情報。産地やブドウ品種、造り手を分けて書いておくと、後から読み返したときに自分の好みの傾向がわかってくる。

とても酸っぱいと感じたワインなら酸味は5、というように各要素の大きさについて5段階で印をつけてみよう。

感じた香りを、そのまま自分の言葉で。

どんな印象のワインだったか、好きか嫌いか、その理由など、自由に感想を書こう。

4 デキャンタージュ

デキャンタージュでワインをより美味しく

デキャンタージュとはワインをデキャンタなどの容器に移し替えること。このひと手間を加えるだけで、オリを取り除いて飲み口をスムーズにしたり、ワインを空気に触れさせて飲み頃の味わいに近づけたりすることができる。後者は赤ワインだけでなく白ワインやスパークリング・ワインにも有効だ。

はじめのうちはデキャンタージュをした方がよいかどうか判断が難しいかもしれないが、上記の見極めポイントを参考に、まずは少量で試して飲み比べてみるといいだろう。

初心者でも簡単に行える、ふたつの方法を紹介するので、まずはゆっくりと静かに注ぐ方法からマスターしてみよう。

デキャンタージュの目的

❶ オリを除去する

古い赤ワインに出るオリ(沈殿物)を取り除く。

❷ 硬いワインを開かせる

若いワインやまだ飲み頃でなかったワインの香りを開かせたり、酸味や渋味をやわらかくしたり、アルコール分を感じにくくさせたりする。

❸ ワインの温度を上げる

デキャンタージュ1回につき、ワインの温度は約2℃上昇する。

リスク

過度のデキャンタージュは過度の酸化を招き、ワインの骨格が崩れ、味わいにまとまりがなくなってしまうこともある。20年以上経っている古酒など、繊細なワインの場合は特に注意が必要だ。

用意するもの

デキャンタ
デキャンタージュ専用のガラス容器。ない場合はワインの空きボトルで代用してもよい。

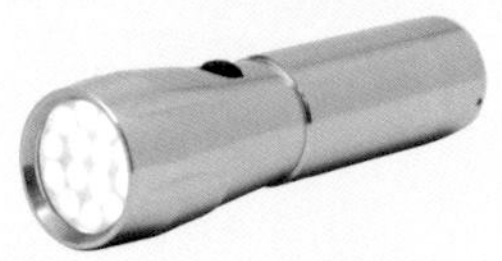

ライト
オリを取り除く場合に目線の延長上に置き、ボトルネックの根元に光を当てて、注ぐワインを見やすくする。

トーション
こぼれたワインを拭き取るときなどに使う。

デキャンタージュで味わいはどう変わる?

味わいの変化を実際のテイスティングコメントで見てみよう。

試飲ワイン

コノスル・カベルネ・ソーヴィニヨン 20バレル リミテッド・エディション

デキャンタージュ前

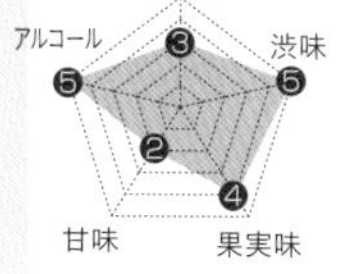

香り

インクやほこりっぽい品種由来の香り。硬い印象。

引き締まったタンニンと濃い果実味の辛口で、アルコール分を強く感じる。凝縮感のある味わい。

デキャンタージュ 1回後

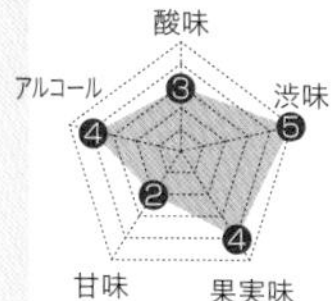

香り

ブラックベリーなど黒果実の香りが出てきた。

渋味はより強く感じ、果実味は濃くなる。比較すると飲み口スムーズに。

デキャンタージュ 2回後

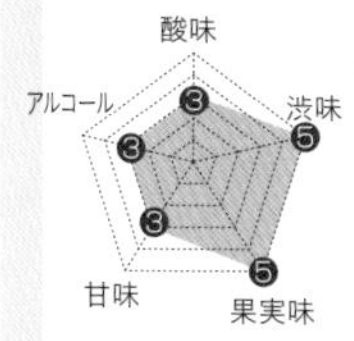

香り

まずヴァニラ、さらにシガー、土ミントなどが加わる。

渋味はやや和らいだ感じになるがそこまで変わらない。ほかの要素とのバランスにより、酸味はやわらぎ、果実味は厚くなった印象に。アルコールは顕著に弱くなり、少しへたった感じにもとれるが、味がなじみスムーズに楽しめるようになった。

デキャンタージュの方法

ボトルは底をしっかりともち、デキャンタは注ぎ口を親指と人差し指で包むように手全体でもつ。オリがあるワインの場合は、ボトルを寝かせた状態のまま静かにボトルをもち上げるのがポイント。

▲この2本の指でボトルの注ぎ口を支えると安定して注ぎやすい

A ゆっくりと静かに

デキャンタの内側、注ぎ口に近い部分にワインを注ぎ、ワインが側面に沿って静かに流れ落ちるようにする。Aを繰り返せば、徐々にBに近い効果が得られる。

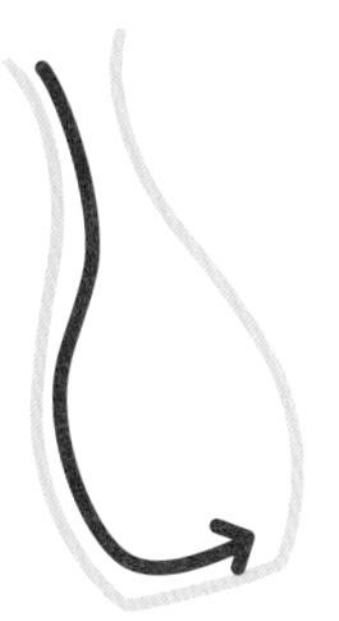

B 勢いよく泡立つように

デキャンタの底や液面にワインが直接あたるように勢いよく注ぐ。香りがほとんどしないくらい硬いワインや、アルコールが喉にカーッと残るくらい強く感じるワインに効果的。

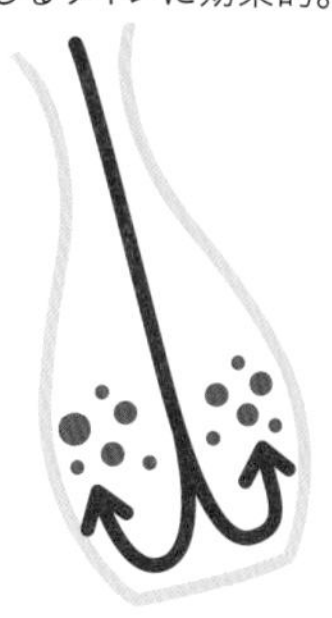

5 美味しく飲める温度

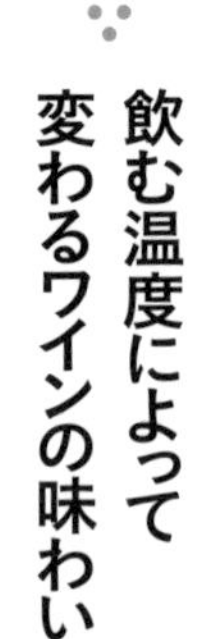

飲む温度によって変わるワインの味わい

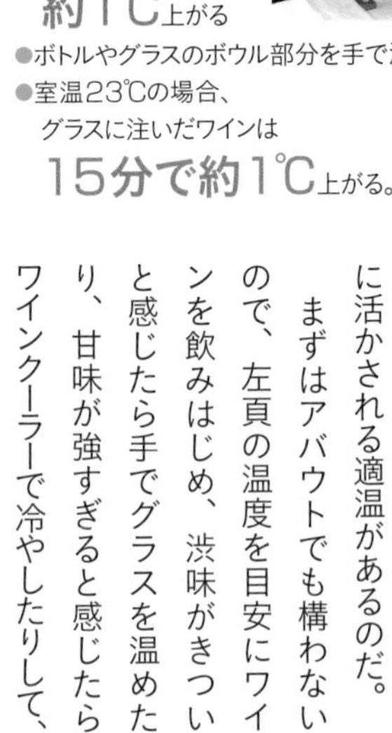

ワインの味わいは温度によって印象が変わる。そして、ワインにはそれぞれ、魅力が最大限に活かされる適温があるのだ。

まずはアバウトでも構わないので、左頁の温度を目安にワインを飲みはじめ、渋味がきついと感じたら手でグラスを温めたり、甘味が強すぎると感じたらワインクーラーで冷やしたりして、自分が美味しいと感じる温度を探してみよう。

味わいの予想がつかないときは、価格を目安にするのもひとつの方法だ。色や品種を問わず、高価なワインは高め、安価なワインは低めの温度の方が美味しい傾向がある。なかには20℃以上で美味しいグラン・ヴァンもある。

温度による味わいの違い

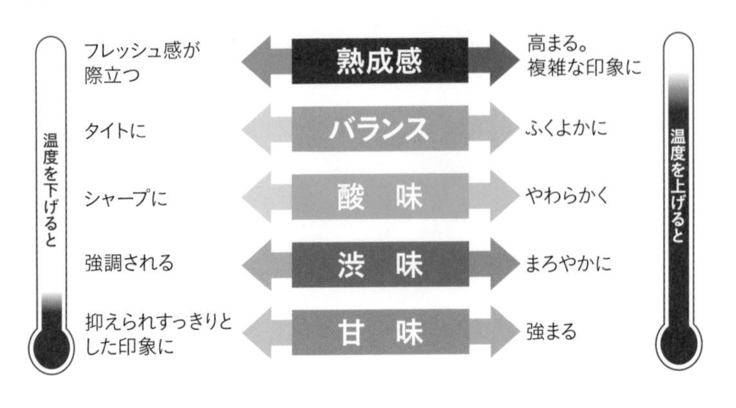

美味しい温度の見極めポイント

低めの温度がおいしいワイン

- 安価
- 甘口
- 酸味が強い
- ライトボディ

温度を下げる方法

- 塩を入れた氷水にボトルネックまで浸けて **1分で約1℃** 下がる(ボトルネックを指で回すとより早く冷える)。
- 白ワインは前日に冷蔵庫に入れると **約5℃**に。
- 冷凍庫に入れるのはNG。

高めの温度がおいしいワイン

- 高価
- 古酒
- 渋味が強い
- フルボディ

温度を上げる方法

- デキャンタージュ 1回で **約2℃**上がる。
- グラスに注ぐと **約1℃**上がる
- ボトルやグラスのボウル部分を手で温める。
- 室温23℃の場合、グラスに注いだワインは **15分で約1℃**上がる。

ワインのタイプ別・美味しい温度の目安

ワインの飲みはじめの温度を、美味しい温度の目安に合わせてみよう。その日の天気予報やエアコンの設定温度を基準に、目的の温度との差の分数だけワインクーラーでワインを冷やすと覚えておけば簡単だ。

(℃)
20
19
18
17
16
15
14
13
12
11
10
9
8
7
6
5
4

渋味がしっかりとした赤ワイン

18～20℃

カベルネ・ソーヴィニヨン、メルロ、シラー（シラーズ）、ネッビオーロなど、しっかりとした渋味のある赤ワインは、渋味がまろやかに感じる高めの温度で。

やわらかい渋味の赤ワイン

15～17℃

ピノ・ノワール、サンジョヴェーゼ、グルナッシュ、テンプラニーリョなど、やわらかい渋味をもち、飲み口がスムーズなワインは15～17℃を目安に。

軽やか・ジューシーな赤ワイン

12～14℃

フルーティで軽やかなガメイの赤ワイン、ジューシーで甘味のあるジンファンデルやマスカット・ベーリーAなどの赤ワインは少し冷やした方が美味しい。

上品な辛口白ワイン

11～13℃

複雑で上品な味わいの白ワインは、高めの温度の方が複雑さやふくよかさを楽しめる。高価なワインほど高めの温度の方が美味しい傾向がある。

辛口のロゼワイン

10～12℃

コート・デュ・ローヌのタヴェルのロゼや南仏プロヴァンスのロゼなど、コクと爽やかさをあわせもつ辛口のロゼワインは10～12℃で。

シャンパーニュ

8～12℃

複雑で上品な味わいをもつシャンパーニュは、スパークリング・ワインのなかでも高めの温度で。甘味の少ないものほど高めの温度の方が美味しい。

フレッシュな辛口白ワイン

7～9℃

フレッシュでフルーティな味わいの辛口白ワインは7～9℃くらいで。酸味が強いものほど、低めの温度の方がすっきりとした味わいが楽しめる。

やや甘口のロゼワイン

6～9℃

ロワールのロゼ・ダンジューや、カリフォルニアのホワイトジンファンデルなど、甘口のロゼは6～9℃くらいで。甘口になるほど冷やした方が美味しい。

甘口白ワイン

4～6℃

ソーテルヌの貴腐ワインなど、甘口白ワインは甘味がすっきりと感じられる低めの温度で。また、安価なワインも冷やした方が美味しい傾向がある。

スパークリングワイン

5～8℃

スパークリング・ワインは冷やすことで泡が抜けにくくなる効果がある。イタリアのアスティなど、軽い甘口は低めの温度で、辛口になるほど高めの温度で。

6 保存の方法

デイリーワインと長期保存のワインで保存の方法は異なる

ワインは瓶内でも熟成が進むので、保存環境による影響を受けやすい。そのため、保存にはなるべくワインに刺激を与えない環境が望ましいとされる。

当然、その環境による影響は、保存する期間が長ければ長いほど大きくなるので、長期保存するならセラーがあると安心だ。しかし、購入してから数カ月の間に飲むようなデイリーワインの場合は、それほど神経質になる必要はない。目的に合わせて上手に保存の方法を使い分けるのがポイントだ。

ワインの保存　基本条件

温　度	12～16℃、温度変化が少ない
湿　度	70～80%
光	当たらない暗所がよい
振動・強い臭い	ない方が望ましい

POINT

温度が低く乾燥した冷蔵庫での長期保存は、デイリーワインでも絶対にNG。10℃を下回る環境に長時間ワインを置くと、酒石（しゅせき）と呼ばれる結晶が出やすくなる。過去にはダイヤモンドダストと呼ばれ珍重されていた時代もあるが、酒石が出ると酸味や味わいのまとまりがなくなってしまうのだ。冷蔵庫でワインを冷やすときは飲む前日に入れること。

● スティル・ワインは寝かせて保存

横に寝かせる目的は、コルクをワインに触れさせて乾燥を防ぐこと。コルクが乾燥すると隙間ができてワインの酸化が進んでしまう可能性がある。

● スパークリング・ワインは立てて保存

スパークリング・ワインの場合は、長時間ワインに触れるとコルクが細くなりガスが抜けやすくなってしまうため、立てて保存する。

column

ワインが吹いたかのチェック方法

- キャップシールが回るか
- 液面が下がっていないか
- ボトルがベタベタしていないか
- ラベルにワインが垂れた跡がないか
- ワインが濁っていないか

ワインが吹くってどういうこと？

急激な温度や気圧の変化などでワインが膨張し、コルクの隙間から漏れる現象です。ワインが吹くとコルクに隙間ができ、瓶内に空気が入るので熟成が極端に早くなります。味わいは酸味や渋味が穏やかになってデキャンタージュしたような状態に。吹いたらすぐ飲めなくなるわけではなく、若いワインなら2～3カ月、古いワインでもすぐに飲んでしまえば問題はありません。

デイリーワインの場合

デイリーワインの場合は、直射日光が当たらず、なるべく温度変化が少ない室内に横にして置いておくだけで0K。夏場はワインが吹いていないかチェックして、吹いてしまったら早めに飲んでしまおう。

●デイリーワインの保存条件

温　度	12～25℃　※月に1度くらい吹いていないかチェックを
湿　度	スティル・ワイン：寝かせるだけで0K スパークリング・ワイン：気にしなくて0K
光	当たらない暗所がよい
振　動	気にしなくて0K

ワインを箱で買ったときは、
箱ごと横に倒して保存すれば十分

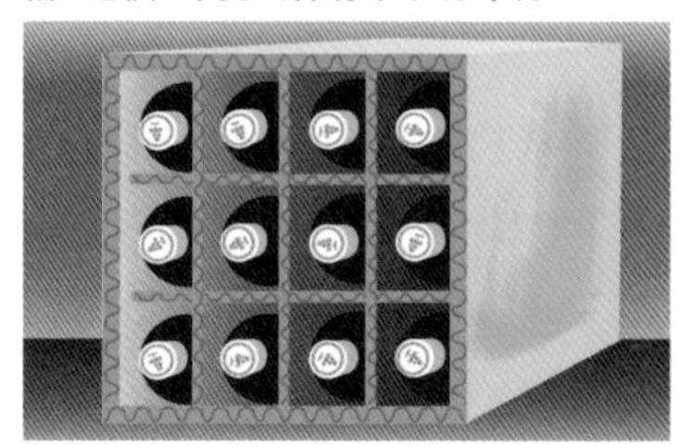

大切なワイン、長期保存するワインの場合

記念日用のワインなど、大切なワインの保存は、発泡スチロールの箱に入れて床下収納や押し入れに。ただし温度変化があるので、飲み頃をはずしてしまう場合もある。

●セラーがない場合の保存方法

❶ ワインを新聞紙で包み霧吹きで水をかける。

※飲んだときにラベルをとっておきたいときは、新聞紙に包む前にラベルコレクターのシールを貼り、その上から瓶口を避けてラップを巻く。

❷ 発泡スチロールの箱にワインを入れ、ガムテープでしっかり蓋を閉める。

❸ 床下収納や押し入れの中など、涼しくて光の当たらない場所に置く。

※25℃を超える夏場は、箱の中に保冷剤を入れ、2日に1度くらい取り替える。

POINT

**初めて買うときに
おすすめのセラーは？**

比較的小さめのサイズなら、スペース的にも予算的にもはじめやすい。購入後のことを考え、信頼できるメーカーのものを選びたい。このタイプは、庫内が上下2つに分かれ、それぞれに適した温度帯の設定が可能。ガラスドアは断熱性が高く紫外線もカットする。

**ドメティック ワインセラー
マ・カーブ D17**

冷却方式：
コンプレッサー方式
扉タイプ：UVカット
3重Low-E扉
扉開き：
右開き（左取手）
ワイン収納本数：17本
外形寸法(mm)：
幅295×奥行き570
×高さ870
温度調節：
5～22℃
質量：32.1kg
オープン価格
（参考価格96800円）

商品／ドメティック

7 グラスによって味わいが変わる

ワイングラスで飲めばもっと美味しい

公式なテイスティング用のグラスに国際規格があるほど、グラスがワインの味わいに与える影響は大きい。

さまざまな種類のワイングラスがあるので、好みの品種や味わいに合わせてグラスを選べば、ワインがより美味しく感じられるはずだ。ワインを美味しく味わうためのワイングラス選びのポイントは、無色透明で飲み口のガラスが薄く、脚がある程度長いものを選ぶこと。さらに使い勝手を考えれば、丈夫なものを選んだ方が扱いやすい。

グラスによってどんな変化が?

● 香りの広がり

グラスのボウル部分の形によって、香りの広がり方に違いが出る。

香りがグラスの外に広がりやすい。

香りがグラス内に留まりやすい。

● 空気との触れやすさ

ワインの表面積によって空気との触れ方が異なる。スパークリング・ワインの場合は泡の抜け方が変わってくる。

空気に触れやすく、香りが開いたり渋味が穏やかになる。

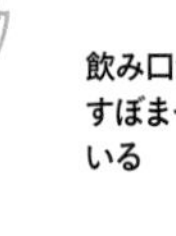

空気に触れにくく、スパークリング・ワインの泡が抜けにくい。

● 温度の上がりやすさ

ボウル部分全体が空気と触れる面積によって温度変化の速度が違う。また、ガラスは薄い方が温度は変わりにくい。

温度が上がりにくい。

温度が上がりやすい。

● 口への流れ込み方

飲み口の大きさ、角度によって口の中でのワインの広がり方が違う。

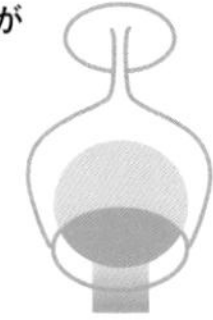

広くゆっくり流れ込み、甘味などが口に広がる。

細く速く流れ込み、酸味が爽やかな印象に。

column

WINEX/HTT デュアルワイン
(赤白兼用)
直径63mm
高さ210mm
容量480cc
3850円

扱いやすく使い勝手のよいもので本格的なワイングラスを使ってみよう

せっかくなら最初からよいグラスを大切に使うのがおすすめ。これは、手吹きにより丁寧に作られたのにコストパフォーマンス抜群。白、赤どちらのワインにも対応でき、飲み口は薄く、グラスを支える部分は広めで安定感があります。小ぶりで収納しやすいこともポイントです。

知っておきたいワイングラス4タイプ

●ブルゴーニュ型

大きく丸みのあるボウル部分に香りが広がり留まる。すぼまった飲み口からはワインが細く早く舌の上を流れ、酸味が爽やかに感じられる。ブルゴーニュの赤ワインなど、酸味が強めで渋味が弱く、複雑な香りのワインに。

●ボルドー型

やや直線的なフォルムで広めの飲み口なので、ワインが空気に触れやすく、渋味がやわらかく感じられる。ボルドーの赤ワインなど、酸味が弱めで渋味が強いワインやパワフルな赤ワインに向く。

●フルート型

細長いボウル部分でスパークリング・ワインの泡が縦に長く続くので、泡の美しさを堪能したいシャンパーニュなどに向いている。口が小さめで空気に触れる面積が小さいため、泡が抜けにくく香りも逃がしにくい。

●万能型

小さめのボウルは温度が上がりにくく、冷やして楽しむ白ワインに向いている。やや直線的で小さめの口から適度にワインが空気と触れるので、ほどよい酸味と渋味をもったミディアムボディの赤ワインにも向く。

商品／日本クリエイティブ

ワインがもっと
美味しく楽しくなる!

ワイングッズ

「ワインを楽しむ」幸せなひとときをサポートしてくれる、実力派のおすすめグッズをセレクト。価格だけではなく自分の目的に合ったものを選べば、長く付き合えるお気に入りのグッズに出合えるはずだ。

まず揃えたい基本アイテム　STEP 1

まずはワインを開ける、冷やす、保管するグッズから。
初心者でも簡単に扱えて、気軽に購入できるものを揃えたい。

クーラー

氷水と一緒にワインを入れて、
ワインを冷やすのに使う
アクリルクーラー
クリア1650円

IDE's POINT
軽くて割れにくい、アクリルやアルミ製のものが扱いやすい。

ソムリエナイフ

多くのプロが
使用している
「ラギオール」の
スタンダードモデル
シャトーラギオール
ブラック
30800円

IDE's POINT
ソムリエナイフの憧れブランドといえばこれ。

フック部分が2段になっているので、
初心者でも楽にコルクを引き上げることができる
フルタップスライト　1100円

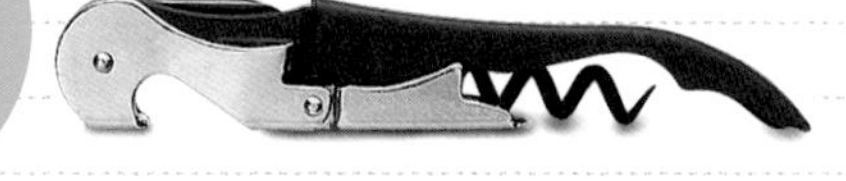

IDE's POINT
少ない力で開けられるので初心者におすすめ。

ストッパー

飲みきれなかった
ワインのボトルに
栓をするボトルストッパー
flow **ボトルストッパー**
385円

IDE's POINT
さまざまなデザインのものがあるので好みのものを選ぼう。

スパークリング・
ワイン用のストッパー。
飲み残しても安心
シャンパンストッパー
880円

滴をこぼさずスマートに
注げて、蓋も簡単にできる
flow **ワインポアラー** 660円

STEP 2

自宅で憧れワインを飲むなら…

ワインに慣れてきたら、さらにワインライフを充実させるアイテムを。
憧れワインを自宅で開けられるグッズを揃えてみよう。

IDE's POINT
シンプルな形の方が、デキャンタージュの速度や程度を調整しやすい。

デキャンタ

オリのあるワインや硬いワインをボトルから移し替えてデキャンタージュする

ロトデキャンタ
2057円

パニエ

オリがある赤ワインを寝かせたまま運んだり抜栓するときに活躍する

手付きシルバーバスケット
3850円

IDE's POINT
ヴィンテージワインを開けるときにプロも使用する優れもの。

コルク抜き

ボロボロになってしまったコルクを挟んで引き上げられる

ザ・デュランド　オープン価格

ライト

デキャンタージュの際、オリが混入しないようにボトルネックの根元を照らす

ミニマグライト　6270円

column

抜栓後のワインを長く楽しむなら

飲みきれなかったワインを長持ちさせたい。そんなときは、ボトルにかぶせるだけでワインの酸化を遅らせることができるストッパーがおすすめ。酸素をポンプで吸い出す、不活性ガスを注入するといった従来の方法とは異なり、シリコンがボトルの口に密着し酸素の流入を防ぎ、内部のカーボンフィルターが酸化の原因となる揮発性成分と酸素の接触を抑制する仕組み。なんといっても栓をするだけという手軽さが魅力です。

プルテックス
アンチ・オックス　2420円

商品／日本クリエイティブ

Q 飲み残しのワインはどうすればよい?

A コルクやストッパーで栓をして、保存を。飲みきれなかったら料理に使いましょう。

まずは栓をして保存

力強いワインなら、栓をして保存すれば2～4日くらい楽しめる。なかには翌日の方が美味しかったというケースも。保存のコツは立てて保存すること。横に寝かせるとワインが空気に触れる面積が増え、酸化が進んでしまうためだ。コルクで栓をする際は、ワインと接していた方を下にするのもポイント。

POINT

コルクで栓をする際は、斜めにねじ込むようにすると入りやすい。

飲みきれなかったら料理に活用

保存していたワインの味が落ちてしまっても、捨ててしまわず料理に使ってみよう。料理にコクをプラスしてくれる。すぐに使わない場合は、下記を参考にワインキューブにして冷凍庫で保存を。料理に使う際は、凍ったままのワインキューブをソースや煮汁にポンッと入れるだけでOK。

簡単ワインキューブの作り方

❶飲みきれなかったワインを鍋に入れて火にかけ、1/5まで煮詰める。

❷冷ましてから製氷器に入れて、冷凍庫で凍らせる。

白ワイン　ロゼワイン

コルクかストッパー(→P.168)で栓をして、冷蔵庫で保管。

赤ワイン

コルクかストッパーで栓をして、なるべく涼しい室内に保管。

スパークリング・ワイン

ストッパーで栓をして、冷蔵庫で保管。

CHAPTER

4

第4章

〜組み合わせて楽しんでみよう〜

家庭で楽しむマリアージュ

マリアージュとは？

料理との「結婚」で広がるワインの美味しさ

　ワインは料理と一緒に楽しむことで、より美味しくなる酒。1＋1が2以上になるような、お互いがより美味しく感じられるワインと料理の組み合わせのことをマリアージュという。マリアージュとは、「結婚」を意味するフランス語だ。

　組み合わせるワインも料理も、その個性は多種多彩。まずは左頁を参考に、産地や価格、それぞれの個性を組み合わせよう。

　もちろん味覚や嗜好は人それぞれ。自分が「美味しい」と感じる組み合わせこそ、最良のマリアージュといえるだろう。

マリアージュのコツ

産地を合わせる

ワインとその産地の食材や郷土料理など、同じ風土で育ったもの同士を組み合わせるのも、マリアージュのセオリー。家庭で楽しむなら、同じ地方で造られたワインとチーズの組み合わせが取り入れやすい。甲州の白ワインと甲州地鶏など、国産の食材でも手軽に楽しめる。

価格を合わせる

例えばボルドーの5大シャトーなどのグラン・ヴァン(→P.70)を飲むときにはフォアグラなど高級食材を使った料理を合わせるなど、ワインと料理の価格を合わせるのもマリアージュのひとつの目安となる。家庭料理と合わせてデイリーに楽しむなら、比較的安価なワインで十分。

同系の個性で合わせる

色、香り、濃度、粘性、味わいなど、ワインのもつ個性と同系の個性をもつ食材やソースを組み合わせる。

- 赤ワインと赤身の肉(牛、鴨、仔羊、イベリコ豚など)
- 白ワインと白身の肉(豚、鶏など)
- 赤ワインと身が赤い魚(マグロ、サーモンなど)
- 白ワインと身が白い魚(ヒラメ、タイなど)

- 樽が効いたワインとナッツやスモークした食材
- なめし革など動物系の熟成香があるワインとクセのある肉類やチーズ
- 腐葉土など植物系の熟成香があるワインと根菜、キノコ類
- スパイシーな香りのワインとハーブやスパイス

- 軽めのワインに軽めの食材やソース
- 重めのワインに重めの食材やソース

- 濃厚なワインに粘性(クリーミーさ)がある食材やソース

- 酸味のあるワインに酸味のある食材やソース
- シンプルな味わいのワインにシンプルな調理法の料理
- 複雑な味わいのワインに複雑な調理法の料理

異なる個性で合わせる

異なる個性を合わせることにより、お互いの個性を補完し合い、味わいに新たな広がりが生まれる。

- 酸味が強いワインと合わせると、料理の塩味を感じにくくなる。

- 酸味が甘味を引き立たせたり、強すぎる甘味をスッキリとさせる。

- 甘口のワインを辛い料理と合わせて甘味を引き立たせる。

- 粘性のあるクリーミーなソースやマヨネーズと合わせるとワインの渋味がやわらかい印象に。

マリアージュの楽しみ方

Mariage

3つの要素を押さえればマリアージュは簡単！

マリアージュは、ぜひ日頃から楽しみたいもの。実際に家庭でマリアージュを楽しむ際は下記の3つの要素で考えるとわかりやすい。

まずは、組み合わせるワインと料理。あれもこれもと欲張らずに、どの個性で合わせるかを意識してみよう。さらに、「美味しい」と感じる側の要素である、その場の雰囲気や個人の嗜好も大切。暑いから冷たいワイン、疲れたから甘めのワインといった具合に、季節や体調に合わせて選べば、より心地よいマリアージュが楽しめるはずだ。

マリアージュを決める要素

●ワイン

色 ／ 香り ／ 濃さ・重さ ／ 味わい ／ 粘性 ／ 温度 など

ブドウ品種や産地、造り手などによるワインの個性。どの要素に注目してマリアージュするかを意識すると、組み合わせのヒントが見つけやすい。

●料理

食材 ／ 調理法 ／ 調味料・薬味 など

食材そのものがもつ個性とのマリアージュはもちろん、調理法や調味料、薬味との組み合わせにも注目するとマリアージュの幅がぐっと広がる。

●雰囲気・嗜好

目的 ／ 場所 ／ 相手 ／ 季節 ／ 体調 など

華やかにお祝いしたいのか、カジュアルに楽しみたいのか、屋内か屋外か、誰と楽しむのかなど、シチュエーションもマリアージュの重要な要素。季節や体調によって嗜好も変化する。

マリアージュでマイベスト家ワインを探そう

ワインの味は、温度を変えたり、合わせる料理の突出した味を緩和させたりすることで、感覚的に変えられる。これを応用すれば、ワインをより自分好みの味わいに調整することが可能だ。

右頁の3つの要素を押さえたマリアージュが楽しめるようになってきたら、次のステップとして、ぜひマリアージュを楽しみながら自分好みのワインの味わいを探してみよう。

やり方は簡単。まずは実際にこの章で紹介しているおすすめの食材や料理との組み合わせを参考に、ワインとのマリアージュを試してみる。そして、「もっとこうだったら好みだな……」と思うポイントがあったら、左記を参考に、温度や料理の味を調整して、好みの味わいに近付けていけばいい。これを繰り返しているうちに、自分の嗜好に合わせてワインの味を感覚的に変えるコツがつかめるようになるはずだ。この調整は料理同士でも当てはめることができる。

家飲み需要が高まっているなか、美味しいと思えるワインと料理を楽しんで、新しい日常をより豊かなものにしてほしい。

味わい調整のポイント

酸　味	
温　度	温度では一定
味の相乗効果	塩味を強くすると酸味が収まって果実味が上がり、甘味を足すと酸味は穏やかになる

塩　味	
温　度	低い温度で強く感じる
味の相乗効果	酸味と甘味で緩和される

甘　味	
温　度	人間の体温付近で最も強く感じ、低温でも高温でも弱く感じる
味の相乗効果	辛味や甘味と合わせると甘さが和らぐ

旨　味	
温　度	成分によって温度は異なる
味の相乗効果	グルタミン酸(昆布やパルメザンチーズ)と核酸味(かつお節やドライキノコ)など、異なる旨味を合わせるとより旨味が増す

苦　味	
温　度	低い温度で強く感じる
味の相乗効果	苦味や渋味と合わせると苦味が緩和され果実味が上がってくる

アルコール	
温　度	高い温度で強く感じる
相乗効果	空気にたくさん触れさせるとアルコールは弱く感じる

渋　味	
温　度	低い温度でより強く感じる
味の相乗効果	苦味や甘味と合わせると渋味は緩和される

辛　味(唐辛子、胡椒、生姜)	
温　度	高い温度でより強く感じる
味の相乗効果	乳製品やマヨネーズ、甘味で緩和される

辛　味(ワサビ、マスタード、ニンニク)	
温　度	温度では一定
味の相乗効果	ツンときたら水を挟むことでワインの輪郭がはっきりする

Mariage

産地でも味わいでも合わせられるワインとチーズのマリアージュ

ワインと同様、出荷後も熟成が進み、複雑な味わいとなるナチュラルチーズは、簡単かつ奥深いマリアージュが楽しめるワインのよきパートナー。

ワインとチーズを合わせる際のポイントは大きく分けてふたつ。まずひとつは産地を合わせること。世界中の産地から輸入されているチーズなら、手軽に産地を合わせるマリアージュが楽しめる。もうひとつのポイントは味わいを合わせること。チーズのコクとクセの強弱、さらに酸味や塩味、甘味なども合わせた味わいの特徴と、相性がよいワインについて、タイプ別にみてみよう。

チーズのタイプ別　味わいとワインとの相性

シェーブルタイプ

[代表的なチーズ]
● サント・モール　● バノン
● セル・シュール・シェール

↑木炭粉をまぶしたサント・モール・ド・トゥーレーヌ

シェーブルとはフランス語で雌山羊の意味。山羊の乳から造られたチーズで、酸味のある独特の風味とホロッと崩れる食感が特徴。重すぎず個性のはっきりとしたワインと好相性。

- しっかりとした酸味のあるソーヴィニヨン・ブラン、リースリングの白、まったりとしたシュナン・ブランの白
- 重すぎないコート・デュ・ローヌのグルナッシュ、シラーの赤、酸味が強い赤

ウォッシュタイプ

熟成段階で、塩水や地酒で表面を洗って造られるソフトタイプのチーズ。オレンジ色の表皮は香りが強く、中身はクリーミーな味わい。強いクセに負けない濃厚さをもつ、上品なワインがおすすめ。

[代表的なチーズ]
● エポワス　● マンステール　● モンドール

- 濃厚な白。肉厚なシャルドネの白など
- ブルゴーニュなどのこなれた味わいの古酒、芳醇な赤

↑熟成中は塩水、仕上げはマール酒で洗って造られるエポワス

原料乳の違いによる味わいの傾向

チーズの原料乳には主に下記の3種類が使われている。

強 ―― クセ ―― 弱

- 山羊：クセが強い。
- 羊：牛より強め、山羊より弱めのクセがある。
- 牛：クセがなく食べやすい。

↑水牛の乳から造られる
モッツァレラ・ブッファラ・カンパーナ

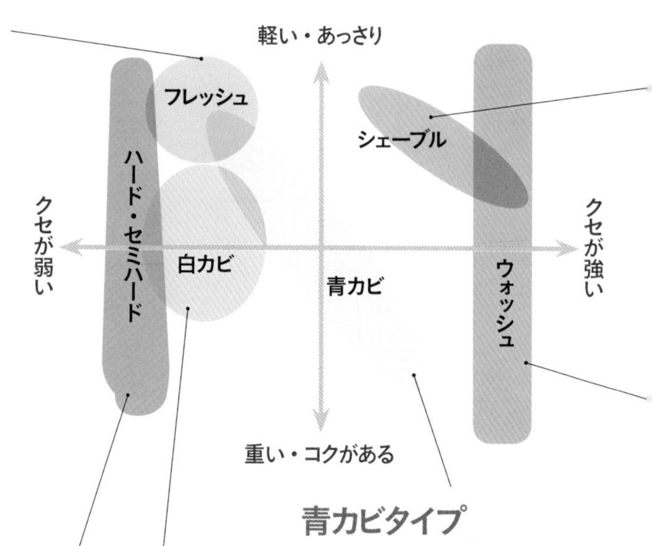

フレッシュタイプ

文字通り、熟成をほとんどさせないフレッシュなタイプ。ほのかな酸味を感じる淡泊な味わいは、軽めのワインと相性がよい。

[代表的なチーズ]
- ブリア・サヴァラン
- マスカルポーネ
- モッツァレラ

軽めの白全般

若々しい軽めの赤　ガメイ、ピノ・ノワール、サンジョヴェーゼの赤など

↑甘味のある
さっぱりとした味わいのコンテ

ハード・セミハードタイプ

水分を抜いて硬く造られたタイプ。製造過程で加熱しないものがセミハード、加熱したものがハードで、どちらもマイルドで濃厚な味わい。あまりクセがなく、幅広いタイプのワインと合わせやすい。

[代表的なチーズ]

(ハード)	(セミハード)
●コンテ	●オッソ・イラティ
●ミモレット	●ルブロッション
●パルジャミーノ	●サン・ネクテール

軽め〜重めまで白全般

フレッシュでスムーズな口当たりの赤全般

青カビタイプ

内部から青カビによって熟成させるチーズ。強い塩味と香りが特徴のソフトタイプ。塩味を和らげてくれる酸味のあるワインや、強いクセに負けない甘味、複雑さをもつワインと。

[代表的なチーズ]
- ロックフォール
- ゴルゴンゾーラ
- スティルトン

酸味のしっかりした白、まったりとした白、冷やしたやや甘口白

ボルドーの古酒など複雑な味わいの赤

↓羊の乳から造られるロックフォール。熟成とともにシャープな味わいに

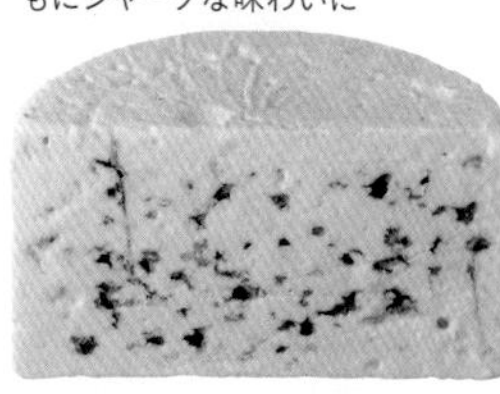

白カビタイプ

表面に白カビを植えて外側から熟成させるタイプ。あまりクセがなく、マイルドな味わいは、軽めから中重まで幅広いワインと一緒に楽しめる。

↓滑らかな口当たりでクセのない味わいのカマンベール

[代表的なチーズ]
- カマンベール
- ブリー
- シャウルス

軽め〜中重の白全般

軽め〜中重の赤全般

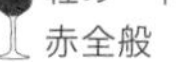

商品 / アルカン

家庭料理とのマリアージュ

Mariage

調理法・調味料や食材との組み合わせでマリアージュ

おうち飲みで気軽にワインを楽しむ人も多い時代。せっかくワインを開けるなら、マリアージュも気軽に楽しんでみたい。あまり難しく考える必要はないが、せっかくならワインも料理もお互いがより美味しくなるマリアージュを目指してみよう。食材、調理法、調味料に分けて考えれば、家庭料理でもマリアージュがいろいろと工夫できる。左頁の食材とワインの相性例を参考にして、ワインの重さに合わせた調理法と調味料で仕上げれば、家庭料理でもワンランク上のマリアージュが楽しめる。

調理法とワインの相性

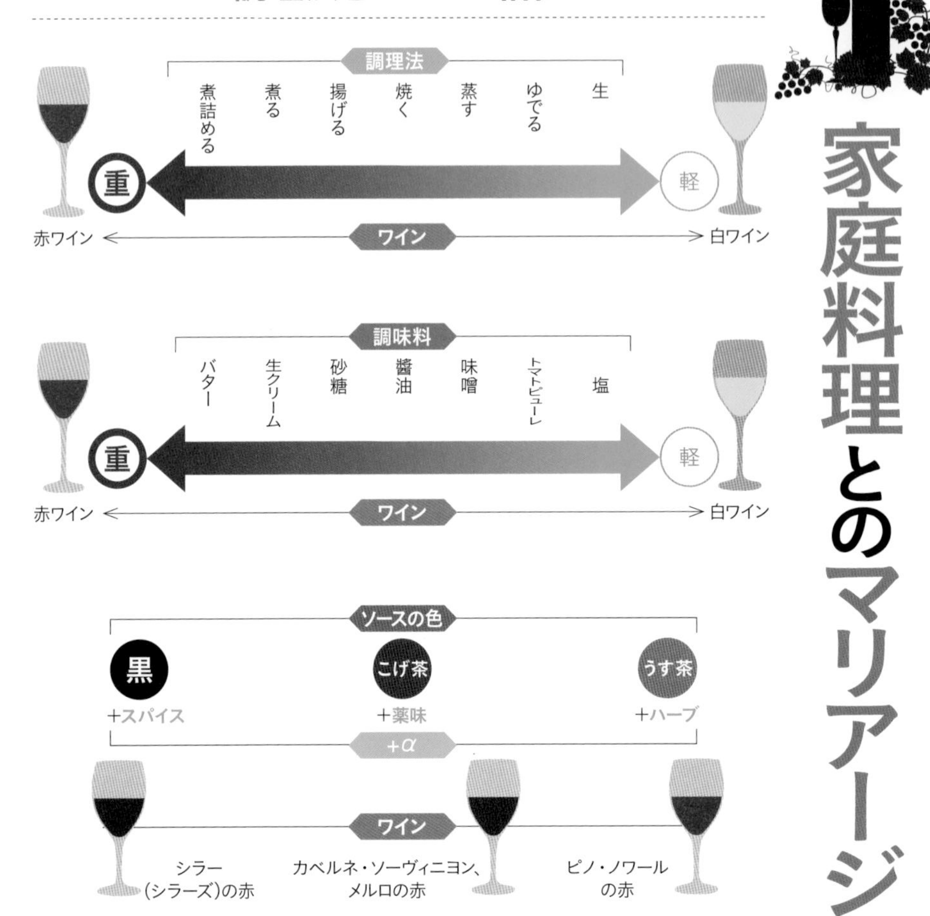

調理法別・食材と品種別・ワインの相性 魚介

ワインの造りとは関係なく、ブドウ品種の特性と素材の特性の相性を各1品種で調理法別に絞り込んだ場合の一覧がこちら。まずはベースとなる相性を知っておこう。

青魚
（イワシ、サバ、アジなど）

生	ゲヴュルツトラミネールの白
ゆでる	ソーヴィニヨン・ブランの白
蒸す	トロンテスの白
焼く	ヴィオニエの白
揚げる	ピノ・グリの白
煮る	マスカット・ベーリーAの赤
煮詰める	サンジョヴェーゼの赤

貝
（サザエ、ハマグリ、アサリ、カキなど）

生	甲州の白
ゆでる	ゲヴュルツトラミネールの白
蒸す	ヴィオニエの白
焼く	ガメイの赤
揚げる	マスカット・ベーリーAの赤
煮る	カベルネ・フランの赤
煮詰める	ピノタージュの赤

身が白い魚
（タイ、スズキ、ヒラメなど）

生	シャルドネの白
ゆでる	シルヴァネールの白
蒸す	シュナン・ブランの白
焼く	甲州の白
揚げる	ガメイの赤
煮る	サンジョヴェーゼの赤
煮詰める	ピノ・ノワールの赤

イカ、タコ

生	ミュスカの白
ゆでる	シュナン・ブランの白
蒸す	ピノ・グリの白
焼く	ルーサンヌ／マルサンヌの白
揚げる	テンプラニーリョの赤
煮る	グルナッシュの赤
煮詰める	シラー（シラーズ）の赤

身が赤い魚
（サーモン、マグロ、カツオなど）

生	シュナン・ブランの白
ゆでる	セミヨンの白
蒸す	テンプラニーリョの赤
焼く	ピノ・ノワールの赤
揚げる	甲州の白
煮る	マスカット・ベーリーAの赤
煮詰める	サンジョヴェーゼの赤

エビ、カニ

生	ゲヴュルツトラミネールの白
ゆでる	ヴィオニエの白
蒸す	セミヨンの白
焼く	シャルドネの白
揚げる	マスカット・ベーリーAの赤
煮る	ピノ・ノワールの赤
煮詰める	テンプラニーリョの赤

調理法別・食材と品種別・ワインの相性

鶏

ゆでる	セミヨンの白
蒸す	甲州の白
焼く	シュナン・ブランの白
揚げる	サンジョヴェーゼの赤
煮る	ガメイの赤
煮詰める	テンプラニーリョの赤

鴨

ゆでる	マスカット・ベーリーAの赤
蒸す	テンプラニーリョの赤
焼く	ピノ・ノワールの赤
揚げる	グルナッシュの赤
煮る	ピノ・ノワールの赤
煮詰める	ピノタージュの赤

豚

ゆでる	シルヴァネールの白
蒸す	ゲヴュルツトラミネールの白
焼く	リースリングの白
揚げる	シャルドネの白
煮る	テンプラニーリョの赤
煮詰める	グルナッシュの赤

羊

ゆでる	ルーサンヌ／マルサンヌの白
蒸す	ピノ・ノワールの赤
焼く	シラー（シラーズ）の赤
揚げる	ジンファンデルの赤
煮る	ピノタージュの赤
煮詰める	マルベックの赤

牛

ゆでる	カベルネ・フランの赤
蒸す	ネッビオーロの赤
焼く	カベルネ・ソーヴィニヨンの赤
揚げる	グルナッシュの赤
煮る	メルロの赤
煮詰める	ジンファンデルの赤

食材別・家庭料理とワインのマリアージュ例

食材	料理	ワイン
野菜	バーニャカウダ	酸味しっかりでドライな白泡、シルヴァネールの白
	アンチョビキャベツ	シャープな酸味の辛口白、ソーヴィニヨン・ブランの白
	シーザーサラダ	フルーティでまったりとした白、シャルドネの白
	グリーンアスパラのソテー	爽やかな酸味のスムーズな白、リースリングの白
	ラタトゥイユ	華やかでバランスのよい白、甲州の白
	ゴーヤーチャンプルー	軽い甘口白、セミヨンの白
豆腐	湯豆腐	酸味控えめで、まろやかな白、シュナン・ブランの白
	麻婆豆腐	軽い甘口白、ゲヴュルツトラミネールの白
青魚	シメサバ	シャープな酸味の端麗辛口白、トロンテスの白
	アジの南蛮漬け	コクのある辛口白泡、シュナン・ブランの白
	イワシの生姜煮	華やかでしっかりとした白、ヴィオニエの白、または**フルーティな軽い赤、マスカット・ベーリーAの赤**
	サンマの塩焼き	しっかりと果実味の厚い白、ゲヴュルツトラミネールの白
	サバの味噌煮	スパイシーでしっかりとした白、ヴィオニエの白
身が白い魚	カルパッチョ（オリーブオイルとレモン）	すっきりとした白、ソーヴィニヨン・ブランの白
	刺身	果実味の厚いシャルドネの白
	塩焼き	セイバリー（→P.229）な白、甲州の白
	アクアパッツァ	華やかでまったりと濃厚な白、ピノ・グリの白
身が赤い魚	金目鯛の煮付け	**バランスのよいスムーズな赤、サンジョヴェーゼの赤**
	サーモンムニエル	**スパイシーで濃い果実味の赤、テンプラニーリョの赤**
	スモークサーモン	酸味のしっかりとした辛口白泡、シュナン・ブランの白
	サーモンのホイル焼き	樽の効いた濃いシャルドネの白、または**フルーティな辛口赤、ピノ・ノワールの赤**
	マグロの刺身	**濃厚な赤、ピノ・ノワールの赤**
	カツオのたたき	**酸味が効いた濃いめの赤、ピノ・ノワールの赤、**または樽が効いた濃いめの白、シャルドネの白
貝類	アサリのバター焼き	濃厚なシャルドネの白、または**酸味の効いた軽めの赤、ガメイの赤**
	ハマグリの酒蒸し（三つ葉あり）	濃いめのソーヴィニヨン・ブランの白、しっかりとしたシャルドネの白、苦味のある甲州、ヴィオニエの白
	カキフライ	肉厚な白、または**フルーティなマスカット・ベーリーAの赤**
	カキのクリーム煮	樽の効いたシャルドネの白、または**中辛口のピノタージュの赤**
ウナギ	ウナギの蒲焼き	軽甘口のシュナン・ブランの白、または**カベルネ・フランの赤**

食材	料理	ワイン
イカ・タコ	煮付け	ミディアムボディの赤、グルナッシュ、メルロの赤、またはこってりとしたシャルドネの白
イカ・タコ	酢の物	青っぽい軽やかな酸味がある白、ソーヴィニヨン・ブラン、リースリング、ゲヴュルツトラミネール、ヴィオニエ、ミュスカの白
イカ・タコ	唐揚げ	レモンでなら、しっかりとして爽やかな果実味の濃い白、シャルドネの白、マヨネーズと醤油でなら、ミディアムボディの赤、グルナッシュ、メルロ、テンプラニーリョの赤
エビ	エビフライ	レモンやタルタルソースでなら、樽が効いたこってりとした白、シャルドネの白、オーロラソースでならミディアムボディの赤、ピノ・ノワール、マスカット・ベーリーAの赤
エビ	エビチリ	華やかで上品な甘さの白、スパイシーな白、ゲヴュルツトラミネールの白
カニ	カニクリームコロッケ	濃厚な白、シャルドネの白、またはピノ・ノワール、テンプラニーリョの赤
カニ	カニのボイル（ポン酢）	しっかりとした肉厚な白、または酸味のあるピノ・ノワールの赤
卵	オムレツ	フルーティでコクのあるロゼ泡、または軽い赤、ガメイの赤
鶏	水炊き	酸味のしっかりとした辛口白、スパイシーな軽甘口の白、ゲヴュルツトラミネール、リースリングの白
鶏	筑前煮	エレガントな重めの赤、メルロ、サンジョヴェーゼの赤
鶏	鶏のトマトクリーム煮込み	酸味がしっかりとしたフルーティな赤、ガメイの赤
鶏	ホワイトシチュー	上品で濃くパワフルな白、シャルドネの白
鶏	鶏の照り焼き	濃厚でまったりとした白、シュナン・ブランの白
鶏	タンドリーチキン	酸味がしっかりとした赤、テンプラニーリョの赤
鶏	もも肉の唐揚げ	フルーティな赤、サンジョヴェーゼの赤
鶏	チキン南蛮	フルーティでしっかりとした白、シャルドネの白、または酸味のあるフルーティな赤、サンジョヴェーゼの赤
鶏	ささみの湯通しポン酢和え	肉厚で酸味のある白、セミヨンの白
鶏	手羽先の煮付け	華やかな赤、テンプラニーリョの赤
豚	豚しゃぶ	美しい酸味と濃い果実味の白、シルヴァネールの白
豚	豚の生姜焼き	華やかでスパイシーな辛口白、リースリングの白
豚	ハワイアンポークソテー	フルーティで重めの白、ゲヴュルツトラミネールの白
豚	豚肉の西京焼き	肉厚でまったりとした白、シャルドネの白
豚	豚の角煮	パワフルでバランスのよい赤、グルナッシュの赤
豚	餃子	フルーティで華やかな白、リースリングの白
豚	回鍋肉（ホイコーロー）	華やかでフルーティな白、ヴィオニエの白

食材	料理	ワイン
豚	酢豚	肉厚な酸味と果実味の赤、テンプラニーリョの赤
	キムチ鍋	酸味が爽やかな軽い甘口ロゼ、または軽甘口の白、ゲヴュルツトラミネールの白
	とんかつ（ロース）	樽が効いた肉厚な白、シャルドネの白
	ロースの生姜焼き	しっかりとしてもっちりとした味わいの白、ヴィオニエ、ゲヴュルツトラミネール、リースリングの白
	角煮	渋味がしっかりとした赤、カベルネ・ソーヴィニヨン、メルロの赤
	モツの味噌煮込み	スパイシーで果実味の厚い赤、シラー、グルナッシュの赤
合い挽き肉	ロールキャベツ	酸味のしっかりとしたフルーティな赤、ピノタージュの赤
	ハンバーグ	濃くスムーズでやわらかな赤、メルロの赤
	メンチカツ	若々しくスムーズな赤、グルナッシュの赤
牛	ステーキ	渋味がしっかりとした赤、カベルネ・ソーヴィニヨン、メルロの赤
	焼肉	スパイシーで濃い重めの赤、シラー、ジンファンデルの赤
	ビーフカツレツ	酸味と骨格がしっかりとした赤、グルナッシュの赤
	牛タンスモーク	スモーキーで肉厚な赤、カベルネ・ソーヴィニヨンの赤
	ローストビーフ	パワフルで果実味豊かな赤、カベルネ・ソーヴィニヨンの赤
	牛肉のゴボウ巻き	上品で濃厚、パワフルな赤、カベルネ・フラン、シラーの赤
	牛すじの味噌煮込み	スパイシーでジューシーな赤、ジンファンデルの赤
	ビーフシチュー	スムーズでやわらかい赤、ピノ・ノワール、テンプラニーリョの赤
	青椒肉絲（チンジャオロース）	スパイシーでスムーズな赤、サンジョヴェーゼの赤
	すき焼き	スパイシーで凝縮感のある赤、ピノタージュの赤
	バーベキュー	パワフルで果実味豊かな赤、マルベックの赤
	牛モツ鍋	力強くスパイシーな赤、シラーズの赤
鴨	合鴨のロースト	鉄っぽい香りのフルーティな赤、ピノ・ノワールの赤
	鴨鍋	酸味があってジューシーな赤、グルナッシュの赤
羊	ラムチョップの香草焼き	果実味の濃いこなれたピノ・ノワールの赤
	ジンギスカン	スパイシーで濃い重めの赤、シラー、ジンファンデル、マルベックの赤
麺類・粉もの	ナポリタン	スパイシーで濃い果実味の赤、マルベックの赤
	お好み焼き	濃くフルーティな赤、ピノタージュの赤
	焼きそば	フルーティで渋味の少ない赤、ジンファンデルの赤

四季を楽しむマリアージュ

春夏秋冬
季節に合わせて選ぶ
ワインと料理

季節によって、美味しいと感じるものは変化する。それはワインも同じだ。ここでは、春夏秋冬のワイン選びのポイントをブドウ品種別にまとめた。あわせて本書で紹介したワインを例としてピックアップした。これを参考にワイン選びの幅を広げてみてほしい。また、187頁から実際に家庭でマリアージュが楽しめる、身近な食材を使ったメニューのレシピを季節別に紹介した。マリアージュ例や旬の食材、アレンジのポイントも参考に、マリアージュの楽しさをぜひ実感してみてほしい。

秋	冬
旨味が強い食材の料理	辛味や甘味がある料理、鍋料理
香りが強い、アーモンド、ナッツ、紅茶、土、きのこ、鉄	腐葉土、枯葉、動物臭、コンポート、ジャム、チョコレート、コーヒー
スムーズな飲み口でコクがある、エレガント、余韻が長い	凝縮感がある、タンニンがしっかり、熟成感、複雑味
しっかりした濃い果実味 フランス ボルドー →P.211 左上 フランス ボルドー →P.212 右上	**果実味豊か** 南アフリカ →P.255 右上 ニュージーランド →P.132 中段
エレガントで奥行きがある複雑味 アメリカ ワシントン →P.126 下段 オーストラリア →P.129 中段	**果実味豊か** フランス ブルゴーニュ →P.217 左上 アメリカ カリフォルニア →P.124 上段
ハーブの香り アメリカ カリフォルニア →P.241 右上 ドイツ →P.110 上段	**フレッシュ&フルーティ、甘味が残る** 日本 →P.149 上段 ドイツ →P.110 中段
果実味豊か、タンニン控えめ オーストラリア →P.247 右上 フランス アルザス →P.94 中段	**熟成感がある** アメリカ カリフォルニア →P.242 左下 ドイツ →P.110 下段
エレガント、余韻が長い 南アフリカ →P.255 左上 アメリカ ワシントン →P.126 中段	**タンニンがしっかり、熟成感、複雑味** アメリカ ワシントン →P.244 右下 アメリカ カリフォルニア →P.124 中段
果実味豊か、タンニン控えめ スペイン →P.236 左下 オーストラリア →P.129 上段	**タンニンがしっかり、熟成感、複雑味** アメリカ カリフォルニア →P.124 下段 フランス コート・デュ・ローヌ →P.88 上段

春夏秋冬ワイン選びのポイント

季節		春	夏
料理のマリアージュポイント		苦味のある料理	酸味や甘味がある料理、スパイシーな料理
ワイン選びのポイント 香り		柑橘類、フレッシュフルーツ、ハーブ、花、ヨーグルト、海苔	アロマティック、青草、トロピカルフルーツ、レタス、ピーマン、蜂蜜、樽、スパイス
ワイン選びのポイント 味わい		爽やか、フレッシュ、フルーティ、余韻に苦味、オイリー	果実味豊か、強い酸味の白、甘味が残る赤、冷やして美味しいワイン
白ワイン用ブドウ品種	ソーヴィニヨン・ブラン	フレッシュ辛口 フランス ロワール →P.223 右上 フランス ロワール →P.91 上段	果実味豊か、酸味あり ニュージーランド →P.248 右下 チリ →P.135 中段
	シャルドネ	すっきり辛口、樽控えめ フランス ブルゴーニュ →P.216 右上 フランス シャンパーニュ →P.99 上段	すっきり爽やか ニュージーランド →P.132 下段 フランス ブルゴーニュ →P.85 中段
	リースリング、その他	中辛口 イタリア →P.230 左下 フランス コート・デュ・ローヌ →P.88 中段	酸味が強い、きっちり辛口 ニュージーランド →P.248 右上 フランス アルザス →P.94 下段
赤ワイン用ブドウ品種	ピノ・ノワール	フレッシュで酸味が残る、濃くない ドイツ →P.235 右上 フランス ブルゴーニュ →P.85 上段	酸味が残る、濃くない ニュージーランド →P.248 左上 ニュージーランド →P.132 上段
	メルロ、カベルネ・ソーヴィニヨン	果実味豊か、バランスがよい、飲み応えがある アルゼンチン →P.253 左下 南アフリカ →P.141 上段	濃い、甘味が残り、渋味が少ない アメリカ カリフォルニア →P.241 左下 フランス ボルドー →P.78 上段
	シラー（シラーズ）、その他	果実味豊か、バランスがよい、飲み応えがある 日本 →P.256 左下 フランス ブルゴーニュ →P.85 下段	濃い、甘味が残り、渋味が少ない 南アフリカ →P.254 左上 南アフリカ →P.141 下段

春のポイントは苦味。

山菜をはじめ、苦味のある春の食材は、余韻に苦味のある白や軽やかなピノ・ノワールと好相性。穏やかな春は、ワインもフレッシュで爽やか、フルーティなタイプが美味しく感じられる。料理は軽い煮込みや蒸し料理、ローストなど、素材の持ち味を生かし、軽い口当たりの味付けに。飲み口がスムーズで重すぎないワインと合わせれば、素材の美味しさをシンプルに味わえる。

マリアージュ例

 菜の花のおひたし	×	 ● ソーヴィニヨン・ブランの白
 タイの刺身・焼き魚	×	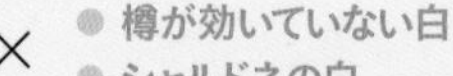 ● 樽が効いていない白 ● シャルドネの白
アサリのワイン蒸し	×	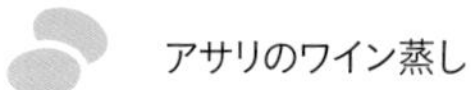 ● 苦味のある濃いソーヴィニヨン・ブラン、リースリングの白 ● 上品なピノ・ノーワルの赤
ホタルイカと 春キャベツのソテー	×	● 熟成感のある白 ● 樽が効いたピノ・ノワールの赤
アスパラガスのソテー	×	● リースリング、ソーヴィニヨン・ブランの白
春ガツオのたたき 新タマネギ添え	×	● 軽やかなピノ・ノワールの赤
カレイの唐揚げ	×	● 抹茶塩：ゲヴュルツトラミネール、ヴィオニエの白 ● おろしポン酢：サンジョヴェーゼの赤

旬の食材

〈野菜〉

菜の花	1～3月
新タマネギ	2～4月
三つ葉	3～4月
春キャベツ	3～5月
タケノコ	4～5月
アスパラガス	4～6月
そら豆	4～6月

〈魚介類〉

ハマグリ	2～3月
タイ	2～4月
アサリ	3～4月
ワカメ	3～5月
ホタルイカ	4～5月
カツオ	5～6月
カレイ	5～7月

春レシピ❶ アサリのマルニエール

フランス・ブルターニュの名物料理「ムール貝のマルニエール」を、春が旬のアサリに置き換えたメニュー。「マルニエール」は漁師風という意味で、本来牛乳を使ったスープ仕立ての料理。赤ワインを飲む場合は、材料の白ワインを赤ワインに替えればOK。作り置きの場合は、分離しないよう、牛乳90ccを生クリーム40ccと水50ccで代用するとよい。

材料（たっぷりメイン1人分）

- 砂抜きアサリ（殻付き）……200g
- タマネギ（スライス）……80g
- 辛口白ワイン……80cc
- 和風だし（粉末）……3g
- 砂糖……3g
- 塩……1g
- エクストラバージンオリーブオイル……大さじ1½
- 牛乳……90cc

作り方

① フライパンにエクストラバージンオリーブオイルを少々入れ、タマネギと塩ひとつまみを入れて中火で軽く炒める。
② 中火のまま、アサリと白ワインを入れて蓋をする。
③ 別の鍋で牛乳を沸騰直前まで温めておく。
④ アサリが開いたら、和風だし、砂糖、残りの塩とエクスラバージンオリーブオイルを一気に入れる。
⑤ フライパンの火を止め、温めておいた牛乳を入れる。
⑥ 塩で味を整え、盛り付ける。小ネギの小口切り、パセリのみじん切りなどを添えてもよい。

自家製鶏むね肉のハム ワイン風味

春レシピ❷

炊飯器の保温機能を使えば、家庭でも気軽に低温調理ができる。自家製ハムは素材の味を生かした軽い味付けなので、春に美味しいワインと相性抜群。材料のワインは、その日に飲むワインか同じ品種、同じ色のワインを使うとより相性がよくなる。置く時間を70分にすれば、同じレシピで鶏もも肉のハムもできる。

材料（たっぷりメイン1人分）

※( )内の%は肉に対する比率

- 鶏むね肉 …… 1枚（約300g）
- 砂糖 …… 3g（1%）
- 塩（上質なものがおすすめ） …… 9g（3%）
- 粗挽き黒胡椒 …… ひとつまみ
- ワイン（⅓に煮詰めたもの） …… 20cc

作り方

① 鶏むね肉の皮をとり、水洗いしてキッチンペーパーで水分を拭き取る。砂糖、塩をまぶして水気が出るまで揉み、黒胡椒を振り、フリーザーバッグに入れて空気を抜く。

② 冷蔵庫のチルド室など、いちばん涼しいところ（理想温度は2℃）に置いて5日間〜1週間寝かせる。

③ 鶏むね肉を取り出し、丁寧に水洗いして塩を落とし、ボウルに入れて水を流し入れ、弱めの水流で1時間塩抜きする。

④ キッチンペーパーで水分を拭き取り、⅓に煮詰めたワインをかけてなじませ、新しいフリーザーバッグに入れて空気を抜く。

⑤ ④を炊飯器にフリーザーバッグごと入れ、沸かしたお湯をひたひたに入れて保温にセットし、30分置く。

⑥ キッチンペーパーで水分を拭き取り、真ん中を切ってみて赤くなければできあがり（赤い場合はさらに炊飯器に10分置く）。

⑦ スライスして皿に盛り付け、好みで粗挽き黒胡椒、エクストラバージンオリーブオイルをかける。

IDE's POINT

レシピの砂糖は、倍量のトレハロース（この場合は6g〈2%〉）に置き換えられます。すっきりとした甘味でプロの味に近付けられるおすすめの甘味料です。

※炊飯器レシピについての注意点はP.201参照。

春レシピ ＋αアレンジ

モッツァレラチーズのガランティーヌ

「自家製鶏むね肉のハム ワイン風味」（→P.188）のアレンジレシピ。チーズを芯に鶏もも肉を巻き、輪切りにして美しいオードブルに。ゆでた人参やアスパラガス、ゴボウなどを入れると華やかだ。

アレンジ

材料の鶏むね肉を鶏もも肉に変更。作り方①で皮をとらず、④で煮詰めたワインをなじませた後、皮目だけフライパンで焼き、観音開きにして中に細切りにしたモッツァレラチーズ75gをおいて端から巻き、アルミはくを2重に巻いて固めてからフリーザーバッグに入れて空気を抜く。⑤で置く時間は60分に。

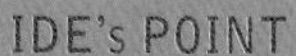

ワインの香りに合わせて、お湯でやわらかく戻したドライフルーツを中に巻き込むとさらに相性が上がります。

スモークでワンランクアップ

「自家製鶏むね肉のハム ワイン風味」（→P.188）にスモークをかけて、マリアージュをワンランクアップさせてみよう。スモークのかけ方は、冷燻製がおすすめ。燻製ののりは温燻製の方が強いが、やさしい冷燻製の風味がワインにはよく合う。網を重ねて食材を入れても大丈夫なので、殻付きゆで卵、お刺身用サーモン、生食用カキなどに昆布茶を重量の1%かけて試してみるのもいい。

アレンジ

作り方③の後に冷燻製を煙が出なくなるまで（約2～3時間）かける。より手軽に楽しむなら、④で煮詰めたワインと一緒に市販の燻製液を10g入れてもよい。

≪冷燻製のかけ方≫

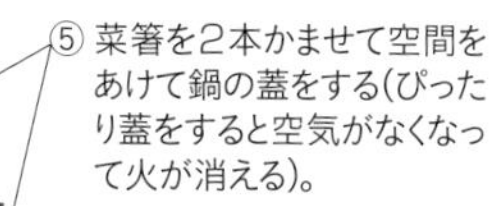

① 大きめの鍋底にアルミはくを敷く。

② スモークウッド（7cmくらい）に火を着けて吹き消し、煙が出る状態にしてアルミはくの上に置き、砂糖10gをかける。

③ スモークウッドがすっぽり隠れる金ザルを上にのせる。

④ ザルの上にバットを置き、保冷剤（なるべく大きなもの）を入れ、バットの四隅にコルクを立てて置き、高さ2cmくらいの空間をつくり、網を上に重ねて鶏肉を並べる。

⑤ 菜箸を2本かませて空間をあけて鍋の蓋をする（ぴったり蓋をすると空気がなくなって火が消える）。

注：かなりの煙が出て煙たいので屋外でやるのがおすすめ。火災につながる恐れがあるので、目を離さずに十分に注意し、使い終わったチップは必ず水に入れて消火を確認すること。

ガーナの無添加ドライフルーツ

旨味が凝縮したドライフルーツは常温保存できる便利な食材です。特に南国フルーツの香りがあるワインと合わせる料理のアクセントに使うのがおすすめ。相性が驚くほど上がります。化学農薬、添加物ともに不使用で、酸化防止剤を使用していないものなら、安心して料理にも使えます。

Yvaya Farm（イヴァヤ・ファーム）ドライバナナ、ドライパイナップル各500円
このほか、ドライマンゴー、ドライパパイヤもある。
商品／SKYAH

夏のポイントは酸味。熱中症にも注意したい暑い夏は、1年でいちばん塩分摂取が必要な季節でもある。疲れた体には、酸味や甘味のあるワインや料理が染みわたる。料理なら南蛮漬け、ワインなら酸味のしっかりとした白をキリッと冷やして楽しみたい。スタミナをつけて夏バテを乗り切りたいときの焼肉やスパイシーな料理も夏の定番。合わせるワインは、冷やし気味で美味しい、果実味の濃い赤がおすすめだ。

マリアージュ例

もずく酢	×	● シャンパーニュ ● 甲州の白
焼肉	×	● シラーズ、ジンファンデル、ピノタージュの赤
キスの天ぷら（天つゆおろしで）	×	● リースリング、ソーヴィニヨン・ブランの白
タコとキュウリの酢の物	×	● 酸味がしっかりとしたピノ・グリの白
焼きトウモロコシ	×	● シャルドネの白
ゆで枝豆	×	● ソーヴィニヨン・ブランの白
イワシの梅干し煮	×	● ピノ・ノワール、ネッビオーロの赤

旬の食材

〈野菜〉

食材	旬
キュウリ	6～8月
枝豆	6～8月
トマト	6～8月
新生姜	6～8月
オクラ	6～9月
トウモロコシ	7～8月
ナス	7～9月

〈魚介類〉

食材	旬
もずく	4～6月
アジ	5～7月
キス	6～8月
タコ	6～8月
スズキ	6～8月
クルマエビ	6～9月
イワシ	6～10月

夏レシピ❶ ヒイカのワイン南蛮漬け

小ぶりなイカ、ヒイカを赤ワイン風味の南蛮漬けに。油で揚げて水分を抜き、合わせ酢に漬けておくと保存性も高くなり、冷蔵庫でも2週間保存可能。アジ、イワシなど青魚が美味しい季節なので、青魚で作ってみるのもおすすめだ。

材料(作りやすい分量)

※( )内の%はヒイカ100に対する比率

- ヒイカ(冷凍でも可) …… 500g
- 三温糖 …… 5g(1%)
- 昆布茶(または塩) …… 5g(1%)
- 小麦粉 …… 適量
- 揚げ油 …… 適量(素材がたっぷり浸かる量)

※マリアージュのおすすめは、 ゴマ油1:オリーブオイル1

【ワイン南蛮酢】 ※500gの材料を漬ける目安

- 赤ワイン(または白ワイン) …… 125cc
- 米酢 …… 75cc
- 薄口醤油 …… 50cc
- 三温糖 …… 25cc(20g)
- 鷹の爪(半分に切って種を取って刻む) …… 1本

「ワイン南蛮酢」の作り方

ワインを使った南蛮酢はマリアージュの強い味方。使うワインは赤白どちらでもOK。アルコールが少し残っている方がワインにはよく合う。

割合 ワイン5:酢3:薄口醤油2:三温糖1+唐辛子

材料を全部鍋に入れて中火にかけ、沸騰したら弱火にして3分煮て火を止める。

作り方

①ヒイカは水洗いして軟骨を抜き取り、キッチンペーパーで水気を拭き取る(冷凍の場合は解凍せずに使ってもよい)。

②三温糖と昆布茶をまぶしてバットに並べ、ラップをかけて冷蔵庫で1時間寝かせる。

③キッチンペーパーで水気を拭き取って、小麦粉をまぶし、余分な粉を落とす。160℃くらいの油でじっくり揚げる。

④熱いうちにヒイカを保存容器に並べ、ひたひたに南蛮酢を注いだら、ラップを2重にしたもので落とし蓋のように表面を覆い、粗熱をとる(南蛮酢が熱いうちに漬けると味がよく染み込む)。

手羽元のジャークチキン

ジャークチキンは、夏に食べたいジャマイカ風のスパイシーな鶏肉料理。スパイスを控えめにしたレシピなので、ワインと合わせやすい。手羽先や手羽元調理の理想温度は70 ～ 80℃なので、炊飯器保温での低温調理にぴったりだ。

材料（作りやすい分量）

- 手羽元 ……… 7 ～ 8本（約500g）
- 三温糖 ……… 5g
- 塩 ……… 2.5g

【A】

- 長ネギ ……… ½本
  （またはタマネギ ……… ¼個）
- 唐辛子（種は取り除く）……… 1本
- 生姜 ……… 20g
- ニンニク ……… 9g
- 濃口醤油 ……… 小さじ1½
- レモン汁 ……… 20cc
- 粗挽き黒胡椒 ……… 小さじ½
- スパイスミックス ……… 小さじ2
  （市販のカレー粉でも代用可）

作り方

① 手羽元は水洗いしてキッチンペーパーで水気を拭き取り、三温糖と塩をまぶして水気が出るまで揉み、冷蔵庫で8 ～ 15時間寝かせる。
② ①をよく水洗いして塩を落とし、キッチンペーパーで軽く拭く。
③【A】の材料すべてをフードプロセッサーでペースト状にする。
④ ボウルに手羽元と③を入れてよく混ぜ、フリーザーバッグに入れて空気を抜く。
⑤ ④を炊飯器にフリーザーバッグごと入れ、沸かしたお湯をひたひたに入れて保温にセットし、6 ～ 10時間置く。
⑥ 手羽元をザルに上げて水気を切る（汁はボウルにとっておく）。
⑦ オーブンの網に並べてスプーンで汁をかけ120℃で20分、上下を返して汁をかけ、さらに120℃で20分焼く。

※魚焼きグリルの場合は、汁をかけ、返しながら弱火2回、中火1回、焦げないようにみながら焼いて仕上げる。

おすすめのスパイスミックス

ル・コントワール・コロニアル デュカ 140g　オープン価格

本格的なスパイスミックスを作りたい場合は…

- タイム ……… ひとつまみ
- オールスパイス ……… 小さじ1½
- シナモンパウダー ……… ひとつまみ
- ナツメグ ……… ひとつまみ

商品／アルカン

※炊飯器レシピについての注意点はP.201参照。

夏レシピ ＋αアレンジ

手羽先の赤ワイン生姜醤油煮込み

手羽元のジャークチキン（→P.192）のアレンジレシピ。さらにP.189で紹介したドライバナナ12gをプラスすると、新世界のワインとの相性が上がる。

アレンジ

材料の手羽元を手羽先に変更。【A】を下記の【B】に変更する。余った汁は容器に入れて冷蔵庫で冷やし固めると、煮こごりとして楽しめる。

【B】

- 赤ワイン(1/3に煮詰めたもの) ……25cc
- 濃口醤油 …… 大さじ2
- オイスターソース …… 小さじ2
- 三温糖 …… 小さじ2
- 赤ワインビネガー …… 小さじ1
- ゴマ油 …… 小さじ2/3
- 生姜 …… 7g
- ニンニク …… 7g
- 唐辛子(種は取り除く) …… 1本
- 粗挽き黒胡椒 …… ひとつまみ
- ドライバナナ …… 12g

品種別自家製ワインビネガーでワンランクアップ

「ヒイカの赤ワイン南蛮漬け」（→P.191）の米酢の代わりに、品種別の自家製ワインビネガーを使い分け、ワンランク上のマリアージュを楽しんでみよう。自家製ワインビネガーは、酸度の調整ができるのでツンとせずワインとの相性が上がり、市販のワインビネガーを買うよりコストも安い。ビネガー作りの理想温度は30℃。25℃以上で発酵が進むので、夏に作るのがおすすめだ。

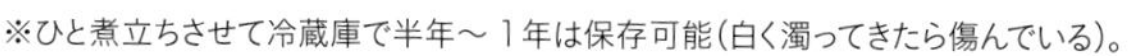

自家製ビネガーの作り方

基本 アルコール度数4%に希釈したワイン：種にするビネガー ＝ 3：1

アルコール度数に応じたワイン、水、ビネガーを口の広いガラス瓶に入れ、25～30℃の温度帯の場所で保管する。

※スタートの種になるビネガーは同じ品種の市販のワインビネガーが望ましいが、米酢でも可能。完成したビネガーを次回の種にして完成度を上げていくとよい。

※酸素を常に供給するため、ガラス瓶の口は開けたままにする（虫よけに瓶の口にザルや網をかぶせる）。

※常に酢酸発酵だけが進む。30℃で10日～2週間が目安。1週間待っても発酵が進まず膜ができないときは、ビネガーを少し足す、それでもだめなら水で少し薄める。

※発酵を途中で止める場合は、冷蔵して寝かせる。この場合アルコール分が残るが、ワインとの相性は上がる。アルコールを飛ばす場合は、ツンとくる前に濾過して沸騰させればよい。

※ひと煮立ちさせて冷蔵庫で半年～1年は保存可能（白く濁ってきたら傷んでいる）。

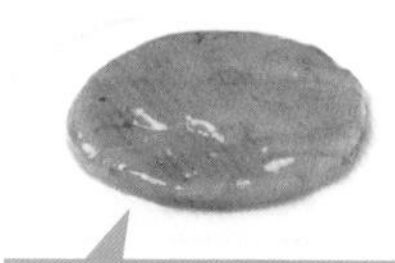

IDE's POINT
完成すると酵母の代謝物の膜ができるので、それを2回目以降入れると失敗しない。

公式 ①水の量(ワイン100に対して) アルコール度数÷4×100－100 ／ ②ワイン＋水：ビネガー ＝ 3：1

ワインタイプ別レシピ ※( )はアルコール度数

★シャルドネビネガー		★シェリービネガー		★シャンパンビネガー	
シャルドネ(13%)	200g	シェリー (15%)	200g	シャンパン(12%)	200g
真水	450g	真水	550g	真水	400g
ビネガー	216g	ビネガー	250g	ビネガー	200g

秋のポイントは旨味。

「食欲の秋」ともいわれる秋は、旨味の強い美味しい食材が豊富に揃う季節。旨味の強い料理には、飲み口がスムーズでエレガントな美しいワインがよく合う。香り高い食材が多いのも特徴なので、蒸し料理や軽い煮込み、ホイル焼きなど、食材の香りを生かした調理法がおすすめだ。白赤ともに合わせるワインは、豊かな旨味や香りに負けない、やや重めのタイプを選ぶとよいだろう。

マリアージュ例

サンマの塩焼き（おろし醤油で）	×	● 樽が効いたシャルドネ、ヴィオニエの白 ● 熟成感のあるシュナン・ブランの白
鮭とキノコのホイル焼き	×	● 重めのピノ・ノワールの赤
サツマイモの甘露煮	×	● 甘味のあるゲヴュルツトラミネールの白
煎り銀杏	×	● ヴィオニエ、シュナン・ブランの白 ● アルコール度数の高い白
ナスの鉄火味噌	×	● 渋味のあるしっかりとしたメルロ、カベルネ・フラン、サンジョヴェーゼの赤
松茸の網焼き	×	● トロンテス、シャルドネの白
サバの味噌煮	×	● サンジョヴェーゼ、カベルネ・フランの赤

旬の食材

〈野菜〉

カボチャ	7～12月
マツタケ	9～10月
サツマイモ	9～12月
チンゲン菜	9～12月
ギンナン	10～11月
ニンジン	10～11月
キノコ類	10～12月

〈魚介類〉

サンマ	9～10月
戻りガツオ	9～10月
サケ	9～11月
イクラ	9～11月
ウナギ	7・10～12月
サバ	10～12月
シシャモ	11～12月

秋レシピ❶ キノコの醤油ビネガー煮込み

秋にぜひ使いたい食材といえばキノコ。醤油ビネガー煮込みにして保存容器に入れ、冷蔵庫に常備しておけば、日頃の料理にいろいろ使えて便利だ。シチューやハンバーグのソース、魚の煮付けの仕上げ、玉子焼き、ラーメンに入れるのもおすすめ。

材料（作りやすい分量）

- キノコ……200g
  （マッシュルーム、しめじ、舞茸、エリンギなど）
- 濃口醤油……小さじ2
- みりん……小さじ2
- エクストラバージンオリーブオイル…小さじ3
- 好みのスパイス・ハーブ……3g（～5g）
  （カルダモン、八角、タイム、オレガノ、トンカ豆など）
- ビネガー……小さじ1
  （ワインビネガー、アップルビネガー、バルサミコ酢など）

作り方

① キノコを食べやすい大きさに切り、フリーザーバッグに入れる。

② すべての調味料とスパイス・ハーブを入れてよく混ぜ、空気を抜く。

③ 鍋で湯を沸かし、ごく弱火にしてお湯が微妙に揺らぐくらいになったらフリーザーバッグごと入れて8分加熱する（沸騰させるのはNG）。

④ そのまま30分常温で放置してからフリーザーバッグを取り出す。氷水に入れて冷まし、保存容器に移す（冷蔵庫で1週間保存可能）。

IDE's POINT

キノコを美味しく仕上げるポイントは、強火で炒めない、グツグツ沸騰させないことです。フワフワ食材のキノコは味を染み込ませて風味を逃さないように仕上げます。キノコと相性が最もよいワインはピノ・ノワール。キノコの鉄っぽいニュアンスがマリアージュします。

豚もも肉のコンフィ

秋 レシピ ❷

食欲の秋、プロが作るコンフィの味を、炊飯器を使って家庭で楽しもう。豚肉の調理温度は料理によっても変わるが、理想温度は66～70℃くらい。75℃を超えたあたりから繊維がほぐれるようになるため、炊飯器を使った低温調理では、しっとりほろりと崩れる食感に仕上げることができる。

材料（作りやすい分量）

※( )内の%は肉100に対する比率

- 豚もも肉……500g
- 塩……10g（2%）
- 三温糖……5g（1%）
- 粗挽き黒胡椒……ひとつまみ

作り方

① 豚もも肉に塩、三温糖、粗挽き黒胡椒をまぶし、肉から水気が出てやわらかくなるまでよく揉み込む。フリーザーバッグに入れて空気を抜き、冷蔵庫で12～24時間寝かせる。

② ①を入念に水洗いしてから1時間流水で塩抜きし、キッチンペーパーで水気を拭き取り、フリーザーバッグに入れて空気を抜く。

③ ②を炊飯器にフリーザーバッグごと入れ、沸かしたお湯をひたひたに入れて保温にセットし、20～36時間置く。

④ 常温で30分放置してからザルに上げて、肉と汁に分ける。

⑤ 肉はテフロン加工のフライパンで脂身にしっかり焼き目がつくまで焼いてから返し、軽く焼き目がつくまで焼く（中火の魚焼きグリルで焼いても可。目的は脂をしっかり焼いて落とすことと香ばしさをプラスすること）。

⑥ 汁をボウルに入れる。一回り大きなボウルに氷水を張り、汁を入れたボウルを浮かべ、冷やして脂を固める。脂を取り除き、小鍋に入れてソースを作る（P.197のソースアレンジ参照）。

⑦ 食べやすい大きさにカットして皿に盛り付け、ソースをかける。粒マスタードや練りからし、レモンなどを添えてもよい。

※炊飯器レシピについての注意点はP.201参照。

秋レシピ ＋αアレンジ

豚バラの角煮

「豚もも肉のコンフィ」(→P.196)のアレンジレシピ。コンフィは低温調理した後に焼くが、豚の角煮は焼いてから低温調理する。

アレンジ

≪材料(作りやすい分量)≫　※( )内の%は肉100に対する比率

・豚バラブロック……500g
・三温糖……5g(1%)

【A】

・白ワイン(煮切ったもの)……大さじ1弱
・濃口醤油……大さじ1½
・オイスターソース……小さじ1½
・おろし生姜……5g
・三温糖……小さじ1弱
・白ワインビネガー……小さじ1
・七味唐辛子……少々
・八角……1個

作り方

① 豚バラ肉は塊のまま三温糖をかけ、水気が出てやわらかくなるまでよく揉み込む。
② フライパンで脂身に焼き目がつくまでしっかり焼き、転がしながら全体に焼き目をつける。
③ ザルか網バットに置いて粗熱をとりながら脂を落とす。
④ フリーザーバッグに焼いた肉と【A】を入れて空気を抜く。
⑤ ④を炊飯器にフリーザーバッグごと入れ、沸かしたお湯をひたひたに入れて保温にセットし、24～40時間置く。
⑥ 食べやすい厚みにカットして皿に盛り付ける。からしなどを添えてもよい。

ワインに合わせてソースアレンジ

「豚もも肉のコンフィ」(→P.196)のソースは、脂を除いた汁が決め手。飲むワインに合わせてソースの濃度と味を調整し、マリアージュを楽しんでみよう。

POINT
・酸味が強いワインには酸味を足す(ビネガー、レモン汁)。
・樽が効いた濃厚なワインにはバターを入れる。
・ハーブの香りのワインにはハーブを足す(タイム、ロリエなど)。

【品種別ソースアレンジ例】

飲むワイン	ソースアレンジ(汁に足すもの)※適量で
●ソーヴィニヨン・ブランの白	＋レモン汁　＋エクストラバージンオリーブオイル　＋塩・胡椒
●シャルドネの白	＋バター　＋塩・胡椒
●リースリングの白	＋エクストラバージンオリーブオイル　＋香草　＋塩・胡椒
●ピノ・ノワールの赤	＋エクストラバージンオリーブオイル　＋オイスターソース　＋塩・胡椒
●カベルネ・ソーヴィニヨンの赤	＋エクストラバージンオリーブオイル(バター)　＋醤油　＋塩・胡椒
●シラー(シラーズ)の赤	＋エクストラバージンオリーブオイル(バター)　＋醤油　＋ナンプラー　＋塩・胡椒

冬の料理のポイントは辛み。冷えた体を温めてくれるピリ辛の味付けの料理と、甘味や果実味の凝縮した濃いワインがよく合う。冬は食材の旨味がぎゅっと濃くなるので、合わせるワインもより濃厚で重めの味わいのものが美味しく感じられる。調理法はしっかりとした煮込み料理や、冬の定番、鍋物がおすすめ。ワインの酸味によって、少なければゴマダレ、強めならポン酢と、タレを使い分けるのもポイントだ。

マリアージュ例

	ブリのしゃぶしゃぶ	×	● ブラン・ド・ブランのシャンパーニュ
	カキとホウレンソウのクリーム煮	×	● 濃厚なシャルドネ、濃いリースリングの白
	金目鯛とゴボウの煮付け	×	● 上品なカベルネ・ソーヴィニヨンの赤
	白菜と豚バラ肉の鍋（ポン酢で）	×	● 濃厚なシャルドネ、ルーサンヌ/マルサンヌの白
	アンコウ鍋	×	● シャンパーニュ、南の白 ● 北のカベルネ・フランの赤
	ワカサギの天ぷら	×	● ソーヴィニヨン・ブラン、リースリングの白
	すき焼き	×	● ジンファンデル、濃厚なカベルネ・ソーヴィニヨンの赤

旬の食材

〈野菜〉

ルッコラ	11～12月
ダイコン	11～2月
ホウレンソウ	11～2月
ハクサイ	11～2月
シュンギク	11～3月
ブロッコリー	11～3月
ゴボウ	11～2、4～5月

〈魚介類〉

ブリ	2～1月
キンメダイ	12～2月
アンコウ	12～2月
ヤリイカ	12～2月
カキ	12～4月
ワカサギ	1～3月
シジミ	1～2、7月

冬レシピ❶ 海老のリエット&サーモンと人参のリエット

リエットは「つなぐ」という意味で、一般的に魚はオリーブオイル、肉はラードでつなぐ料理。野菜のペーストを入れることで軽やかな仕上がりに。簡単にできてパーティ受けする料理なので、人が集まる機会の多い冬に活躍してくれる。

材料（作りやすい分量）

■海老のリエット
- 海老 ……… 100g
- 昆布茶 ……… ひとつまみ
- エクストラバージンオリーブオイル … 50g

■サーモンと人参のリエット
- 刺身用のサーモン ……… 100g
- 人参 ……… 20g
- エクストラバージンオリーブオイル … 20g
- 昆布茶 ……… 2g
- 好みのビネガー ……… 2g
（ワインビネガー、アップルビネガーなど）

作り方

■海老のリエット

① 海老に昆布茶少々を振りかけて冷蔵庫で1～2時間寝かせる。

② 海老の表面に出てきた水分をキッチンペーパーで拭き取り、フリーザーバッグに入れて空気を抜く。

③ ②を炊飯器にフリーザーバッグごと入れ、沸かしたお湯をひたひたに入れて保温にセットし、生食用の場合は10分、加熱用の場合は20分置く。

④ すべての材料をフードプロセッサーでペースト状にする。

⑤ ココット皿などに盛り付け、バゲットやクラッカーなどを添える。

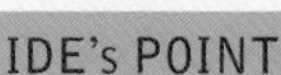
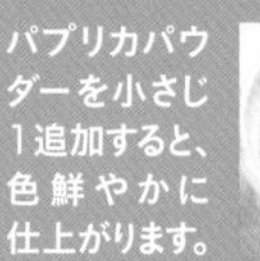

IDE's POINT

パプリカパウダーを小さじ1追加すると、色鮮やかに仕上がります。

■サーモンと人参のリエット

① 人参を粗みじん切りにして耐熱容器に入れ、水をひたひたに入れ600wの電子レンジで3分加熱し、水気を切る（固い場合はやわらかくなるまで30秒ずつ確認しながら追加加熱する）。

② すべての材料をフードプロセッサーでペースト状にする。

③ ココットなどに盛り付け、バゲットやクラッカーなどを添える。

※炊飯器レシピについての注意点はP.201参照。

冬レシピ❷

牛肉のピリ辛トマト煮込み

冬の定番、煮込み料理を体が温まるピリ辛の味付けで。しっとりとした食感と染み込んだ味わいが堪能できる。少し時間はかかるが、休み前の夕食後に15分で仕込んでしまえば、炊飯器に入れっぱなしで次の日のブランチにぴったり。

材料（作りやすい分量）

- 牛肩肉ブロック……500g
- 三温糖……5g
- 塩……3g
- スパイスミックス（→P.192参照）……20g
- サラダ油……20g
- タマネギ（スライスかみじん切り）……½個
- おろしニンニク……10g
- 鷹の爪（半分に切って種を取って刻む）……1本

【A】
- トマトソース（ダイス缶）……250g
- 赤ワイン……200cc
- とんかつソース（またはウスターソース）……15g
- 蜂蜜……5g
- 一味唐辛子……少々

作り方

① 肉は250gくらいにカットして三温糖と塩をよく揉みこみ、バットに並べて分量の½のスパイスミックスを転がしながらまぶす。

② フライパンに油を引き、弱めの中火で肉を転がしながら全面に焼き目をつける。

③ フライパンから肉を取り出し、タマネギと鷹の爪、おろしニンニクと残りのスパイスミックスを入れて炒める。

④【A】を入れて⅓まで煮詰めてソースを作り、ボウルに移して粗熱をとる。

⑤ 粗熱がとれたら肉とソースを合わせてフリーザーバッグに入れ、空気を抜く。

⑥ ⑤を炊飯器にフリーザーバッグごと入れ、沸かしたお湯をひたひたに入れて保温にセットし、14時間置く。

⑦ 袋から出して肉とソースに分け、ソースは小鍋で沸かしてワインに合わせて味付けをする。（濃い赤ワインにはバター、白や上品な赤ワインにはエクストラバージンオリーブオイルを加える）。

⑧ 肉は繊維を断ち切るようにスライスし、深皿にソースを引いた上に並べ、好みで塩、黒胡椒をかける。

冬レシピ ＋αアレンジ

和牛のローストビーフ

「牛肉のピリ辛トマト煮込み」（→P.200）の要領で作るローストビーフ。肉は、ももなどのブロック肉で。少し奮発して和牛を使えば、とろける脂の旨味が堪能できる。

作り方

① 肉は250gくらいにカットして三温糖と塩でよく揉みこむ。

② フリーザーバッグに肉と⅓に煮詰めた赤ワインを入れ一晩冷蔵庫でマリネする。

③ 肉をバットに並べて【A】のスパイスを転がしながらまぶす。

④ フライパンに油を引いて弱めの中火で肉を転がしながら全面に焼き目をつける。

⑤ フライパンから肉を取り出し、【B】と一緒に新しいフリーザーバッグに入れて空気を抜く。

⑥ ⑤を炊飯器にフリーザーバッグごと入れ、沸かしたお湯をひたひたに入れて保温にセットし、14時間置く。

⑦ 肉を取り出し繊維を断ち切るようにスライスして皿に並べ、好みで塩、黒胡椒をかける。

アレンジ

≪材料（作りやすい分量）≫

- 和牛ブロック肉 ……500g
- 三温糖 ……5g
- 塩 ……3g
- 赤ワイン（⅓に煮詰めたもの） ……20cc
- サラダ油 ……20g

【A】

- パプリカパウダー……5g
- オールスパイス……10g
- ナツメグ……1g
- 粗挽き黒胡椒……少々

【B】

- 真水……50cc
- 砂糖……2.5g
- 塩（上質なものがおすすめ）……2.5g

炊飯器レシピの注意点とポイント

低温調理の注意点

低温調理は高温での殺菌ができないため、通常の調理以上に食中毒のリスクを避けるための衛生管理に配慮が必要となる。下記に気を付けて安全に低温調理を楽しもう。

- 新鮮な食材を使う、手指や調理器具を清潔にする
- 均一に火が通るよう、食材が重ならないように入れる
- 食材とフリーザーバッグが密着するよう、しっかりと空気を抜く（水を張ったボウルに食材を入れたフリーザーバッグを沈めると空気を抜きやすい）
- 食材全体がお湯に浸かるようにする
- 作り置きする場合、調理後なるべく早めに氷水で冷まし、冷蔵庫や冷凍庫に入れる（保存は冷蔵庫で1週間以内、冷凍庫で1カ月以内）

炊飯器での加熱について

紹介したレシピは、5合炊きの炊飯器の保温モード（70℃設定）で調理したもの。炊飯器は製品により性能や保温温度が異なるため、右記の一般的に必要とされる芯温（食材の中心温度）と調理時間の目安を参考に、置く時間などを調整しよう。

	芯温	調理時間
鶏（むね肉）	62℃	30分以上
鶏（もも肉）	65℃	1時間以上
豚	66℃	1時間以上
牛	58℃	30分以上

作り置き・温め直しのポイント

炊飯器調理の肉料理は、低温調理ならではのしっとりとした食感が魅力。作り置きして温め直す場合も、電子レンジなどは使わず、炊飯器を使うのがおすすめだ。やり方は、炊飯器に沸かしたお湯を入れ保温にセットし、解凍した料理をフリーザーバッグごと入れ10分置けばOK。塊肉の場合はスライスしてから冷凍するのもポイントだ。解凍は、氷水にフリーザーバッグごと浸けると短時間で溶けて傷みにくい。

マリアージュの裏技でもっと自分好みに

香りが気になる場合

ワインの香りは、全般的に冷やすと控えめになる

樽の香りがきついと感じるときは

料理にもナッツやスモークの香りをプラス

- ピーナッツオイル
- ピスタチオオイル
- かつおぶし

→ピーナッツオイルはクセがなく合わせやすい

ジビエなど動物系の野性的な香りがきついと感じるときは

料理に臭みを消すスパイスをプラス

- ニンニク（焼くとさらに効果的）
- 生姜
- 黒胡椒

たい肥の香りなど植物系の熟成香がきついと感じるときは

料理にコクのある香りをプラス

- 黒トリュフオイル
- 焼き味噌

→上品なコクをプラスできる黒トリュフオイル

なめし革など動物性の熟成香がきついと感じるときは

料理にフルーツの香りをプラス

- フルーツソース

温度の調整とマリアージュの裏技でより美味しく

ワインの味わいは、温度や料理とのマリアージュによって印象が変わる。これを応用すれば、開けたワインの味や香りがちょっと気になるときに、気になる点を和らげ、より美味しくワインが楽しめるようになる。温度調整と調味料などを使ったマリアージュの裏技で、ワインの印象を変えて、もっと自分好みのマリアージュを楽しんでみよう。

味わいが気になる場合

↑繊細な酸味と辛味のディジョンマスタード

ワインが酸っぱく感じるときは

➡ ワインを少し冷やすと酸味が締まってうるさくなくなる

➡ 料理に塩味か酸味、甘味をプラス

- **塩**
- **バルサミコ酢**
- **ディジョンマスタード**
- **蜂蜜**

ワインが重すぎると感じるときは

➡ ワインを少し冷やすと果実味が締まり、軽く感じる（渋味は冷やすと強く感じる）

➡ 料理にコクや甘味をプラス

- **ディジョンマスタード**
- **エクストラバージンオリーブオイル**
- **チョコレート**

ワインのコクが足りないと感じるときは

➡ 料理にコクをプラス

- **バター**
- **エクストラバージンオリーブオイル**
- **ゴマ油**
- **粉チーズ**

ワインが甘すぎると感じるときは

➡ ワインを冷やすと甘さが抑えられる

➡ 料理に辛さか甘さをプラス

- **キムチの素**
- **カレー粉**
- **蜂蜜**

ワインが渋すぎると感じるときは

➡ ワインの温度を上げると渋味は穏やかに感じる

→クルミが原料の香り豊かなウォールナッツオイル

➡ 料理に粘性や苦味、コクをプラス

- **マヨネーズ**（さらに焼いてもOK）
- **エクストラバージンオリーブオイル**
- **ウォールナッツ**（クルミ）**オイル**

ワインの個性が強すぎると感じるときは

➡ 料理にコクやスパイシーさをプラス

- **ニンニク**（焼いたもの）
- **ゆず胡椒**
- **生姜**

商品／アルカン

飲むタイミングでワイン選び

Mariage

家庭でも楽しみたい食前酒と食後酒

本章では、料理とともにマリアージュを楽しむ、食中酒としてのワインの楽しみ方を紹介してきた。

さらに食事の前後に食前酒と食後酒も取り入れれば、家庭でもレストランのようにワインをコース仕立てで楽しむことができる。

食前酒と食後酒とはどういうものなのか、どんなワインやお酒を選べばよいのか、それぞれ具体的にみてみよう。

食前酒

食前酒は、その日の料理やお酒を楽しむ際、最大限の美味しさを得られるように飲む最初の一杯。食欲を促す役目もあり、食前に飲むことで胃液の分泌を促して食欲を増進させるとともに、消化を促進させる働きもある。

IDE's POINT

人はその日、初めて飲むワインは酸味を強く感じます。

そこでおすすめは…

① 昔のフランス映画でも紹介されていたように、ゆっくりと口中にワインを含み、たっぷりとなじませて飲み、二口目からの味わいを楽しむ。

② もっと効果的なのは、最初の一杯は酸味をしっかりもったワイン（シャンパーニュなど）や酒精強化ワイン（シェリー）、カクテルのキール＝アリゴテ（最も強い酸味の白）＋カシスリキュールなどを口中になじませて次のワインを楽しむこと。

食前酒におすすめのワイン

● 酸味がしっかりしていて、旨味をあわせもち、できればコクがあるもの

（高価）
- ●ブラン・ド・ブランのシャンパーニュ
- ●ドサージュゼロのシャンパーニュ
- ●シルヒャーのロゼ
- ●マンサニーリャ・ラギータ（シェリー）
- ●ミュスカデの白
- ●アリゴテの白

（安価）

安価 ←→ 高価

食後酒

食事が終わった後の締めの一杯。食後酒は、満腹の胃を刺激して食べたものの消化を促進する役目をもつ。食後のデザートやチーズとあわせて、甘味が強いものやアルコール度数が高いものなど、食後の余韻が楽しめる酒がよい。

食後酒におすすめのワイン・蒸留酒

- 食後にケーキ、タルトタタンなど甘いものを食べながらの場合
  デザートワイン、カルヴァドス、アモンティリャード（シェリー）、ヴァン・ド・パイユ
- 食後にチョコレートなど強めの甘いものを食べながらの場合
  ブランデー、シャルトリューズ、ポートワイン
- デザートではなくチーズのみで終わる場合
  アルコール度数高めの**ジンファンデルの赤**やオーストラリアの**シラーズの赤**

次世代の食後酒
カルヴァドスの造り手が手がけたジン

次世代の食後酒ともいえる、新しい味わいのジンをご紹介しましょう。カルヴァドス「クリスチャン・ドルーアン」の造り手が、約30種類ものリンゴをベースに、8つのアロマ(ジュニパーベリー、ジンジャー、ヴァニラ、レモン、カルダモン、シナモン、アーモンド、ローズ)をブレンド。ジュニパーベリーと柑橘系の香りがフレッシュで、口に含むとリンゴ由来の果実味とほのかな甘味が広がります。爽やかでコクがあり、余韻も長く食後酒にぴったり。アルコールや香りが強烈な蒸留酒の食後酒が多いなかで、まさに次世代の食後酒といえるでしょう。

ル・ジン クリスチャン・ドルーアン ／ クリスチャン・ドルーアン　5280円／明治屋

ワインの味がわかるようになるには？

1週間前に飲んだワインと今日飲んだワイン、どちらがどのように美味しかったか比べるのは至難の業。ワインの味わいは、2種類以上を飲み比べることで、どこに違いがあり、どう美味しいのかがわかるようになります。

飲み比べにおすすめ

まずは、ブドウ品種による味わいと香りの違いを知ろう。飲み比べのおすすめはチリのコノスル。手に入りやすいうえ、品種の特徴がよく出ており、コストパフォーマンスがよいのが特徴だ。

チリ
ヴィーニャ・コノスル
Viña Cono Sur

チリを代表する造り手。サステナブル農法や有機栽培の実施、スクリューキャップの導入など、革新的な姿勢で造られる「コノスル」ブランドのワインで、新世界の魅力を世界に発信する。

●インポーター／スマイル

1 リースリング

コノスル・リースリング・レゼルバ・エスペシャル・ヴァレー・コレクション

リースリングらしいリンゴ、ゴム、ハーブの香り。きりっとした酸味はすぐ消えるのが特徴。すっきりとした辛口。

品種 リースリング100%

価格 1408円

2 ソーヴィニヨン・ブラン

コノスル・ソーヴィニヨン・ブラン・レゼルバ・エスペシャル・ヴァレー・コレクション

青草、レタスなど青っぽいソーヴィニヨン・ブランの香り。シャープな酸味は、後を引くのがリースリングとの違い。

品種 ソーヴィニヨン・ブラン100%

価格 1408円

3 シャルドネ

コノスル・シャルドネ・レゼルバ・エスペシャル・ヴァレー・コレクション

しっかりとした酸味と果実味をもつ飲み応えのある味わいがシャルドネらしさ。白ワイン3種類のなかで最も肉厚。

品種 シャルドネ100%

価格 1408円

4 ピノ・ノワール

コノスル・ピノ・ノワール・レゼルバ・エスペシャル・ヴァレー・コレクション

ピノ・ノワールらしい鉄と赤果実の香り。しっかりとした酸味と骨格だが、軽やかな口当たりで飲み口はスムーズ。

品種 ピノ・ノワール100%

価格 1408円

5 カベルネ・ソーヴィニヨン

コノスル・カベルネ・ソーヴィニヨン・レゼルバ・エスペシャル・ヴァレー・コレクション

インクや苔むした香り。濃い果実味と豊かで引きしまったタンニン。スリムなボディのカベルネ・ソーヴィニヨン。

品種 カベルネ・ソーヴィニヨン85%、カベルネ・フラン11%、プティ・ヴェルド4%

価格 1408円

6 シラー

コノスル・シラー・レゼルバ・エスペシャル・ヴァレー・コレクション

シラーらしい土っぽい香りに、キノコやカシスも感じる。酸味は強め、広がる渋味をもつ、ふくよかなフルボディ。

品種 シラー100%

価格 1408円

CHAPTER

5

第5章

〜シチュエーションや味わいで選べる〜

産地別 ワイン カタログ

産地別ワインカタログの見方

産地やブドウ品種はもちろん、各項目をチェックすれば、
シチュエーションやワインの味わい、香りの特徴でもワインを選べるカタログになっているので、
気分や目的、好みに合わせてワインを選んでみよう。

【ワイン名の表記】

ワイン / 造り手の順に表記。造り手名がワイン名とまったく同じ場合は省略。

【春夏秋冬アイコン】

第4章「春夏秋冬ワイン選びのポイント」(→P.184)で例として紹介しているワイン。

シャトー・レイノン

Chateau Reynon

秋

パーティワイン

白 辛口、ボリューム感

ボルドー大学のドゥニ・デュブルデュー氏が開発した、白ワイン用品種の風味を最大限に引き出す手法を採用。従来のボルドーワインにはないはつらつとした香りが特徴。柑橘系などの果実味をもつ。

【基本DATA】

価格は、税込希望小売価格、もしくはオープン価格。取り扱い先は、インポーターもしくはメーカー、販売店を表示。データはすべて2021年2月現在のもの。価格、取り扱い先、取り扱いヴィンテージ、ブドウ品種の比率は変更となる場合がある。また、特に表示がないワインの容量は750mLとする。

【シチュエーション別カテゴリー】

どんなときに楽しみたいか、シチュエーションに合わせたワイン選びに。

デイリーワイン

抜栓後、4日以上美味しく飲める、カジュアルに楽しむのにぴったりのワイン。

パーティワイン

抜栓後すぐでも美味しい、パーティで楽しむのにぴったりの華やかなワイン。

ゆっくりワイン

抜栓後2～3時間かけて味わいの変化が楽しめる、ゆっくり食事と楽しみたいワイン。

記念日ワイン

特別な日やアニバーサリーにセレクトしたい、ちょっと贅沢な気分が味わえるワイン。

さらに…

世界中のワイン好きが憧れる、一度は飲んでみたいワインをピックアップして紹介。

赤 =赤ワイン

白 =白ワイン

白泡 =白のスパークリング・ワイン

【味わいカテゴリー】

そのワインの味わいについて、特徴をわかりやすく表示。アイコンは以下の内容を示している。

赤 ＝赤ワイン

白 ＝白ワイン

ロゼ ＝ロゼワイン

白泡 ＝白のスパークリング・ワイン

ロゼ泡 ＝ロゼのスパークリング・ワイン

強白 ＝白のフォーティファイド・ワイン

強赤 ＝赤のフォーティファイド・ワイン

ワイン選びのPOINT

実際にワインを選び、購入するなら、信頼できるショップやインターネットのサイトを利用したいもの。その際に一番大切で簡単なポイントは、そのお店からワインへの愛情を感じられるかどうかということ。ワインに愛着をもっているお店なら、ワインも大切に扱うはず。下記に挙げるチェックPOINTを参考に、信頼できるお店をみつけてほしい。

■ショップで購入する場合

ワインを直射日光のもとに置いているようなショップは、ワインを大切に扱っているとは言い難い。逆に丁寧な説明書きからはワインへの愛情を感じることができる。知識豊富なスタッフがいるショップなら、スタッフがワイン選びのよき相談相手になってくれるはずだ。

ショップのチェックPOINT

- ☐ 清潔感がある。
- ☐ ワインに日光が当たっていない。
- ☐ 照明、温度などに気を使っている。
- ☐ ワインごとに説明書きが添えられている。

ワインのチェックPOINT

- ☑ ラベルが汚れていないか（経年変化を除く）。
- ☑ キャップシールが回るか（古いフランスワインの場合、鉛が腐食して回らない場合がある）。
- ☑ 光にかざしてみて、透明感があるか。光が通らないほど濁っていたら、ダメージの可能性あり。
- ☑ オリが多すぎないか。なし、少ないものは気にしなくてOK。あまりに多いものはダメージの可能性あり。
- ☑ 液面が下がっていないか。

■インターネットで購入する場合

インターネット購入の場合、ワインの保管状況がみえないので、検索などのサイトの使い勝手やコメントの内容で確認を。誇大な表現が乱立しているようなサイトは避けた方が無難だろう。古酒を購入するなら、古酒専門店を活用してみるのもひとつの方法だ。

ウェブサイトのチェックPOINT

- ☐ 検索方法がわかりやすく、選びやすい。
- ☐ 実際にショップの人が試飲したテイスティングコメントがある。
- ☐ 大げさな表現ばかりを使っていない。

ワインの点数って？

インターネットでよくみかけるワインの点数は、有名な評論家や専門誌によるワインの評価ポイント。アメリカの評論家ロバート・M・パーカーJr.氏によるパーカーポイントやワインスペクター誌のものが有名だ。自分の好みに合う評価なら目安として参考にしてみる、という使い方がよいだろう。

シャトー・マティオ・ブラン / ヴィニョーブル・デュブルグ
Château Mathiot Blanc / Vignobles Dubourg

デイリーワイン

白 調和のとれた酸味、フルーティ

環境保護に配慮した自然派ワイン。スキンコンタクトと低温での醸し、シュール・リー製法を採用し、フレッシュハーブや桃の香り、調和のとれた酸味を引き出している。フルーティな余韻が心地よい。

品種 セミヨン40%、ソーヴィニヨン・ブラン40%、ミュスカデル20%

産地 ボルドー

ヴィンテージ 2016年

アルコール度数 12.5%

2200円／八田

キャップ・ロワイヤル・ボルドー・シュペリウール / カンパニー・メドケーヌ・デ・グラン・クリュ
Cap Royal Bordeaux Supérieur / Compagnie Médocaine des Grands Crus

デイリーワイン

赤 滑らか、エレガントな香り

メドック格付け第2級のシャトー・ピション・ロングヴィル・バロンの技術責任者、ジャン＝ルネ・マティニョンが手がけるワイン。熟した果実と、樽熟成によるトーストやヴァニラの香りが楽しめる。

品種 メルロ、カベルネ・ソーヴィニヨン

産地 ボルドー

ヴィンテージ 2018年

アルコール度数 13.5%

1870円／アルカン

シャトー・ル・グラン・ヴェルデュ・グラン・レゼルヴ / シャトー・ル・グラン・ヴェルデュ
Chateau le Grand Verdus Grande Reserve / Chateau le Grand Verdus

パーティワイン

赤 辛口、フルボディ、しなやか

最良の5つの区画のブドウを使用。黒い果実やトースト、黒胡椒、ナッツなどの香りが折り重なり、エレガントな飲み心地が楽しめる。時を経るごとに多彩な要素が融合し、ふくよかな味わいに。

品種 メルロ90%、カベルネ・ソーヴィニヨン10%

産地 ボルドー

ヴィンテージ 2014年

アルコール度数 14%

3630円／スマイル

シャトー・サンオンジュ・ルージュ / シャトー・サンオンジュ
Chateau Saintongey Rouge / Chateau Saintongey

デイリーワイン

赤 甘草の香り、トースト香

収穫を遅めにして完熟させたブドウを使用し、3〜4週間かけ発酵。果実味に甘草のニュアンスが加わり、トーストの香りも感じられる。ほどよいタンニンが心地よく、飲みやすく豊かな味わい。

品種 メルロ70%、カベルネ・ソーヴィニヨン30%

産地 ボルドー

ヴィンテージ 2017（写真は2016）年

アルコール度数 13.5%

1551円／明治屋

クロ・フロリデンヌ・ブラン / クロ・フロリデンヌ
Clos Floridene Blanc / Clos Floridene

秋

パーティワイン

白 辛口、力強い味わい

ボルドー大学教授で「白ワインの魔術師」と呼ばれたドゥニ・デュブルデュー氏が畑を拡大。樽内発酵・熟成を約8カ月行ったワインは力強く、白桃、レモン、グレープフルーツの香りが広がる。

品種 セミヨン50%、ソーヴィニヨン・ブラン49%、ミュスカデル1%

産地 グラーヴ

ヴィンテージ 2018（写真は2009）年

アルコール度数 12.5%

4400円／明治屋

シャトー・メオム・レゼルヴ・デュ・シャトー / シャトー・メオム
Chateau Meaume Reserve du Chateau / Chateau Meaume

パーティワイン

赤 複雑な果実味、滑らか

友人と家族のために造りはじめたワインが、評論家や英国王室御用達ワイン商に注目され、販売を開始。ローストコーヒーやヴァニラ、熟した黒果実の香り、滑らかなタンニンと酸味のバランスが楽しめる。

品種 メルロ80%、カベルネ・ソーヴィニヨン10%、カベルネ・フラン10%

産地 ボルドー

ヴィンテージ 2016年

アルコール度数 14.5%

3080円／GRN

シャトー・ラトゥール・マルティヤック・ルージュ / シャトー・ラトゥール・マルティヤック
Château Latour Martillac Rouge / Château Latour Martillac

ゆっくりワイン

赤 力強く凝縮した果実味

ボルドー大学のドゥニ・デュブルデュー氏とミシェル・ロラン氏という二大スター醸造家がコンサルティング。シガーやなめし革、カシスやスミレの香りが重なる。果実味は凝縮しタンニンはきめ細かい。

品種 カベルネ・ソーヴィニヨン60%、メルロ35%、プティ・ヴェルド5%

産地 ペサック・レオニャン

ヴィンテージ 2014年

アルコール度数 13.5%

オープン価格／富士インダストリーズ

シャトー・ラセグ
Chateau Lasségue

ゆっくりワイン

赤 繊細、フレッシュ、複雑味

カリフォルニアのワイナリーでパーカーポイント100点を10回以上獲得した、ピエール・セイヤン氏が祖国フランスで造るワイン。3つのブドウの個性が調和し、ボリューム感のある複雑な味わいに満ちている。

品種 メルロ68%、カベルネ・フラン25%、カベルネ・ソーヴィニヨン7%

産地 サン・テミリオン

ヴィンテージ 2008（写真は2007）年

アルコール度数 13.5%

6050円／JALUX

シャトー・カロン・セギュール

Chateau Calon Segur

記念日ワイン

赤 重口、肉感的、繊細

所有者のセギュール侯が、「われラフィットを造りしが、わが心はカロンにあり」と述べたという逸話から、エチケットがハートマークになったといわれる。まろやかさと繊細な味わいが魅力だ。

品種 カベルネ・ソーヴィニヨン、メルロ、カベルネ・フラン

産地 サン・テステフ

ヴィンテージ 2005年

アルコール度数 13%

27500円/恵比寿ワインマート

シャトー・レイノン

Chateau Reynon

秋

パーティワイン

白 辛口、ボリューム感

ボルドー大学のドゥニ・デュブルデュー氏が開発した、白ワイン用品種の風味を最大限に引き出す手法を採用。従来のボルドーワインにはないはつらつとした香りが特徴。柑橘系などの果実味をもつ。

品種 ソーヴィニヨン・ブラン

産地 ボルドー

ヴィンテージ 2016（写真は2013）年

アルコール度数 12.5%

3080円/スマイル

カリュアド・ド・ラフィット/シャトー・ラフィット・ロスチャイルド

Carruades de Lafite / Château Lafite Rothschild

記念日ワイン

赤 秀でたバランス、上品

“左岸の王者”と称されるシャトー・ラフィット・ロスチャイルドのセカンド。“永遠のプロポーション”といわれるバランスのよさをセカンドでも味わえ、若いうちから秀でたバランスが楽しめる。

品種 カベルネ・ソーヴィニヨン65%、メルロ30%、カベルネ・フラン5%

産地 ポイヤック

ヴィンテージ 2017（写真は2012）年

アルコール度数 12.5%

49500円/エノテカ

ダム・ガフリエール/シャトー・ラ・ガフリエール

Dame Gaffelière / Château La Gaffelière

記念日ワイン

赤 黒果実の味わい、凝縮感

3世紀にわたって受け継がれるシャトーで、オーゾンヌとパヴィの間に位置する畑をもつ。伝統的な製法と近代技術を用いて造られるセカンドは、黒果実の味と香りがあり、熟成のポテンシャルをもつ。

品種 メルロ90%、カベルネ・フラン10%

産地 サン・テミリオン

ヴィンテージ 2015（写真は2014）年

アルコール度数 14%

6050円/アルカン

ル・プティ・ムートン・ド・ムートン・ロスチャイルド / シャトー・ムートン・ロスチャイルド

Le Petit Mouton de Mouton Rothschild / Château Mouton Rothschild

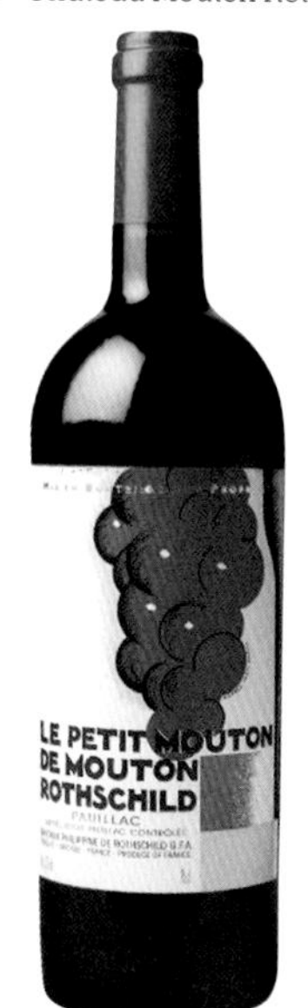

記念日ワイン

赤 果実味豊か、力強い

5大シャトーで最も果実味豊かといわれるムートン・ロスチャイルドのセカンド。若樹から厳選されたブドウで造るワインは、濃厚でしっかりとした骨格、複雑な香りと力強いニュアンスがある。

品種 カベルネ・ソーヴィニヨン、メルロ、カベルネ・フラン

産地 ポイヤック

ヴィンテージ 2017年

アルコール度数 13.5%

41800円/エノテカ

レ・フォール・ド・ラトゥール / シャトー・ラトゥール

Les Forts de Latour / Chateau Latour

記念日ワイン

赤 極めて強い骨格

「最も長寿なボルドーワイン」との異名をもつ5大シャトー、シャトー・ラトゥールのセカンド。ファーストの畑を囲む区画の樹齢40年を超えるブドウから、肉厚で力強い骨格のワインが造られる。

品種 カベルネ・ソーヴィニヨン、メルロ

産地 ポイヤック

ヴィンテージ 2014（写真は2012）年

アルコール度数 13%

41800円/エノテカ

ル・クラレンス・ド・オー・ブリオン / シャトー・オー・ブリオン

Le Clarence de Haut-Brion / Chateau Haut-Brion

記念日ワイン

赤 スパイシー、重厚な骨格

5大シャトーで唯一グラーヴ地区から選ばれたシャトー・オー・ブリオンのセカンド。ファーストと同じ畑の若い樹齢のブドウを使用。独特のスパイシーさをもつ肉厚なボディは力強くエレガント。

品種 メルロ55％、カベルネ・ソーヴィニヨン38％、カベルネ・フラン5％、プティ・ヴェルド2％

産地 ペサック・レオニャン

ヴィンテージ 2017年

アルコール度数 14%

28600円/エノテカ

パヴィヨン・ルージュ・デュ・シャトー・マルゴー / シャトー・マルゴー

Pavillon Rouge du Château Margaux / Château Margaux

記念日ワイン

赤 やわらかい、滑らか

“ボルドーの宝石”と讃えられ、最も女性的といわれる5大シャトー、シャトー・マルゴーのセカンド。ファーストよりメルロの比率が高く、芳醇な果実味と上品でやわらかい滑らかさを兼ね備えている。

品種 カベルネ・ソーヴィニヨン76%、メルロ17%、カベルネ・フラン4%、プティ・ヴェルド3%

産地 マルゴー

ヴィンテージ 2017（写真は2016）年

アルコール度数 13.5%

38500円/エノテカ

憧れワイン シャトー・ル・パン
Chateau le Pin

赤 繊細で官能的なシンデレラワイン

爆発的な人気を博した、ボルドーで最も有名なシンデレラワイン。ティエンポン家所有の高所の畑で育ち、遅く収穫したブドウを用い、複雑な風味がとけ合った、エレガントで官能的な味わい。

品種 メルロ92%、カベルネ・フラン8%

産地 ポムロール

ヴィンテージ 1997年

484000円／恵比寿ワインマート

憧れワイン シャトー・ディケム
Chateau d'Yquem

白 甘美な香りが漂うデザートワインの王様

世界の極甘ワインの頂点に君臨し、唯一、特別一級に格付けされるスーパー・シャトーのワイン。徹底した収穫制限と選別により、1本のブドウの樹から、わずかグラス1杯分しか造られない逸品だ。

品種 セミヨン、ソーヴィニヨン・ブラン

産地 ソーテルヌ

ヴィンテージ 2003年

68200円／恵比寿ワインマート

憧れワイン ペトリュス／シャトー・ペトリュス
Petrus / Chateau Petrus

赤 世界の愛好家が求める偉大なメルロ

「シャトーを超えたシャトー」といわれる伝説的ワイン。わずか11.4haの畑で育つブドウを「この世で最も丁寧に扱われる」と表現されるほど厳格かつ細やかに醸造。土の恵みを感じる贅沢な味わい。

品種 メルロ

産地 ポムロール

ヴィンテージ 2017（写真は2013）年

385000円／エノテカ

世界3大貴腐ワイン column

貴腐ワインとは、黄金の輝きをもつ極甘口白ワイン。貴腐菌（ボトリティス・シネレア菌）がつき、水分が蒸発して糖度が高くなった「貴腐ブドウ」から造られる。朝は湿度が高く午後は日が照り乾燥する、特殊な気象条件が必要。下記の3つが世界3大と称される貴腐ワインの最高峰だ。

フランス　ソーテルヌ
まろやかな酸味をもつこってりとした上品な味わい。主にセミヨンから造られる。

ドイツ　トロッケンベーレンアウスレーゼ
高貴な甘さとシャープな酸味をあわせもつのが特徴。リースリングなどから造られる。

ハンガリー　トカイ・アスーエッセンシア
控えめな酸味とこってりとした甘味が特徴。フルミントという品種が主要品種。

※現在のハンガリーの国内法では、貴腐ブドウ100%で造る最上格はエッセンシアと区分される。

憧れワイン シャトー・オーゾンヌ
Château Ausone

赤 やわらかくコクがある サン・テミリオンの名門

サン・テミリオンで4つしかない第1特別級A格付けシャトーのひとつ。濃密な黒系果実やリキュールなどの複雑な香りと豊潤な味わいは、やわらかなコクが特徴。時とともに美しい熟成を重ねる。

品種 カベルネ・フラン、メルロ
産地 サン・テミリオン
ヴィンテージ 2017年
154000円／エノテカ

ボルドー右岸のシンデレラワイン
ペトリュスとル・パン

公式格付けをもたないボルドー右岸、ポムロールのワインで、5大シャトーを超えるほどの高値がつくシンデレラワインとして有名なのが、シャトー・ペトリュスとシャトー・ル・パン。このふたつの味わいは対照的で、ペトリュスの泥臭さや野暮ったさ、力強さに対して、ル・パンは繊細さ、やわらかさ、上品さが特徴です。特にペトリュスは、人生の終わりに1本を選ぶなら……と問われてこのワインの名を挙げるソムリエが多数いるほどです。

ボルドーとブルゴーニュの歴史的背景の違い
column

フランスの2大産地、ボルドーとブルゴーニュは、それぞれ異なった味わいや生産体系のスタイルをもち、世界中のワインのお手本となっている。この両者の違いを歴史的背景の違いからみてみるのもおもしろい。ボルドーの大規模なシャトーはもともと貴族が興したもの。一方ブルゴーニュは修道院の畑が分割されたため、小規模な造り手のドメーヌが多い。

ボルドーのシャトーは貴族的な華やかさをもつ

憧れワイン シャトー・シュヴァル・ブラン
Chateau Cheval Blanc

赤 肉厚で複雑な香りに魅了されるワイン

オーゾンヌと双璧を成す、サン・テミリオン地区の最高ランクのシャトー。スミレのような華やかな香りのほか、熟したラズベリーや土の香りが感じられ、バランスのとれた上品な味わいが堪能できる。

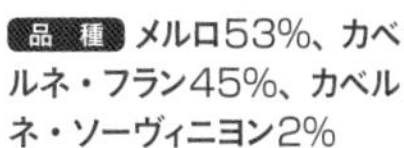

品種 メルロ53%、カベルネ・フラン45%、カベルネ・ソーヴィニヨン2%
産地 ポムロール
ヴィンテージ 2012年
92400円／恵比寿ワインマート

ボージョレ・ランシアン / ドメーヌ・デ・テール・ドレー
Beaujolais L'Ancien / Domaine des Terres Dorees

デイリーワイン

赤 フレッシュ、エレガント

個性的かつストイックな生産者、ジャン・ポール＝ブラン氏が生み出すワイン。樹齢50年以上のガメイを用い、4週間発酵させたワインは、南ボージョレの魅力を最も表現しているといわれている。

品種 ガメイ100%
産地 ボージョレ
ヴィンテージ 2018年
アルコール度数 12%

3300円／富士インダストリーズ

ブルゴーニュ・シャルドネ / ルイ・ラトゥール
Bourgogne Chardonnay / Louis Latour

春

デイリーワイン

白 エレガント、ヴァニラの香り

白亜質の石灰岩の斜面で育ったブドウを使用。樽は使わずステンレスタンクで発酵・熟成、100%マロラクティック発酵を行ったワインは、赤いリンゴの香りをもつ、やや厚みのあるミディアムボディ。

品種 シャルドネ100%
産地 ブルゴーニュ
ヴィンテージ 2018（写真は2010）年
アルコール度数 13%

参考価格2618円／アサヒビール

タストヴィナージュ・ブルゴーニュ・ピノ・ノワール / ジャン・ブシャール
Tastevinage Bourgogne Pinot Noir / Jean Bouchard

デイリーワイン

赤 フルーティ、辛口

ピノ・ノワールらしい生き生きとした果実味が楽しめるワイン。ブラックチェリーやスミレの香りが感じられ、口当たりは滑らか。フルーティさ、酸味とタンニンのバランスが見事に調和している。

品種 ピノ・ノワール100%
産地 ブルゴーニュ
ヴィンテージ 2018年
アルコール度数 13%

2970円／スマイル

ワインの?ギモン

ボージョレ・ヌーヴォーの解禁日はなぜ11月第3木曜日？

最初は11月11日だったボージョレ・ヌーヴォーの解禁日。ボージョレで一番収穫の早い村に合わせたのと、酒の神である聖マルタンの聖人の日であることからといわれる。しかし、この日が無名戦士の日となり、ワインの祝いの日にはふさわしくないということで一度11月15日に変更された。さらに、日曜日に重なると売り上げが伸び悩むなどの流通の問題から、フランス政府によって1984年に11月の第3木曜日と決められたのだ。

ヴィレ・クレッセ / ドメーヌ・ラファエル・サレ
Viré-Clessé / Domaine Raphael Sallet

冬

パーティワイン

白　華やかな香り、ミネラル感

ゆっくり圧搾した後、低温で落ち着かせ、ステンレス桶で発酵することでフレッシュかつ自然な果実味をキープ。アカシアの香水やハニーサックル、白桃の香りに加え、ミネラル感がまとまりを与える。

品種　シャルドネ100%
産地　ヴィレ・クレッセ
ヴィンテージ　2017年
アルコール度数　13%

4290円／ラ・ラングドシェン

ブルゴーニュ・ピノ・ノワール / ロピトー・フレール
Bourgogne Pinot Noir / Ropiteau Frères

デイリーワイン

赤　力強い果実味、丸みのある味

チェリーやお酒に浸した果物のようなアロマの後、ライムやミントの香りが楽しめる。力強い果実味がありながら、6カ月の樽熟成によって丸みのある味わいに。やわらかくバランスがとれたワインだ。

品種　ピノ・ノワール100%
産地　ブルゴーニュ
ヴィンテージ　2018年
アルコール度数　13%

2970円／明治屋

シャブリ・プルミエ・クリュ・ヴァイヨン/ ドメーヌ・セルヴァン
Chablis Premier Cru Vaillons / Domaine Servin

ゆっくりワイン

白　フレッシュ、ミネラル感

シャブリの先駆者的存在で、7世代にわたりブドウ栽培とワイン造りを行うドメーヌ。ミネラル感が豊かで白い花や熟した黄色い果実の香りが加わり、味わいはフレッシュでリッチ。クラシックなシャブリらしさが楽しめる。

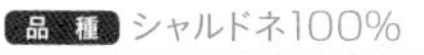

品種　シャルドネ100%
産地　シャブリ
ヴィンテージ　2018
(写真は2015)年
アルコール度数　12.5%

5720円／JALUX

マルサネ・クロ・デュ・ロワ / ドメーヌ・ジャン・フルニエ
Marsannay Clos Du Roy / Domaine Jean Fournier

パーティワイン

赤　ピュア、果実味豊か

17世紀から続くドメーヌで、若き造り手ロラン氏が造るワイン。畑は1987年よりリュット・レゾネで、現在はビオロジック。熟成には通常の倍近く厚みがあるオーク樽を使う。力強い味わいだ。

品種　ピノ・ノワール100%
産地　マルサネ
ヴィンテージ　2017年
アルコール度数　13%

5819円／東亜商事

ピュリニー・モンラシェ・プルミエ・クリュ・レ・フォラティエール / ドメーヌ・シャンソン

Puligny Montrachet 1er Cru Les Folatières / Domaine Chanson

記念日ワイン

白　シャープな酸味、上品な果実味

リュット・リゾネを導入し、伝統的なワイン造りを守る老舗ワイナリー。オーク樽で14カ月熟成させている。ほのかなミネラル香によって、ヴァニラや蜂蜜の香りが際立つ。張りのある後口も魅力。

品種　シャルドネ

産地　ピュリニー・モンラシェ

ヴィンテージ　2017年

アルコール度数　13.5%

16500円／アルカン

ニュイ・サン・ジョルジュ / ドメーヌ・レシュノー

Nuits-Saint-Geores / Domaine Lécheneaut

ゆっくりワイン

赤　力強い、コクがある

しっかりとした骨格で長い余韻が楽しめる。若いうちはチェリーやイチゴ、カシスの香りをもつ。熟成させると真価を発揮。トリュフやなめし革などの香りが現れ、優雅で丸みのある味わいに変化する。

品種　ピノ・ノワール100%

産地　ニュイ・サン・ジョルジュ

ヴィンテージ　2017年

アルコール度数　13%

参考価格7700円／八田

憧れワイン　ラ・グランド・リュ / フランソワ・ラマルシュ

La Grande Rue Grand Cru / Francois Lamarche

赤　長期熟成も期待できる完成度の高い味わい

ロマネ・コンティとラ・ターシュの間にある、わずか1.65haの特級単独所有畑から生まれるワイン。華やかな香り、まろやかな果実味と適度な酸味が調和する。長期熟成も期待できるポテンシャル。

品種　ピノ・ノワール100%

産地　ヴォーヌ・ロマネ

ヴィンテージ　2016年

107800円／恵比寿ワインマート

ジュヴレ・シャンベルタン・プルミエ・クリュ・レ・コルボー / ドメーヌ・セラファン・ペール・エ・フィス

Gevrey-Chambertin 1er Cru-Les Corbeaux / Domaine Serafin Pere & Fils

記念日ワイン

赤　熟したタンニンと果実味

ジュヴレ・シャンベルタンを代表する造り手。叔父からバトンを受けた姪のフレデリックが栽培・醸造を行う。雑草を残した畑で育つ小粒で凝縮されたブドウを使ったワインは、熟した果実味をもつ。

品種　ピノ・ノワール100%

産地　ジュヴレ・シャンベルタン

ヴィンテージ　2016年

アルコール度数　13.5%

22000円／富士インダストリーズ

憧れワイン コルトン / ドメーヌ・ド・ラ・ロマネ・コンティ

Corton / Domaine de la Romanée-Conti

赤 世界最高峰の造り手が生み出す特級赤ワイン

"世界最高"と称されるドメーヌ・ド・ラ・ロマネ・コンティが、2009年に初めてリリースしたコート・ド・ボーヌの特級赤ワイン。凝縮した果実味と適度な酸味がバランスよく調和している。

品種 ピノ・ノワール
産地 コルトン
ヴィンテージ 2009年
489500円／恵比寿ワインマート

白 多彩な香りがとけ込み熟成で花開く一本

徹底した有機栽培と低収量、卓越した醸造が生み出す白ワインの名手。特にムルソーを代表する一級畑のひとつ、シャルムは豊満かつ華やか。10年以上の熟成を経て花開く過程が楽しみなワインだ。

品種 シャルドネ100%
産地 ムルソー
ヴィンテージ 2016年
52800円／恵比寿ワインマート

妻に飲ませたいNo.1ワイン

ロマネ・コンティ

通常、ワインの香りと味わいは若いニュアンスから古酒のそれへと変化します。ところがロマネ・コンティは、若い香りと果実味をまるまる残しながら、古酒の香りと味わいが同居していきます。その若さを備えた円熟味は、他の追随を許しません。だから飲み頃を迎えた40～50年のロマネ・コンティは、奥様の誕生日にぴったり。「年代を経た円熟味は世界一のワインだね。しかも若さに満ち溢れている。まるで君のようだ。乾杯！」……というわけで、高値にもかかわらず、世界中で愛され続けているのです。

時とともに深みが増す傑作ワイン

近年では有機栽培、馬による耕作などを行い、その名声に恥じないワインを生み出し続けるドメーヌ・ド・ラ・ロマネ・コンティ。特級畑から造られるワインは、時を重ねることで繊細かつ濃密に花開く。

品種 ピノ・ノワール
産地 フラジェ・エシェゾー
ヴィンテージ 1989年
594000円／恵比寿ワインマート

コート・デュ・ローヌ・ルージュ・ヴュー・クロシェ / メゾン・アルノー&フィス
Côtes de Rhône Rouge Vieux Clocher / Maison Arnoux & Fils

デイリーワイン

赤 ベリーの香り、芳醇

赤い実の果実や、森に自生するブラックベリーの香りをもつ。味わいは豊満で丸みがある印象で、バランスがとれている。余韻にほんのりとスパイスの香りが漂い、多彩な場面で楽しめるワインだ。

品種 グルナッシュ75%、シラー15%、カリニャン10%
産地 ローヌ
ヴィンテージ 2016（写真は2018）年
アルコール度数 13%
2299円／アルコトレードトラスト

ヴォークリューズ・ヴィオニエ・ヴァリス・テラ / ドメーヌ・ピエール・シャヴァン
Vaucluse Viognier Vallis Terra / Domaines Pierre Chavin

デイリーワイン

白 エレガント、繊細、力強い

トレンドをいち早くキャッチし、コンクールなどで高評価を得る醸造家ファビアン・グロス氏が2009年に設立。ヴィオニエらしい華やかな香り、繊細さと力強さを上品なバランスでまとめている。

品種 ヴィオニエ100%
産地 ヴォークリューズ
ヴィンテージ 2018年
アルコール度数 13.5%
1760円／八田

タヴェル・ロゼ / シャトー・ダケリア
Tavel Rose / Château D'aqueria

パーティワイン

ロゼ フルボディ、辛口

フランス初のロゼワインとして有名な「タヴェル・ロゼ」のリーダー的存在。スパイシーな香りに加え、ラズベリーやチェリー、ストロベリーなど華やかな香りのフルボディで、パーティにぴったり。

品種 グルナッシュ52%、シラー12%、ムールヴェドル11%、クラレット9%、サンソー 8%、ブールブラン6%、ピクプール2%
産地 タヴェル
ヴィンテージ 2018（写真は2011）年
アルコール度数 14%
2970円／JALUX

コート・デュ・ローヌ・ブレゼーム・ルーサンヌ / エリック・テキシエ
Cotes du Rhone Brezeme Roussanne / Eric Texier

パーティワイン

白 エレガント、ミネラル感

伝統的手法に回帰し、テロワールを重視した"ナチュラル・ワイン"を生む造り手による、現代的な造りのワイン。ビオディナミを実践する北ローヌ最南端の小さな栽培地域、ブレゼムの個性を表現する。

品種 ルーサンヌ100%
産地 コート・デュ・ローヌ
ヴィンテージ 2018年
アルコール度数 12.5%
4400円／富士インダストリーズ

シャトーヌフ・デュ・パプ・ヴィエイユ・ヴィーニュ / ドメーヌ・ラ・ミリエール
Châteauneuf-du-Pape Vieilles Vignes / Domaine la Millière

ゆっくりワイン

赤 フレッシュ、重口

近年、有機栽培を進めている畑は、ほぼすべてが古樹で、樹齢100年を超えるものも。赤・黒果実に加え、スミレや森の下草の香り。口当たりは豊かで滑らか。後口に甘みのあるスパイスを感じる。

品種 グルナッシュ60%、シラー10%、ムール・ヴェドル10%、サンソー10%、クーノワーズ10%
産地 シャトーヌフ・デュ・パプ
ヴィンテージ 2015年
アルコール度数 14%
7370円／八田

コルナス・レ・シャイユ / アラン・ヴォージュ
Cornas Les Chailles / Alain Voge

ゆっくりワイン

赤 フルボディ、フレッシュ

ビオディナミ農法を採用する複数の畑から収穫したブドウをブレンド。陽にやけた松の針葉や黒果実系の味わいのほか、土や樹脂の香りをもつ。すぐに飲んでも味わい深いが、長期熟成でも楽しめる。

品種 シラー100%
産地 コルナス
ヴィンテージ 2017（写真は2015）年
アルコール度数 14%
8250円／アルカン

コート・ロティ・ラ・テュルク / ドメーヌ・ギガル

Cote Rotie la Turque / Domaine Guigal

赤

北部ローヌの名手が手がける秀逸ワイン

畑の名を冠した3つの伝説的ワインのひとつで、わずか1haの畑に育つシラーとヴィオニエを用い、新樽で42カ月熟成。時を経て落ち着いた果実味の中に、スパイスやなめし革を思わせる野性味が漂う。

品種 シラー93%、ヴィオニエ7%
産地 コート・ロティ
ヴィンテージ 1996年
74800円／恵比寿ワインマート

エルミタージュ・ルージュ・キュヴェ・エミリー / ドメーヌ・デ・ルミジエール
Hermitage Rouge "Cuvée Émilie" / Domaine des Remizieres

記念日ワイン

赤 丸みのあるしっかりした渋味

3世代続くドメーヌで醸造長を務める、エミリーの名を冠したワイン。醸造はステンレス、コンクリートタンクで温度管理を行い、熟成には新樽のバリック樽を使用。丸く繊細なタンニンがたっぷり。

品種 シラー100%
産地 エルミタージュ
ヴィンテージ 2016年
アルコール度数 13%
13200円／富士インダストリーズ

アンジュ・ルージュ / ドメーヌ・ド・テールブリュンヌ
Anjou Rouge / Domaine de Terrebrune

デイリーワイン

赤 エレガント、丸みのある味

リュット・リゾネを導入し、栽培からボトリングまで、一貫して自社で行う。アンジュ地域特有の粘土質の土壌が、上品で丸みのある味わいをもたらす。暑い季節には、12℃程度の低めの温度で。

品種 カベルネ・フラン80%、カベルネ・ソーヴィニヨン20%

産地 アンジュ・ソーミュール

ヴィンテージ 2017年

アルコール度数 12.5%

オープン価格／富士インダストリーズ

ミュスカデ・セーヴル・エ・メーヌ / ドメーヌ・A.バール
Muscadet Sevre & Maine / Domaine A.Barre

デイリーワイン

白 繊細、バランスがよい

バールフレール家によって、19世紀に設立されたドメーヌ。豊かに広がる花や柑橘類、ミネラルの香りと、均整のとれた味わいが魅力。繊細な口当たりと素晴らしい余韻のハーモニーが楽しめる。

品種 ミュスカデ

産地 ミュスカデ・セーヴル・エ・メーヌ

ヴィンテージ 2017（写真は2014）年

アルコール度数 12%

1991円／東亜商事

シノン・レ・モリニィエール / ドメーヌ・ジョセフ・メロ
Chinon les Morinieres / Domaine Joseph Mellot

パーティワイン

赤 やわらかで上品な渋味

500年の歴史を誇り、独自のノウハウを連綿と受け継ぐ名門ワイナリー。粘土質石灰岩の土壌で育つ樹齢40年のブドウを用いたワインは、フルーティなブルーベリーとスミレの花の香りが広がる。

品種 カベルネ・フラン

産地 シノン

ヴィンテージ 2018年

アルコール度数 13%

3190円／ラ・ラングドシェン

コトー・デュ・レイヨン / ラングロワ・シャトー
Coteaux de Layon / Langlois-Chateau

パーティワイン

白 ふくよか、甘口

1885年、美しい古城が点在するソミュール地区で創業したメゾン。手摘みのブドウを低温発酵させた甘口。アプリコットジャムのような香りと、ふくよかな味わいをもつ。デザートとの相性も抜群だ。

品種 シュナン・ブラン

産地 コトー・デュ・レイヨン

ヴィンテージ 2018年

アルコール度数 13%

2640円／アルカン

サンセール・ルージュ・ラ・ブルジョワーズ / アンリ・ブルジョワ

Sancerre Rouge la Bourgeoise / Henri Bourgeois

ゆっくりワイン

赤 凝縮した果実味

火打ち石が含まれるシレックス土壌で育つ古樹のブドウから造られる。プルーンなど熟した赤果実と、軽いヴァニラの香りが感じられる。土壌由来のミネラル感と凝縮感のある味わいが特徴。

品種 ピノ・ノワール100%

産地 サンセール

ヴィンテージ 2015年

アルコール度数 13%

7260円／JALUX

プイィ・フュメ・レ・アンジェロ / マッソン・ブロンデレ

Puilly-Fume"Les Angelot" / Masson-Blondelet

春

パーティワイン

白 辛口、果実味、滑らか

化学肥料や除草剤は使用せず、手摘みで収穫後、すぐに除梗・破砕を行い、ブドウの豊かなアロマをキープ。青リンゴ、柑橘、ハーブ、蜂蜜の香りがあり、味わいも果実味とミネラル感たっぷり。

品種 ソーヴィニヨン・ブラン100%

産地 プイィ・フュメ

ヴィンテージ 2018(写真は2017)年

アルコール度数 12.5%

3080円／スマイル

ロワールの3大貴腐ワイン

column

白ワインの宝庫であるロワールには、比較的安価で気軽に楽しめる魅力的な貴腐ワインが揃っている。主要品種はシュナン・ブランで、後を引く余韻と、まったりとした味わいが特徴。

コトー・デュ・レイヨン
レイヨン川流域の産地。地域のAOC。3000円台くらいからあり、手頃な価格帯のものが多い。

カール・ド・ショーム
コトー・デュ・レイヨン内にある独立したAOC。5000～10000円くらいのものが多い。

ボンヌゾー
コトー・デュ・レイヨン内にある独立したAOC。最も有名な産地で10000円以上のものも。

サンセール・ブラン・ル・パヴェ / ドメーヌ・ヴァシュロン

Sancerre Blanc"Le Pavé" / Domaine Vacheron

記念日ワイン

白 ピュア、繊細

2004年以降はすべての畑でビオディナミを実践。手摘みのブドウを土着酵母で発酵、木製タンクで1年間熟成させた無濾過のワイン。牡蠣殻や野生の花、レモンの香り。ピュアで繊細な味わいだ。

品種 ソーヴィニヨン・ブラン100%

産地 サンセール

ヴィンテージ 2016年

アルコール度数 13%

14300円／アルカン

クレマン・ダルザス・ブリュット・エモーション / フィエ・デ・ロワ
Crémant D'Alsace Brut Emotion / Fiee des Lois

パーティワイン

白　辛口、花やトーストの香り

手摘みされたブドウからシャンパーニュ方式で造られ、24カ月間熟成させたスパークリング・ワイン。気泡は美しく、花やトーストの香りをもつ。食前酒としてだけでなく幅広く料理やデザートに合う。

品種　ピノ・ブラン75%、リースリング25%

産地　アルザス

ヴィンテージ　NV

アルコール度数　12%

3784円/アルコトレードトラスト

ドメーヌ・ストフラー・エデルツヴィッカー / ドメーヌ・ストフラー
Domaine Stoeffler Edelzwicker / Domaine Stoeffler

デイリーワイン

白　柑橘系の果実味、ミネラル感

アルザスで十指に入る実力派ドメーヌ。オーガニック栽培とビオディナミ農法を採用し、少量生産で優れた古典的アルザスワインを生み出す。爽やかな酸味とミネラル感をもつ味わいが特徴だ。

品種　シルヴァーナー60%、ピノ・ブラン30%、ミュスカ10%

産地　アルザス

ヴィンテージ　2015年

アルコール度数　12～12.5%

2200円/スマイル

ヴィエイユ・ヴィーニュ・シルヴァネール / ドメーヌ・オステルタッグ
Vieilles Vignes Sylvaner / Domaine Ostertag

パーティワイン

白　果実味、ミネラル感

現当主は「アルザスワインの旗手」と呼ばれるアンドレ氏。1998年からビオディナミを実施し、樹齢30～70年のブドウを手摘みし、野生酵母で発酵させる。果実味豊かでリッチなミネラル感が味わえる。

品種　シルヴァネール100%

産地　エピフィグ

ヴィンテージ　2018（写真は2005）年

アルコール度数　12.5%

3850円/JALUX

リースリング・エステート / ファミーユ・ヒューゲル
Riesling Estate / Famille Hugel

パーティワイン

白　辛口、エレガント

1639年創業。13代にわたって「ワインの品質は、100%ブドウそのものによる」という黄金律を守り続けている。熟すのが遅く、最も傾斜のきつい畑で栽培されたリースリングは、複雑なミネラル感を備えた上品な味わい。

品種　リースリング100%

産地　アルザス

ヴィンテージ　2015（写真は2011）年

アルコール度数　12.5%

4620円/ジェロボーム

ゲヴュルツトラミネール・フルシュテンタム・ヴァンダンジュ・タルディヴ / ドメーヌ・ポール・ブランク

Gewurztraminer"Furstentum"Vendanges Tardives / Domaine Paul Blanck

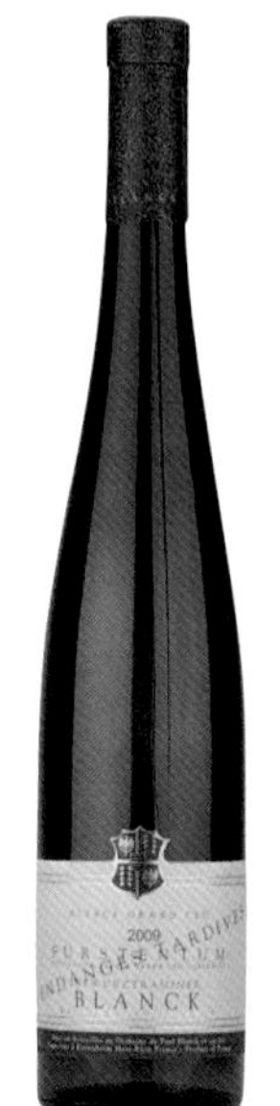

記念日ワイン

白 甘口、力強く繊細

アルザス・グラン・クリュ第一号の造り手。自然がもつ栄養分を損なわないよう化学肥料、除草剤は使用しない。過熟ブドウから野生酵母で造られるワインは、貴腐菌によって複雑な甘みがもたらされる。

品種 ゲヴュルツトラミネール

産地 フルシュテンタム

ヴィンテージ 2009年

アルコール度数 13.5%

10230円／アルカン

ピノ・グリ・フルシュテンタム / ジャン・マルク・ベルナール

Pinot Gris Furstentum / Jean Marc Bernhard

パーティワイン

白 凝縮した果実味、酸味のバランス

多様な土壌の個性を生かすべく、厳しい収量制限と選別、自然酵母による長期発酵を行う。特級畑フルシュテンタムのブドウを用いたワインは、完熟フルーツやミネラルの風味と凝縮した果実味をもつ。

品種 ピノ・グリ100%

産地 フルシュテンタム

ヴィンテージ 2016年

アルコール度数 14%

6050円／恵比寿ワインマート

column

多彩なアルザスワイン

単一品種による辛口白ワインのイメージが強いアルザスだが、複数品種のブレンドやスパークリング・ワイン、甘口など、ほかにも魅力的なワインが揃っている。

エデルツヴィッカー
複数品種によるブレンドワイン。主要4品種とピノ・ブラン、シルヴァネールを使用。

クレマン・ダルザス
フランスの7つの地方で認定されている、シャンパーニュ方式で造られたワンランク上のスパークリング・ワインのひとつ。

ヴァンダンジュ・タルディヴ（VT）
遅摘みによる甘口。主要4品種を使用し、果汁の糖分含有量の基準を満たしたもの。

セレクション・ド・グランノーブル（SGN）
粒選り摘み、貴腐による極甘口。主要4品種を使用し、果汁の糖分含有量の基準を満たしたもの。

憧れワイン

リースリング・ランゲン・ド・タン・クロ・サン・テュルバン・セレクション・ド・グラン・ノーブル / ドメーヌ・ツィント・ウンブレヒト

Riesling Rangen de Thann Clos Saint Urbain S.G.N. / Domaine Zind Humbrecht

白 アルザスを代表する甘美なデザートワイン

アルザスを牽引する造り手。ビオディナミを実践する。濃密なワインを生む特別な区画の貴腐ブドウを使用。ムスクやアカシア蜂蜜の芳香と、複雑な果実味が膨らむ甘露な味わいに魅了される。

品種 リースリング

産地 ランゲン

ヴィンテージ 1998年

40480円／恵比寿ワインマート

シャンパーニュ・シャトー・ド・ブリニ・ブラン・ド・ブラン・ミレジム / シャンパーニュ・シャトー・ド・ブリニ
Champagne Chateau de Bligny Blanc de Blancs Millesime / Champagne Chateau de Bligny

記念日ワイン

白泡　辛口、肉厚、ふくよか

栽培から醸造まで行うシャンパーニュ生産者で、唯一シャトー（城）を所有。上質な白亜質の土壌で育つブドウを用い、伝統的な製法で造られ熟成を経たシャンパーニュは、多彩な香りが幾重にも広がる。

- 品種　シャルドネ100%
- 産地　シャンパーニュ
- ヴィンテージ　2007年
- アルコール度数　12%

8800円／スマイル

ジャン・デュクレール・ブリュット・ハーモニー / バロン・アルベール
Jean Duclert Brut Harmonie / Baron Albert

パーティワイン

白泡　フレッシュ、エレガント

3世代続く家族経営のメゾンで、現在はバロン三姉妹が運営。伝統的な手法を忠実に守ったシャンパーニュは、フレッシュで上品な味わい。有名ワイン誌に毎年取り上げられ、品評会での評価も高い。

- 品種　ピノムニエ65%、シャルドネ30%、ピノ・ノワール5%
- 産地　シャンパーニュ
- ヴィンテージ　NV
- アルコール度数　12%

4411円／東亜商事

キュヴェ 1522 プルミエ・クリュ・ロゼ / シャンパーニュ・フィリポナ
Cuvee 1522 1er Cru Rose / Champagne Philipponnat

記念日ワイン

ロゼ泡　辛口、ミネラル感

16代続く老舗メゾン。フィリポナ家がアイ村に定住しはじめた年、「1522」を冠したロゼは、モノポール畑「クロ・デ・ゴワス」のピノ・ノワールで造った赤ワインをアッサンブラージュして仕上げている。

- 品種　ピノ・ノワール70%、シャルドネ30%
- 産地　シャンパーニュ
- ヴィンテージ　2008年
- アルコール度数　12%

22000円／富士インダストリーズ

ブリュット・ブラン・ド・ブラン / ビルカール・サルモン
Brut Blanc de Blancs / Billecart Salmon

記念日ワイン

白泡　ミネラル感、上品

コート・デ・ブランの4つの特級畑のシャルドネを使用。2つのヴィンテージをアッサンブラージュすることで、ミネラル感や果実味を引き出す。繊細な泡立ちとブリオッシュの香り、余韻はエレガント。

- 品種　シャルドネ100%
- 産地　シャンパーニュ
- ヴィンテージ　NV
- アルコール度数　12%

14300円／JALUX

ブリュット・ミレジメ / テタンジェ

Brut Millesime / Taittinger

記念日ワイン

白泡 ナッティ、力強い調和

料理コンクールやコレクションなどを通じて、アートと美食との融合を目指す大手シャンパーニュ・メゾン。一番搾りのワインのみを使用したミレジメは、ナッティな香りが心地よく、奥行きのある味わい。

品種 シャルドネ50%、ピノ・ノワール50%

産地 シャンパーニュ

ヴィンテージ 2013年

アルコール度数 12.5%

12108円／サッポロビール

ラ・グランダネ / ボランジェ

La Grande Année / Bollinger

記念日ワイン

白泡 凝縮感、滑らか、長い余韻

名門メゾンのプレステージシャンパーニュ。規定の2倍以上の期間熟成。動瓶とオリ抜きは今も手作業で行う。アプリコットやナッティなニュアンス、蜂蜜などの香りが呼応し、滑らかで芳醇な味わい。

品種 ピノ・ノワール65%、シャルドネ35%

産地 シャンパーニュ

ヴィンテージ 2012（写真は2008）年

アルコール度数 12%

25300円／アルカン

憧れワイン クリュッグ クロ ダンボネ / クリュッグ

Krug Clos D'Ambonnay / Krug

白泡 **傑出した畑が生む究極の1本**

アンボネ村の中心、塀（クロ）に囲まれたわずか0.68haの単一畑で単一年に収穫したピノ・ノワールのみを使用。圧倒的な存在感と際立った質感、長い余韻と優雅なフィネスを兼ね備えた個性が特徴。

品種 ピノ・ノワール

産地 モンターニュ・ド・ランス アンボネ

ヴィンテージ 2002年

283800円／MHD モエ ヘネシー ディアジオ

憧れワイン ドン ペリニヨン レゼルヴ ドゥ ラベイ / ドン ペリニヨン

Dom Pérignon Réserve de l'Abbaye / Dom Pérignon

白泡 **日本でのみ入手できる希少なシリーズ**

17世紀に掲げた「世界最高のワインを造る」という野望を今も受け継ぐシャンパーニュ。20年熟成させるレゼルヴ・ドゥ・ラベイは醸造方法や選別過程も異なり、限られたヴィンテージしか存在しない。

品種 シャルドネ、ピノ・ノワール

産地 シャンパーニュ

ヴィンテージ 1998年

106040円／MHD モエ ヘネシー ディアジオ

d.A. シャルドネ・リムー・リザーヴ / ドメーヌ・アストラック
d.A. Chardonnay Limoux Reserve / Domaine Astruc

デイリーワイン

白 やわらか、厚みのある味

ワイン造りの伝統と近代的な技術を融合し、高品質のワイン造りに挑戦するワイナリー。圧搾後の果汁を選別し、新樽と古樽で発酵させたワインは、厚みのある味わいを、ほどよい酸が引き締める。

品種 シャルドネ、モーザック

産地 ラングドック リムー

ヴィンテージ 2018（写真は2011）年

アルコール度数 13.5%

1815円／スマイル

キウィ・キュヴェ・ソーヴィニヨン・ブラン / ラシュトー
Kiwi Cuvée Sauvignon Blanc / LaCheteau

デイリーワイン

白 フレッシュ、長い余韻

新世界の技術とフランスのテロワールが融合した、斬新なニュージーランドテイストのフレンチワイン。ロワールとラングドック地方のブドウを使用。エキゾチックな果実味と、丸みのある味わいだ。

品種 ソーヴィニヨン・ブラン100%

産地 フランス

ヴィンテージ 2019（写真は2017）年

アルコール度数 11.5%

1540円／明治屋

タリケ・レゼルヴ / ドメーヌ・タリケ
Tariquet Reserve / Domaine Tariquet

デイリーワイン

白 辛口、重厚

ソーヴィニヨン・ブラン、グロ・マンサン、シャルドネ、セミヨンの4種を使用した世界唯一のブレンド。各ブドウの特性に樽熟成の香ばしさが加わり、エキゾチックで複雑な味わいを描き出す。

品種 グロ・マンサン40%、シャルドネ30%、ソーヴィニヨン・ブラン20%、セミヨン10%

産地 南西地方ガスコーニュ

ヴィンテージ 2016年

アルコール度数 12%

1988円／サッポロビール

ヴァン・ド・ペイ・ドック・シラー / ドメーヌ・ラ・ボーム
Vin de Pays d'Oc Syrah / Domaine la Baume

デイリーワイン

赤 果実味、豊かな味わい

ラングドック・ルーション地方の小さな村、セルヴァンにあるワイナリー。ステンレスタンクで短期間発酵させ造るワインは、熟した赤果実や黒胡椒、スミレなどの香り、果実味と滑らかなタンニンをもつ。

品種 シラー

産地 ラングドック

ヴィンテージ 2018年

アルコール度数 14.5%

1980円／八田

ラ・シオード・ミネルヴォワ・カゼル / ドメーヌ・アンヌ・グロ&ジャン・ポール トロ

La Ciaude Minervois Cazelles / Domaine Anne Gros et Jean Paul Tollot

パーティワイン

赤 エレガント、ミネラル感

強い日差しと風を受け粘土質石灰岩の土壌で育つ、樹齢100年以上のブドウで醸造。力強さとエレガントさを兼ね備え、フレッシュなミネラル感をもつ味わいは、料理だけでなくスイーツにも合う。

品種 カリニャン、シラー、グルナッシュ

産地 ラングドック ミネルヴォワ

ヴィンテージ 2017年

アルコール度数 14%

参考価格4730円/八田

ル・プティ・パリジャン・ルージュ / レ・ヴィニュロン・パリジャン

Le Petit Parisien Rouge / Les Vignerons Parisiens

パーティワイン

赤 果実味豊か、爽やかな酸味

パリの中心部マレにある醸造所。コート・デュ・ローヌの契約農家の有機栽培及びビオディナミ栽培されたブドウを、果実味を残すため低温発酵し、オリとともに熟成。凝縮した果実味が楽しめる。

品種 メルロ50%、サンソー50%

産地 フランス

ヴィンテージ 2018年

アルコール度数 13%

オープン価格/富士インダストリーズ

近年聞かれるワインの表現

"セイバリー"とは?

セイバリー(Savoury)は、"Not sweet"。英語でFruity(フルーティ)の対義語です。フルーツ由来の要素が全面に出ているものをFruit-drivenと表現するのに対し、土やスパイス、石灰、キノコなどフルーツ以外の印象が強い場合がSavoury。的確な日本語訳はなく、「旨味」と表現されることも多いですが、「テロワール」のような広い意味合いをもちます。個人的には、「たくさんの香りがして、複雑な味わいの辛口で余韻も楽しめる」場合に使う表現で、和食のだしに通じるような旨味をもつ、料理を引き立てるようなワインをイメージするとわかりやすいでしょう。

コトー・デュ・ラングドック・シラー・レオン / ドメーヌ・ペイル・ローズ

Coteaux du Languedoc Syrah Leone / Domaine Peyre Rose

記念日ワイン

赤 滑らか、ミネラル感

ラングドック地方の三大生産者の一人、マルレーヌ・ソリア氏が手がけるテロワールを表現した一本。超低収量のブドウから、年間3万本しか造られない。滑らかで、完熟した果実味が魅力。

品種 シラー90% ムールヴェードル10%

産地 ランドック

ヴィンテージ 2007年

アルコール度数 14.5%

17600円/恵比寿ワインマート

ソアヴェ・クラシコ / スアヴィア

Soave Classico / Suavia

デイリーワイン

白 フレッシュ、フルーティ

ソアヴェの丘フィッタで、テッサーリ・ファミリーが手がける。火山性の土壌や玄武岩が豊富な土壌で栽培されたブドウを使用。フレッシュな果実のアロマと心地よい酸をもつ、親しみやすい味わい。

品種 ガルガーネガ100%

産地 ヴェネト

ヴィンテージ 2019（写真は2013）年

アルコール度数 12.5%

2200円／アルカン

トッレ・ディ・チャルド / マルケージ・トッリジャーニ

Torre di Ciardo / Marchesi Torrigiani

デイリーワイン

赤 スパイシー、豊かな果実味

フィレンツェ最古の歴史を誇る名門。新進気鋭の醸造家、ルカ・ダットーマ氏を起用して生み出すワインは、発酵後にオーク樽で1年以上熟成。テイスティングで選抜したもののみ瓶内熟成を行う。

品種 サンジョヴェーゼ75%、カナイオーロ15%、メルロ10%

産地 トスカーナ

ヴィンテージ 2013年

アルコール度数 13.5%

2200円／スマイル

ソアヴェ・クラシコ / ジーニ

Soave Classico / Gini

春

パーティワイン

白 すっきりとした辛口

ソアヴェ三大造り手のひとつで、特級畑をもつ。ビオディナミ農法で育てた平均樹齢70年のブドウを手摘みし、発酵後オリとともに6カ月寝かせたワインは、白い花や熟した果実の香りが楽しめる。

品種 ガルガーネガ100%

産地 ヴェネト

ヴィンテージ 2018年

アルコール度数 12.5%

2750円／八田

スコラ・サルメンティ・ロッカモラ / スコラ・サルメンティ

Schola Sarmenti Roccamora / Schola Sarmenti

デイリーワイン

赤 滑らか、フルボディ

地中海性気候で肥沃な土壌をもつプーリア州で、2004年に誕生したワイナリー。品質の悪い房や実をハサミで落とし、良質な果実のみで造られるワインは、焙煎コーヒーやカシスなど華やかな香りが漂う。

品種 ネグロ・アマーロ100%

産地 プーリア

ヴィンテージ 2018年

アルコール度数 13.5%

1980円／スマイル

ノッツォーレ・キアンティ・クラッシコ / テヌータ・ディ・ノッツォーレ

Nozzole Chianti Classico / Tenuta de Nozzole

パーティワイン

赤 果実香、バランス

13世紀から続く、キャンティ・クラシコ地域を代表する造り手。オーク樽で12カ月熟成させたワインは、滑らかでバランスのよい味わい。スパイスのニュアンスと生き生きとした酸味が感じられる。

品種 サンジョヴェーゼ100%

産地 トスカーナ

ヴィンテージ 2016（写真は2015）年

アルコール度数 13.5%

3025円／スマイル

エバ・モレリーノ・ディ・スカンサーノ / ファットリア・ディ・マリアーノ

Heba Morellino de Scansano / Fattoria de Magliano

パーティワイン

赤 フルボディ、心地よい酸味

マレンマ地方に広大な畑をもつ造り手。手摘みしたブドウを弱い圧力で圧搾し、セメント槽で6カ月熟成。タンニンはやわらかく、ノンフィルター方式を採用しているため、果実本来のコクが感じられる。

品種 サンジョヴェーゼ100%

産地 トスカーナ

ヴィンテージ 2015年

アルコール度数 13%

3520円／明治屋

干しブドウから造るワイン

column

干しブドウから造られるイタリアワインは果実の凝縮感が楽しめる。甘口が多いが辛口もあり、地域や造り方の違いによって呼び方もさまざま。

アマローネ

ヴェネト州のDOC赤ワインであるヴァルポリチェッラのうち、陰干ししたブドウを使い、2年以上樽熟成させた辛口。

レチョート

ヴェネト州の陰干しブドウで造る甘口。レチョート・ディ・ソアーヴェが有名。

ヴィン・サント

トスカーナ州の陰干しブドウから造るワイン。甘口から辛口まである。

パッシート

イタリア各地で造られている、陰干ししたブドウから造った甘口。

パトリシア・ピノ・ノワール / ギルラン

Patricia Pinot Noir / Girlan

パーティワイン

赤 力強い果実味、滑らか

1923年創立。240haもの畑で土着品種や国際品種を栽培する。ピノ・ノワールに最適な畑のブドウを用い、オーク樽で15カ月、瓶内で6カ月熟成。豊かな果実味とビロードのようなやわらかさが特徴だ。

品種 ピノ・ノワール

産地 アルト・アディジェ

ヴィンテージ 2017年

アルコール度数 13.5%

3520円／アルカン

フランチャコルタ DOCG エクストラ・ブリュット “アニマンテ” / バローネ・ピッツィーニ
Franciacorta DOCG Extra Brut "Animante" / Barone Pizzini

ゆっくりワイン

白泡 華やかな香り、滑らか

イタリアを代表する発泡性ワイン。瓶内二次発酵で造られるワインとして初めてDOCGに認定された。瓶内で20カ月以上熟成。花や蜂蜜の香りが感じられ、クリーミーな余韻を堪能できる。

品種 シャルドネ84%、ピノネロ12%、ピノビアンコ4%

産地 ロンバルディア

ヴィンテージ NV

アルコール度数 12%

4400円／アルカン

イタリアのスパークリング

column

イタリアのスパークリング・ワインは3気圧以上のものはスプマンテ、1気圧以上の微発泡のものはフリツァンテと呼ばれる。甘辛表示は辛口から順にBrut Nature(ブリュット ナチュール)、Extra Brut(エクストラ ブリュット)、Brut(ブリュット)、Extra Dry(エクストラ ドライ)、Secci(セッコ)(Dry(ドライ))、Semi Secci(セミ セッコ)、Dolce(ドルチェ)(Doux(ドゥー))と表示される。有名なDOCGは以下の通り。

フランチャコルタ
シャンパーニュ方式で造られる、イタリアを代表するスプマンテ。

アスティ・スプマンテ
タンク内で二次発酵を行うシャルマ方式を応用して造られる、フレッシュな軽い甘口のスプマンテ。

モスカート・ダスティ
微発泡のアスティ。アルコール度数は低めで軽やかな甘口。

サン・ジョルジョ・ロッソ・デル・ウンブリア / ルンガロッティ
San Giorgio Rosso dell'Umbria / Lungarotti

記念日ワイン

赤 完熟した果実味、シルキー

CEOのキアラ・ルンガロッティ氏は、イタリアワイン業界で活躍する女性生産者10名に選出。「スーパーウンブリア」と呼ばれるワインは、エレガントなタンニンと凝縮した果実味をもち、長い余韻が楽しめる。

品種 カベルネ・ソーヴィニヨン50%、サンジョヴェーゼ40%、カナイオーロ10%

産地 ウンブリア

ヴィンテージ 2007年

アルコール度数 14%

9900円／明治屋

アルテジーノ・ブルネッロ・ディ・モンタルチーノ / アルテジーノ
Altesino Brunello di Montalcino / Altesino

記念日ワイン

赤 フルボディ、赤果実

単一畑の概念やフレンチオーク樽を採用するなど革新的な取り組みを行う造り手。赤果実に加え、スパイス、ドライフラワーなど複雑な香りに満ち、引き締まった酸味と豊かなタンニンが感じられる。

品種 サンジョヴェーゼ100%

産地 トスカーナ

ヴィンテージ 2012(写真は2013)年

アルコール度数 14%

9900円／スマイル

憧れワイン サッシカイア / テヌータ・サン・グイド
Sassicaia / Tenuta San Guido

赤 イタリアの至宝が生む スーパー・トスカーナ

ソライア、オルネライアとともに3大アイアと呼ばれる、イタリアの新時代を切り開いたスーパー・トスカーナの第一人者。ボルドーワインにまで影響を及ぼすワインは、濃密で上品なバランス。

品種 カベルネ・ソーヴィニヨン85%、カベルネ・フラン15%

産地 トスカーナ

ヴィンテージ 2017年

27500円／エノテカ

憧れワイン バローロ・リゼルヴァ・モンフォルティーノ / ジャコモ・コンテルノ
Barolo Riserva Monfortino / Giacomo Conterno

赤 バローロの頂点に立つ トップ・キュヴェ

1900年代に創業し、現在は3代目のロベルト・コンテルノ氏が当主を務めるバローロ最高峰のワイナリー。伝統的な手法で造られるワインは、果実を食べているかのように肉厚で、芳醇な味わいだ。

品種 ネッビオーロ100%

産地 ピエモンテ

ヴィンテージ 2013年

110000円／エノテカ

イタリアワインと食事の関係
column

イタリアワインは食事と密接な関係がある。各地の地形とその土地でよく食べられている食材の特徴を、それぞれのワインの特徴とあわせてみてみると、イタリアワインがいかに食事とともに楽しむものとして造られているのかがわかる。

山脈に近い北部
ジビエにも負けないしっかりとした渋味をもつ赤ワイン。

平野部
ジビエよりクセのない、牛などの肉と相性のよい軽めの赤ワイン。

湖や河川付近
淡水魚に合う軽めの白ワイン。

海沿いの南部
甲殻類と好相性のアルコール度数が高い白ワイン。

憧れワイン ルーチェ / テヌータ・ルーチェ
Luce / Tenuta Luce

赤 20世紀を代表する 2人のタッグで誕生

700年の歴史をもつフィレンツェの名門、フレスコバルディ家と、カリフォルニアワインの父、ロバート・モンダヴィの協働により誕生。メルロとサンジョヴェーゼの魅力が融合し凝縮された1本だ。

品種 メルロ50%、サンジョヴェーゼ50%

産地 トスカーナ

ヴィンテージ 2017（写真は2015）年

22000円／日本リカー

ファルツ・ブラン・ド・ノワール / ヴィンツァー・ヘレンベルク・ホーニッヒゼッケル

Pfalz Blanc de Noir /
Winzer eG Herrenberg-Honigsaeckel

デイリーワイン

白　辛口、華やかな果実味

1903年設立の協同組合。現在は少数精鋭の6人の生産者が集まり、約40品種からワイン造りを行う。黒ブドウ品種で造る白ワインは、ピンクがかった色合いと華やかな香り、まろやかな風味が特徴だ。

- 品種　シュペートブルグンダー（ピノ・ノワール）100%
- 産地　ファルツ
- ヴィンテージ　2019年
- アルコール度数　12.5%

2090円／ヘレンベルガー・ホーフ

ラインヘッセン・アウスレーゼ / ペーター・メルテス

Rheinhessen Auslese / Peter Mertes

デイリーワイン

白　やわらかな甘口、桃の香り

世界で最も大きなドイツワインの供給元。完熟ブドウを使用し、低温発酵。冷却処理と二酸化硫黄の添加処理により発酵を終了することで、フレッシュかつフルーティな甘口ワインの個性を引き出す。

- 品種　ミュラー・トゥルガウ、ケルナー、シルヴァーナー
- 産地　ラインヘッセン
- ヴィンテージ　2018年
- アルコール度数　9.5%

1100円／スマイル

バッハラッハ・リースリング・ゼクト・ブリュット / ヴァイングート・ラッツェンベルガー

Bacharacher Riesling Sekt Brut /
Weingut Ratzenberger

パーティワイン

白泡　クリーミー、フルーティ

世界遺産に登録されたバッハラッハ村にある家族経営の醸造所。標高の高い畑のリースリングを用いて瓶内二次発酵、手動での動瓶など伝統的な製法で醸造し、5年以上熟成。奥行きのある味わいだ。

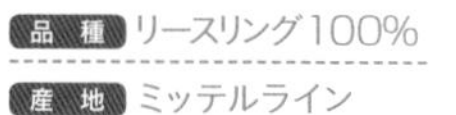

- 品種　リースリング100%
- 産地　ミッテルライン
- ヴィンテージ　2014年
- アルコール度数　12.4%

4070円／ヘレンベルガー・ホーフ

ユリウスシュピタール・シルヴァーナ・トロッケン / ユリウスシュピタール

Juliusspital Silvaner trocken / Juliusspital

パーティワイン

白　生き生きとした骨格、辛口

ドイツを代表する伝統的な辛口を生むフランケン地方で最大の醸造所。ボトルの形が特徴的。ステンレスタンクで低温発酵するワインは、洋梨やリンゴの香りと生き生きとした柑橘系の味わいをもつ。

- 品種　シルヴァーナー100%
- 産地　フランケン
- ヴィンテージ　2018年
- アルコール度数　12.7%

2860円／八田

テラ・モントーサ・リースリング / ヴァイングート・ゲオルク・ブロイヤー

Terra Montosa Riesling / Weingut Georg Breuer

ゆっくりワイン

白　肉厚、ミネラル感

現当主は「ドイツワインの復興」という父の意志を受け継ぐテレーザ・ブロイヤー氏。4つの特級畑のブドウをブレンドしたセカンドワインは、大樽で熟成させることで酸が丸みを帯び力強い味わいに。

品種　リースリング

産地　ラインガウ

ヴィンテージ　2017年

アルコール度数　11.9%

6600円／ヘレンベルガー・ホーフ

マルクグレーフラーラント・シュペートブルグンダー / ヴァイングート・マルティン・ヴァスマー

Markgräflerland Spätburgunder / Weingut Martin Wassmer

春　パーティワイン

赤　まろやか、エレガント

ドイツで最も温暖なバーデン最南端にあり、ブルゴーニュから続く恵まれた土壌でピノ・ノワールを栽培。オークの古樽で熟成させることで、まろやかさと品種本来の果実味や酸味を引き出している。

品種　シュペートブルグンダー（ピノ・ノワール）

産地　バーデン

ヴィンテージ　2018（写真は2017）年

アルコール度数　13.5%

3300円／ヘレンベルガー・ホーフ

臭みやクセとも好相性！

甘口ワインの上級マリアージュ

デザートワインともいわれ、その名の通り食後にぴったりの甘口ワイン。とはいえ、デザートに合わせるだけが甘口ワインのマリアージュではありません。まず好相性なのはチーズやフルーツ。加熱するとよりワインとの相性がよくなります。香りやクセの強いものと合わせるのもおすすめ。加熱してクミンをかけたウォッシュタイプのチーズや、あまりワインと合わないといわれる魚卵も、臭みを消してくれる極甘口となら、ふくよかなマリアージュが楽しめます。

フーバー・ヴィルデンシュタイン・シュペートブルグンダー・R / ベルンハルト・フーバー醸造所

Huber Wildenstein Spätburgunder "R" / Weingut Bernhard Huber

赤　国内外で賞賛される造り手が生む逸品

700年前に修道士がピノ・ノワールを植えたとされる伝説の区画で育つ、樹齢50年以上のブドウを使用。新樽で18カ月以上熟成。力強い果実味や渋味と、重くなりすぎない上品さをあわせもつ。

品種　シュペートブルグンダー（ピノ・ノワール）

産地　バーデン

ヴィンテージ　2011（写真は2012）年

33000円／ヘレンベルガー・ホーフ

ヴェルム・マルヴァジア / ヴェルム

Verum Malvasía / Verum

デイリーワイン

白　濃厚、ミネラル感

1961年に蒸留酒製造をはじめ、2005年にワイナリーを設立。ブドウを破砕・圧搾する前に自然に流れ出る果汁のみを使用したワインは、濃厚で香り豊か。フローラルの香りのなかに、柑橘系の香りが漂う。

品種 マルヴァジア100%

産地 ラ・マンチャ

ヴィンテージ 2016年

アルコール度数 12%

2200円／アルカン

ディボン・カヴァ・ブリュット・リザーヴ / アグリコラ・ディボン

Dibon Cava Brut Reserve / Agricola Dibon

デイリーワイン

白泡　繊細、フレッシュ

100年以上の歴史をもつカヴァとスティル・ワインの造り手。ベースワインから自社で造り、熟練の職人により動瓶が行われる。ブドウ由来の個性と熟成による風味、若々しい酸味が融合している。

品種 マカベオ45%、パレリャーダ30%、チャレッロ25%

産地 ペネデス

ヴィンテージ NV

アルコール度数 11.5%

1430円／アルカン

アルマグロ・グラン・レゼルバ・ファミリア / フェリックス・ソリス

Almagro Gran Reserva de Familia / Felix Solis

秋

パーティワイン

赤　やわらか、しっかりした骨格

ブドウ栽培に適した地域に広大な畑をもつ。アルマグロシリーズの最高級品であるこの1本は、もともと家族やワイナリー来訪者のための限定品だった。赤い果実やヴァニラの香り、熟した果実味が広がる。

品種 テンプラニーリョ85%、カベルネ・ソーヴィニヨン15%

産地 バルデペーニャス

ヴィンテージ 2006（写真は2004）年

アルコール度数 13%

2860円／スマイル

オーガニック・ブランコ・ソーヴィニヨン / マルケス・デ・リスカル

Organic Blanco Sauvigno / Marques de Riscal

デイリーワイン

白　爽やか、クリーンな余韻

リオハ最古の名門で、フランス・ロワール地方から初めてルエダにソーヴィニヨン・ブランをもたらした。樹齢25年以上のブドウで造るワインは、柑橘系などのフルーツやハーブの香りとミネラル感が特徴だ。

品種 ソーヴィニヨン・ブラン

産地 ルエダ

ヴィンテージ 2019（写真は2018）年

アルコール度数 12.5%

2208円／サッポロビール

マンサニーリャ・ラ・ギータ／ホセ・エステベス

Manzanilla la Guit / Jose Esteves

パーティワイン

強白 辛口、軽快、かすかな塩味

シェリーの三大産地のひとつサンカール・デ・バラメーダに位置。ラ・ギータはマンサニーリャの代名詞的存在で、海風があたる熟成庫の影響による、かすかな塩の風味が特徴。フルーツやナッツの香りをもつ。

- **品種** パロミノ100%
- **産地** ヘレス
- **ヴィンテージ** NV
- **アルコール度数** 15%

2035円／スマイル

ドス・コルタドス・パロ・コルタド・ソレラ・エスペシャル 20年／ウィリアムズ&ハンバート

Dos Cortados Palo Cortado Solera Especial 20Y.O. / Williams & Humbert

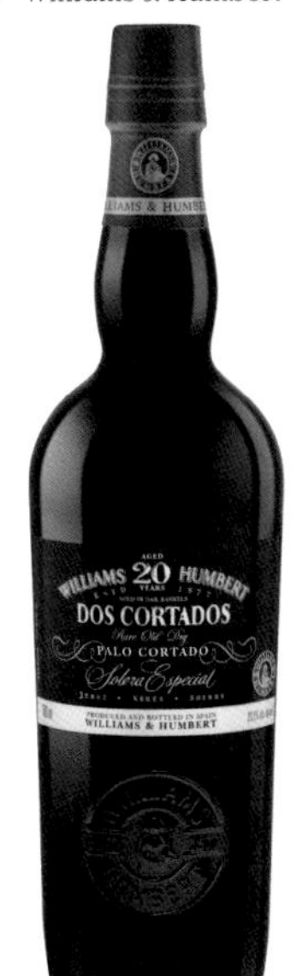

パーティワイン

強白 ドライな口当たり、スパイシー

伝統的なシェリー、フィノのソレラ・システムの途中で、偶然生まれたフィノとは品質の異なる樽を別のソレラ・システムに移し、20年熟成。アモンティリャードの香りとオロロソの風味が混ざった深い味わい。

- **品種** パロミノ
- **産地** ヘレス
- **ヴィンテージ** NV
- **アルコール度数** 21.5%

6270円／明治屋

憧れワイン ウニコ／ベガ・シシリア

Unico / Vega Sicilia

赤 「唯一」という名のプレミアムワイン

150年以上の歴史をもつスペインのトップワイナリー。ウニコ(唯一)と名付けられたフラッグシップワインは、最低でも10年の熟成を経てリリースされる。奥深い凝縮感と熟したタンニンを堪能できる。

- **品種** ティントフィノ94%、カベルネ・ソーヴィニヨン6%
- **産地** リベラ・デル・ドゥエロ
- **ヴィンテージ** 2010年

参考価格74690円／ファインズ

グラン・レゼルバ／マルケス・デ・カセレス

Gran Reserva / Marqués de Cáceres

ゆっくりワイン

赤 深みのある香り、長い余韻

スペイン内乱中にボルドーに移住し、名声を高めたエンリ・フォルネが、リオハに設立。リオハの伝統にボルドーのエッセンスをプラスしたワインは、長期の醸しや熟成により複雑な香りに満ちている。

- **品種** テンプラニーリョ85%、ガルナッチャ・ティンタ8%、グラシアーノ7%
- **産地** リオハ
- **ヴィンテージ** 2011年
- **アルコール度数** 14%

4950円／アルカン

アルタノ・オーガニック・レッド / グラハム
Altano Organic Red / Graham's

デイリーワイン

赤 濃密な果実味、フルボディ

ポートワインの代名詞、グラハム社のスティル・ワインブランド。EU認証を受けたオーガニックワインは、発酵温度と醸しを厳密に調整して品種の特性を引き出す。花や熟した果実の香りが立ち上る。

品種 トウリガ・ナショナル、トウリガ・フランカ、ティンタ・バロッカ、ティンタ・ロリス、ティント・カン

産地 ポルトガル/ドウロ

ヴィンテージ 2016年

アルコール度数 13.5%

参考価格2090円/アサヒビール

ヴァレ・ド・オーメン・ブランコ / ヴァレ・ド・オーメン
Vale do Homem Branco / Vale do Homem

デイリーワイン

白 微発泡、フレッシュ

ポルトガル第三の都市ブラガに設立。2代目オーナーが畑を管理し、サステナビリティ農法を採用する。醸造家アナ・コウチーニョ氏が造るワインは酸が心地よく、柑橘や桃、花の香りが漂う。

品種 ローレイロ60%、アリント40%

産地 ポルトガル/ヴィーニョ・ヴェルデ

ヴィンテージ 2018年

アルコール度数 13%

1210円/スマイル

クレムザー・シュミット・グリューナー・フェルトリーナー / ヴィンツァー・クレムス
Kremser Schmidt Gruner Veltline / Winzer Krems

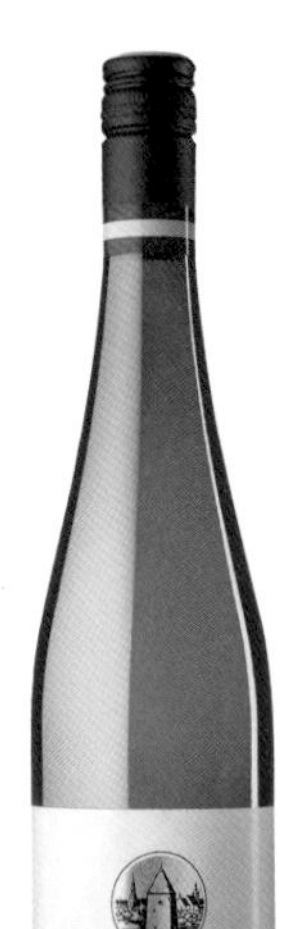

デイリーワイン

白 フレッシュ、豊富な酸味

オーストリア最大級の生産量を誇る協同組合が醸造。同国の固有品種グリューナー・フェルトリーナーのみで造るワインは、リンゴのような甘味とミネラル感をもち、爽やかな余韻が楽しめる。

品種 グリューナー・ヴェルトリーナー 100%

産地 オーストリア/ニーダーエステライヒ

ヴィンテージ 2017年

アルコール度数 12.5%

1485円/スマイル

テイラー レイト ボトルド ヴィンテージ / テイラーズ
Taylor's Late Bottled Vintage / Taylor's

パーティワイン

強赤 果実味豊か、肉厚

1692年の創業以来、ポートワインを生産。4〜6年の熟成を経て、飲み頃に瓶詰めされるレイトボトルドヴィンテージのパイオニア的存在だ。豊満でフルーティな香りと厚みのあるタンニンが広がる。

品種 トゥリガ・フランセーザ、ティンタ・ロリス、トゥリガ・ナショナル、ティンタ・アマレーラ、ティンタ・バロッカ、ティント・カオほか30種ほど

産地 ポルトガル/ポート

ヴィンテージ 2015年

アルコール度数 20%

4180円/ MHD モエ ヘネシー ディアジオ

シルヒャー・ホッホグレイル / ラングマン
Schilcher Hochgrail / Langmann

パーティワイン

ロゼ　鋭利な酸、凝縮した果実味

強烈な酸をもつロゼワイン、シルヒャーで有名な産地で、1700年代から続く老舗ワイナリー。南向きの急斜面の畑で育つ、樹齢40年以上のブドウを使用する。硬質なミネラルと鋭利な酸が特徴だ。

品種　ブラウアー・ヴィルトバッハー
産地　オーストリア/ヴェストシュタイヤーマルク
ヴィンテージ　2019年
アルコール度数　13.3%
3300円/ヘレンベルガー・ホーフ

ウィーナー・ゲミシュターサッツ / ヴァイングート・ヴィーニンガー
Wiener GemischterSatz / Weingut Wieninger

パーティワイン

白　硬質なミネラル、複雑味

世界で唯一、首都に商業ベースのワイン生産地域があるウィーンで、同国名物の混植混醸ワイン、ゲミシュターサッツの復活を目指す。11品種でテロワールの個性を表現。豊富な果実味に満ちている。

品種　グリューナー・ヴェルトリーナーなど、11品種を混植混醸
産地　オーストリア/ウィーン
ヴィンテージ　2018年
アルコール度数　12.1%
3300円/ヘレンベルガー・ホーフ

ルカツィテリ・クヴェヴリ・アンバー・ワイン / オルゴ
Rkatsiteli Qvevri Amber Wine / Orgo

ゆっくりワイン

白　タンニン、リッチな味わい

ルカツィテリを用い、クヴェヴリで発酵させた、オレンジワインとも呼ばれるアンバーワイン。6カ月間のスキン・コンタクトによるタンニンを感じられる。甘いスパイスや紅茶などの香りが心地よい。

品種　ルカツィテリ100%
産地　ジョージア/カヘティ
ヴィンテージ　2017年
アルコール度数　13%
4180円/アルカン

サペラヴィ / シャラウリ・ワイン・セラーズ
Saperavi / Shalauri Wine Cellars

パーティワイン

赤　華やかな香り、滑らか

ジュージアの固有品種を自然農法で栽培。同国伝統の地中に埋めた素焼きの壺、クヴェヴリで天然酵母により発酵させる。赤・紫の果実味のほかスパイスや森林の香りが漂い、奥行きのある味わいだ。

品種　サペラヴィ100%
産地　ジョージア/カヘティ
ヴィンテージ　2016年
アルコール度数　15%
4730円/モトックス

シャスラ・ウヴァヴァン / ウヴァヴァン
Chasselas Uvavins / Uvavins

パーティワイン

白 軽快、丸みのある味わい

スイス・ヴォー州モルジュの協同組合が造るワイン。同国を代表する白ブドウ、シャスラを用いたワインは微炭酸で爽やかな印象。ミネラル感も清々しく、白桃やパイナップルの風味が感じられる。

品種 シャスラ100%
産地 スイス/ヴォー州
ヴィンテージ 2017年
アルコール度数 12.7%
2970円/アルコトレードトラスト

ラミニスタ / キリ・ヤーニ
Ramnista / Kir-Yianni

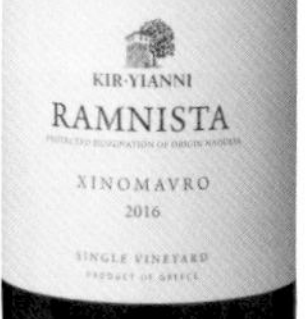

パーティワイン

赤 フルボディ、濃密

老舗ワイナリー、ブタリ・ワインの4代目、ヤーニス氏が創立。ギリシャ原産のクシノマヴロの特性を引き出したワインは、プラムや黒オリーブ、生姜などの香りと渋味や酸味が見事に調和する。

品種 クシノマヴロ100%
産地 ギリシャ/ノーザン・グリース
ヴィンテージ 2016年
アルコール度数 13.5%
3465円/モトックス

クラシック・キュヴェ・マルチ・ヴィンテージ / ナイティンバー
Classic Cuvee Multi Vintage / Nyetimber

記念日ワイン

白泡 凝縮感、複雑味

英国産スパークリング・ワインの先駆者。シャンパーニュと同じ3品種のブドウを区画ごとに果実の熟成度合を確認して手摘みし、個別のタンクで醸造。トーストやマーマレードのリッチな香りをもつ。

品種 シャルドネ50～60%、ピノ・ノワール30～40%、ピノ・ムニエ10～20%
産地 英国/ウェスト・サセックス州、ハンプシャー州
ヴィンテージ NV
アルコール度数 12%
8800円/ TYクリエイション

トカイ・アスー 5・プットニョシュ / ドメーヌ・ディズノク
Tokaji Aszu 5 Puttonyos / Domaine Disznoko

パーティワイン

白 甘口、長い余韻

世界三大貴腐ワインのひとつ。収穫した貴腐ブドウは2/3を軽く圧搾し同じ収穫年のワインに、残りは発酵中の果醪に漬け込む。美しい黄金色、果実やスパイスの香りと心地よい酸をもつ甘美な甘口。

品種 フルミント60%、ハールシュレヴェリュ30%、ゼータ10%
産地 ハンガリー/トカイ
ヴィンテージ 2010(写真は2001)年
アルコール度数 12%
4950円/アルカン

アメリカ/カリフォルニア
USA California

グレイヴリー・フォード・ピノ・ノワール / グレイヴリー・フォード
Gravelly Ford Pinot Noir / Gravelly Ford

デイリーワイン

赤 フルーティ、スムーズ

全米で8番目の規模を誇るオニール社の1ブランド。ステンレスタンクで1週間発酵し、フレンチオーク、アメリカンオーク樽で熟成させたワインは、果実味の中にヴァニラやスパイスの風味が立ち上る。

品種 ピノ・ノワール100%

産地 カリフォルニア州

ヴィンテージ 2018（写真は2016）年

アルコール度数 12.5～13.5%

1650円／スマイル

スリー・シーヴズ カリフォルニア・ピノ・グリージョ / スリー・シーヴズ
Three Thieves California Pinot Grigio / Three Thieves

秋

デイリーワイン

白 爽やかな酸味、果実感

3人のビジネスマンが造る「3人の泥棒」という名のワイン。畑やエリアにこだわらず、よいブドウを使ってコストパフォーマンスの高いワインを生み出す。ピュアな果実感があり、余韻のハーブも心地よい。

品種 ピノ・グリージョ77%、リースリング11%、フレンチ・コロンバール8%、ホワイト・ブレンド4%

産地 カリフォルニア州

ヴィンテージ 2019年

アルコール度数 13.5%

2090円／布袋ワインズ

エンジェルズ・カット・メルロ / エンジェルズ・カット
Angels Cut Merlot / Angels Cut

夏

パーティワイン

赤 ベリーやヴァニラの香り

メルロの栽培に最適なローダイとメンドシーノのブドウを使用。短期間の樽熟成でオークフレーバーを適度に抑え、ソフトなタンニンに仕上げた。チェリーやベリー、スパイスの味わいをもつ。

品種 メルロ95%、シラー5%

産地 カリフォルニア州

ヴィンテージ 2016年

アルコール度数 14%

2750円／ジリオン

リヴァ・ランチ・リザーヴ・シャルドネ / ウエンテ
Riva Ranch Reserve Chardonnay / Wente

パーティワイン

白 クリーミー、滑らかな余韻

シャルドネに適した土地で5世代受け継がれる単一畑のブドウを使用。新樽、フレンチ・アメリカンオークの古樽、ステンレスタンクで発酵させることで、豊かな果実味にヴァニラやスパイスが加わる。

品種 シャルドネ98%、ゲヴュルツトラミネール2%

産地 モントレー アロヨ・セコ

ヴィンテージ 2018年

アルコール度数 13.5%

3960円／明治屋

ヴィンヤード・セレクション・カベルネ・ソーヴィニヨン / エバレー・ワイナリー
Vineyard Selection Cabernet Sauvignon / Eberle Winery

パーティワイン

赤 フルボディ、シルキー

パソ・ロブレスのワイン産業の立役者、ギャリー・エバレーが手がける。微気候の異なる畑のブドウを用い、18カ月熟成。ブラックチェリーやプラムのアロマをもち、余韻にシダーの香りが漂う。

品種 カベルネ・ソーヴィニヨン
産地 パソ・ロブレス
ヴィンテージ 2016年
アルコール度数 14.1%
4015円／アイコニックワイン

ヴァイン・スター・ジンファンデル・ソノマ / ブロック・セラーズ
Vine Starr Zinfandel Sonoma / Broc Cellars

パーティワイン

赤 フレッシュな酸味、果実味

ブドウの自然な表現を引き出すため、有機栽培やビオディナミ農法を採用。ブドウがもつ天然酵母で発酵させる。糖度が低く、適度な酸度のジンファンデルを用いたワインは、エレガントな味わいだ。

品種 ジンファンデル100%
産地 ソノマ
ヴィンテージ 2018年
アルコール度数 12.8%
5720円／富士インダストリーズ

ピノ・ノワール"ノックス・アレキサンダー"サンタマリア・ヴァレー / オー・ボン・クリマ
Pinot Noir "Knox Alexander" Santa Maria Valley / Au Bon Climat

冬

ゆっくりワイン

赤 複雑なフレーバー、バランス

オーナー兼ワインメーカーであるジム・クレンデネン氏の息子の名を冠したワイン。2つの自社畑で育った高品質のピノ・ノワールを使用し22カ月熟成。ラズベリーやココアなど、風味が複雑に変化する。

品種 ピノ・ノワール100%
産地 サンタマリア・ヴァレー
ヴィンテージ 2016（写真は2009）年
アルコール度数 13.5%
7150円／JALUX

ギャリー・ファレル・オリヴェット・レーン・ヴィンヤード・シャルドネ / ギャリー・ファレル
Gary Farrell Olivet Lane Vineyard Chardonnay / Gary Farrell

ゆっくりワイン

白 エレガント、豊かな酸味

2012年、醸造長に抜擢されたテレサ・ヘレディア氏。冷たい海風と霧の影響を受ける土地で育ったブドウを使用し、豊かな酸味と、ほのかなスパイスの風味をもつやわらかなワインに仕上げている。

品種 シャルドネ
産地 ロシアン・リヴァー・ヴァレー
ヴィンテージ 2015年
アルコール度数 13.6%
8580円／布袋ワインズ

アレキサンダー・ヴァレー・カベルネ・ソーヴィニヨン / シルヴァー・オーク
Alexander Valley Cabernet Sauvignon / Silver Oak

記念日ワイン

赤 豊かな香り、バランス

自社保有の樽工場製のアメリカンオークで25カ月間熟成。初期にブレンドすることで、バランスのとれた味わいを生む。チョコレートがけのイチゴやトリュフなど魅惑的な香り、滑らかなタンニンをもつ。

品種 カベルネ・ソーヴィニヨン97.7%、メルロ1.3%、プティ・ヴェルド0.5%、マルベック0.3%、カベルネ・フラン0.2%

産地 アレキサンダー・ヴァレー

ヴィンテージ 2015年

アルコール度数 13.8%

14080円／JALUX

フラワーズ キャンプ・ミーティング・リッジ ピノ・ノワール / フラワーズ
Flowers Camp Meeting Ridge Pinot Noir / Flowers

記念日ワイン

赤 絶妙な渋味と酸味

かつて先住民が集う避暑地だったことから名付けられた地域で、ソノマ・コーストを有名にした最高級畑のブドウで造る限定品。強い日差しが凝縮した果実味とタンニンを、低い気温が酸味をもたらす。

品種 ピノ・ノワール100%

産地 ソノマ・コースト

ヴィンテージ 2015年

アルコール度数 13%

15400円／布袋ワインズ

カリフォルニアワインの礎を築いた2大赤ワイン

オーパス・ワンとドミナス

オーパス・ワンはシャトー・ムートン・ロートシルトの出資、ドミナスはシャトー・ペトリュスの出資による、フランスとアメリカのジョイントビジネスによって生み出された高級ワインです。フランスの伝統と技術、カリフォルニア大学デイビス校を中心とした最新科学やマーケティング力と資本力が融合し、さらにはロバート・パーカー氏を代表とするワイン評論家の評価により、不動の地位を築き上げた最初のカリフォルニアワインといえるでしょう。

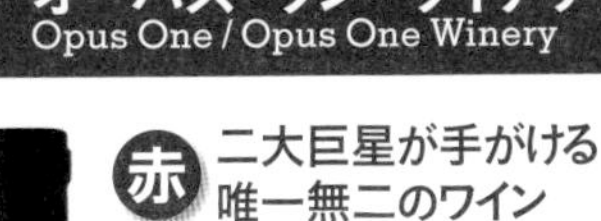

オーパス・ワン / オーパス・ワン・ワイナリー
Opus One / Opus One Winery

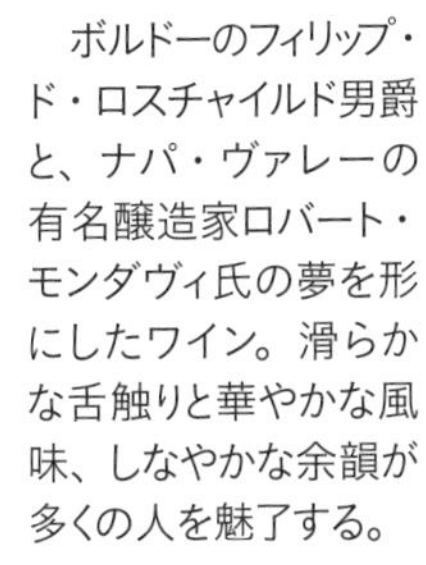

赤 二大巨星が手がける唯一無二のワイン

ボルドーのフィリップ・ド・ロスチャイルド男爵と、ナパ・ヴァレーの有名醸造家ロバート・モンダヴィ氏の夢を形にしたワイン。滑らかな舌触りと華やかな風味、しなやかな余韻が多くの人を魅了する。

品種 カベルネ・ソーヴィニヨン80%、プティ・ヴェルド9%、カベルネ・フラン5%、メルロ5%、マルベック1%

産地 ナパ・ヴァレー

ヴィンテージ 2017年

66000円／エノテカ

ローン・バーチ・シャルドネ / ローン・バーチ・ワインズ
Lone Birch Chardonnay / Lone Birch Wines

パーティワイン

白 鮮明な辛口、フルーティ

寒暖差の激しい土地で190日の時間をかけ、ゆっくりと成熟させたブドウを使用。スイカズラとメロンの香りに加え、レモンや洋梨の風味が感じられ、鮮明な酸味がもたらす爽やかな味わいが広がる。

品種 シャルドネ100%

産地 ワシントン州ヤキマ・ヴァレー

ヴィンテージ 2018年

アルコール度数 13.5%

2970円/サチ・インターナショナル

ウィスパリング・ツリー・リースリング / ミルブラント・ヴィンヤーズ
Whispering Tree Riesling / Milbrandt Vineyards

デイリーワイン

白 中辛口、フレッシュな酸味

やさしく圧搾した果汁の不純物を低温下で取り除き、約30日間熟成。その後、冷却安定化を行い、ステンレスタンクで4カ月熟成させる。熟した洋梨や白桃、柑橘類の香りのなかにミネラルを感じる1本だ。

品種 リースリング97%、ゲヴュルツトラミネール3%

産地 ワシントン州コロンビア・ヴァレー

ヴィンテージ 2015年

アルコール度数 11.5%

2035円/アルコトレードトラスト

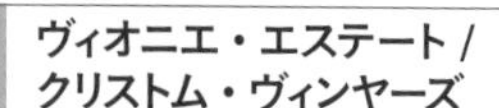

ヴィオニエ・エステート / クリストム・ヴィンヤーズ
Viognier Estate / Cristom Vineyards

ゆっくりワイン

白 ふくよか、繊細な酸

涼しすぎずブドウがしっかりと熟す自社畑はサステナブル農法。スティーブ・ドナー氏がカリフォルニアのカレラでのヴィオニエ造りの経験を生かして生み出すワインは、ふくよかな味わい。

品種 ヴィオニエ

産地 オレゴン州ウィラメット・ヴァレー、エオラーアミティ・ヒルズ

ヴィンテージ 2018年

アルコール度数 14.1%

5280円/中川ワイン

パワーズ・カベルネ・ソーヴィニヨン / パワーズ・ワイナリー
Powers Cabernet Sauvignon / Powers Winery

冬

パーティワイン

赤 フルボディ、丸い口当たり

フレンチオーク樽で20カ月熟成。ブラックチェリーやスグリ、ブルーベリーの濃厚な香りに、スパイスの風味が折り重なり、カベルネ・ソーヴィニヨンならではのリッチな味わいが楽しめる。

品種 カベルネ・ソーヴィニヨン82%、カベルネ・フラン6%、メルロ7%、カルメネール5%

産地 ワシントン州コロンビア・ヴァレー

ヴィンテージ 2017年

アルコール度数 14%

2750円/ジリオン

ディ2／デリール・セラーズ
D2 / DeLille Cellars

ゆっくりワイン

赤 濃い果実味、ベリーの香り

厳選した手摘みのブドウを使い、ボルドースタイルのワインを造る。新樽比率55%のフレンチオーク樽で18カ月熟成させることで、果実味の中に樽由来のココアやコーヒーのニュアンスが感じられる。

品種 メルロ66%、カベルネ・ソーヴィニヨン29%、カベルネ・フラン3%、プティ・ヴェルド2%

産地 ワシントン州コロンビア・ヴァレー

ヴィンテージ 2017年

アルコール度数 14.2%

9130円／オルカ・インターナショナル

ピノ・ノワール・ダンディ・ヒルズ／ソーコル・ブロッサー
Pinot Noir Dundee Hills / Sokol Blosser

ゆっくりワイン

赤 皮革とスパイスの香り

オレゴンワイン業界の指導者的役割を担ってきた家族経営のワイナリー。11区画のピノ・ノワールをブレンドし、天然酵母で造られるワインは、リッチな味わいで、黒果実やシナモンの風味も漂う。

品種 ピノ・ノワール100%

産地 オレゴン州ダンディ・ヒルズ

ヴィンテージ 2017年

アルコール度数 13.5%

5280円／オルカ・インターナショナル

ピノ・ノワール・エヴェンスタッド・リザーヴ／ドメーヌ・セリーヌ
Pinot Noir Evenstad Reserve / Domaine Serene

記念日ワイン

赤 滑らか、芳醇

ケン&グレース・エヴェンスタッド夫妻が設立したワイナリーで、卓越したブレンドの技が特徴。テロワールを上品に表現したワインは、黒果実の華やかな香りにスパイスやキノコのフレーバーが広がる。

品種 ピノ・ノワール100%

産地 オレゴン州ウィラメット・ヴァレー

ヴィンテージ 2017年

アルコール度数 14.4%

13200円／オルカ・インターナショナル

メルロ／レオネッティ・セラー
Merlot / Leonetti Cellar

記念日ワイン

赤 繊細で滑らかなタンニン

小規模で高品質のワインを生む、アメリカで最も有名なブティックワイナリーのひとつ。メルロの特徴を見事に引き出し、熟したベリーとクリームの香りに満ちた繊細なタンニンの1本に仕上げている。

品種 メルロ94%、カベルネ・フラン4%、カベルネ・ソーヴィニヨン2%

産地 ワシントン州ワラ・ワラ・ヴァレー

ヴィンテージ 2017年

アルコール度数 14.5%

17600円／オルカ・インターナショナル

エステート・リースリング / ウェイクフィールド
Estate Riesling / Wakefield

デイリーワイン

白　心地よい酸味と果実味

3世代続く家族経営のワイナリー。早朝収穫した自社畑のブドウを使用したワインは、クレア・ヴァレーのリースリングの特徴が引き出され、柑橘系とオレンジの花の香りが漂う心地よいバランスに。

品種 リースリング100%
産地 南オーストラリア州クレア・ヴァレー
ヴィンテージ 2018年
アルコール度数 12.5%
2200円／明治屋

ワインメーカーズ・ノート・レゼルヴ・シャルドネ / アンドリュー・ピース
Winemakers Notes Reserve Chardonnay / Andrew Peace

デイリーワイン

白　辛口、ほどよい酸味、樽香

オーストラリア最長のマレー川沿いにあり、ブドウの皮を羊の肥料にするなどサステナブルな取り組みも行う造り手。その恵まれた環境が豊かな味わいを生む。アプリコットやヴァニラなど複雑な香り。

品種 シャルドネ100%
産地 南東オーストラリア
ヴィンテージ 2018年
アルコール度数 13.5%
1914円／GRN

カベルネ・メルロー・プティ・ヴェルド / タルターニ
Cabernet Merlot Petie Verdot / Taltarni

パーティワイン

赤　豊かな果実味、スパイス香

カリフォルニアの「クロ・デュ・バル」の姉妹ワイナリー。3種のブドウを品種別に発酵させブレンドし、フレンチオーク樽で熟成させたワインは、果実味あふれる香りのボルドースタイル。

品種 カベルネ・ソーヴィニヨン、メルロ、プティ・ヴェルド
産地 ヴィクトリア州ピレニーズ
ヴィンテージ 2017（写真は2013）年
アルコール度数 14%
3190円／JALUX

エンバース・ソーヴィニヨン・ブラン・セミヨン / フレイムツリー
Embers Sauvignon Blanc Semillon / Flametree

パーティワイン

白　フレッシュ、キレのよい酸味

3つの畑のソーヴィニヨン・ブランに、セミヨンをブレンドし低温発酵。オーク樽は使わず、ソーヴィニヨン・ブランのパッションフルーツと、セミヨンのシトラスの花の香りを引き出している。

品種 ソーヴィニヨン・ブラン70%、セミヨン30%
産地 西オーストラリア州マーガレット・リヴァー
ヴィンテージ 2020年
アルコール度数 13%
2530円／GRN

ネスト・エッグ シャルドネ / バード・イン・ハンド
Nest Egg Chardonnay / Bird In Hand

ゆっくりワイン

白　凝縮感のある香り、繊細

環境に配慮したサステナブル農法を採用し、できる限り自然に任せた醸造を行う。白桃やグレープフルーツのほか、カシューナッツや火打ち石などの複雑な香り。樽感と酸味の絶妙なバランスが楽しめる。

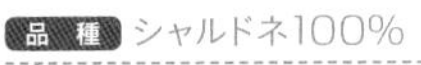

品種　シャルドネ100%

産地　南オーストラリア州アデレード・ヒルズ

ヴィンテージ　2019年

アルコール度数　13%

6930円／GRN

ジャイアント・ステップス・ヤラ・ヴァレー・ピノ・ノワール / ジャイアント・ステップス
Giant Steps Yarra Valley Pinot Noir / Giant Steps

秋

パーティワイン

赤　果実味豊か、まろやか

名ワイナリー「デヴィルズ・レアー」などを立ち上げたフィル・セクストン氏と、醸造家のスティーブ・フラムスティード氏が設立。動物性剤を使わず自然濾過で仕上げたワインは、豊かな果実味が魅力だ。

品種　ピノ・ノワール100%

産地　ヴィクトリア州ヤラ・ヴァレー

ヴィンテージ　2019年

アルコール度数　13.5%

4180円／GRN

カレスキー・ヨハン・ゲオーグ・シラーズ / カレスキー
Kalleske Johann Georg Shiraz / Kalleske

記念日ワイン

赤　アロマティック、自然な酸味

160年以上ブドウ栽培を行うカレスキー家の7代目トロイ氏が設立。創業以来、農薬や化学肥料を一切使用していない。1875年に植樹したシラーズで造るワインは、10～20年の熟成に耐えうる。

品種　シラーズ100%

産地　南オーストラリア州バロッサ・ヴァレー

ヴィンテージ　2107（写真は2015）年

アルコール度数　14.5%

22000円／GRN

ラングメイル・ザ・フィフス・ウェイブ・グルナッシュ / ラングメイル・ワイナリー
Langmeil The Fifth Wave Grenache / Langmeil Winery

ゆっくりワイン

赤　果実味、ボリューム感

平均樹齢70年のグルナッシュを使用し、フレンチオーク樽で19カ月熟成。完熟した果実の甘い香りのほか、ユーカリやシナモンの香りが多層的に広がる。凝縮感とみずみずしさを兼ね備えた味わいだ。

品種　グルナッシュ100%

産地　南オーストラリア州バロッサ・ヴァレー

ヴィンテージ　2016年

アルコール度数　15%

6050円／スマイル

リージョナル・ピノ・ノワール・ロゼ・マルボロ / マトゥア
Regional Pinot Noir Rose Marlborough / Matua

夏

デイリーワイン

ロゼ 果実味たっぷり、爽やか

ニュージーランドで初めてソーヴィニヨン・ブランを植栽。2016年から造りはじめたピノ・ノワール・ロゼは、野イチゴや赤スグリなどのフレッシュな果実味と華やかな香り、キリッとした後味が魅力だ。

品種 ピノ・ノワール100%

産地 マールボロ

ヴィンテージ 2017年

アルコール度数 13%

2208円／サッポロビール

ハーハ・ホークス・ベイ・ピノ・グリ / ハーハ
Hāhā Hawke's Bay Pinot Gris / Hāhā

夏

デイリーワイン

白 ジューシー、ドライ

環境に配慮した取り組みを行い、ブドウ畑、ワイナリー、瓶詰め施設のすべてが100%持続可能と認定。ピノ・グリで造られるワインはクリーミーな口当たりで、ライチや洋梨、ネクタリンの香りが漂う。

品種 ピノ・グリ100%

産地 ホークス・ベイ

ヴィンテージ 2018年

アルコール度数 13.5%

2200円／スマイル

ソーヴィニヨン・ブラン・マールボロ / バビッチ
Sauvignon Blanc Marlborough / Babich

パーティワイン

白 厚みのある辛口、清涼な酸味

100年以上の歴史を誇るニュージーランドワインのパイオニア。手早く破砕・圧搾したブドウは、香りを引き出すためステンレスタンクで低温発酵。トロピカルフルーツなどの豊かな香りが広がる。

品種 ソーヴィニヨン・ブラン100%

産地 マールボロ

ヴィンテージ 2019年

アルコール度数 13%

2750円／明治屋

ストラタム・ソーヴィニョン・ブラン / シャーウッド・エステート
Stratum Sauvignon Blanc / Sherwood Estate

夏

デイリーワイン

白 フレッシュ、凝縮した果実味

農薬や化学肥料を使わないほか、廃棄物の再利用や水の再利用など環境に配慮した栽培と醸造を徹底。最新鋭の設備で造られるワインは、トロピカルフルーツの豊かな香りとリッチな味わいをもつ。

品種 ソーヴィニヨン・ブラン

産地 ワイパラ・ヴァレー

ヴィンテージ 2019年

アルコール度数 12.5%

2090円／GRN

ソーヴィニヨン・ブラン / クロ・アンリ
Sauvignon Blanc / Clos Henri

ゆっくりワイン

白 ミネラル感、エレガント

仏サンセールのトップ生産者が造るワイン。有機栽培の畑にフランスの伝統である高密植度での栽培や乾地農業を採用することで、凝縮したブドウに。白い花や洋梨の香りと、丸みのある味わいだ。

品種 ソーヴィニヨン・ブラン100%
産地 マールボロ
ヴィンテージ 2016年
アルコール度数 13.5%
4950円／JALUX

フュージョナル・ピノ・ノワール / メゾン・ラポルト
Fusional Pinot Noir / Maison Laporte

パーティワイン

赤 赤果実の香り、滑らか

フランス・サンセールの老舗、メゾン・ラポルトがニュージーランドで醸造。褐色粘土や小石を含む粘土の土壌で育つ若樹からピノ・ノワールを収穫。滑らかなタンニンが心地よく口中に広がる。

品種 ピノ・ノワール100%
産地 マールボロ
ヴィンテージ 2017年
アルコール度数 13.5%
オープン価格／富士インダストリーズ

キュヴェ・オー・アンティポード / プロフェッツ・ロック
Cuvee Aux Antipodes / Prophet's Rock

記念日ワイン

赤 しっかりした骨格、滑らか

フランス・ブルゴーニュの「ヴォギュエ」の醸造責任者フランソワ・ミエ氏と協働。手摘みしたブドウを天然酵母で発酵させ、新樽比率33%のフレンチオーク樽で熟成。後口まで酸味が絹糸のように続く。

品種 ピノ・ノワール100%
産地 セントラル・オタゴ
ヴィンテージ 2018（写真は2016）年
アルコール度数 14%
19800円／GRN

ブランク・キャンバス・ピノ・ノワール / ブランク・キャンバス
Blank Canvas Pinot Noir / Blank Canvas

ゆっくりワイン

赤 力強い、優雅、滑らか

醸造家兼コンサルタントのマット・トムソン氏が妻と設立。手摘みのブドウを天然酵母で発酵。手作業で櫂入れを行い、50%は全房発酵する。新旧のオーク樽で10カ月熟成させ深みのある味わいに。

品種 ピノ・ノワール100%
産地 マールボロ
ヴィンテージ 2017年
アルコール度数 12.5%
4950円／GRN

ラ・ホヤ・グラン・レゼルヴァ・シャルドネ/ビスケルト
La Joya Gran Reserva Chardonnay / Bisquertt

デイリーワイン

白 フレッシュ、豊かなボリューム

コルチャグア・ヴァレーでブドウ栽培をはじめたパイオニア的存在。太平洋から吹き込む風が特有の個性をもたらす。トロピカルな香りとスパイスなどの後味、酸味とのバランスがとれた豊かな果実味をもつ。

品種 シャルドネ100%
産地 コルチャグア・ヴァレー
ヴィンテージ 2019年
アルコール度数 13.5%
1650円/明治屋

ラ・キャピターナ・カルメネール / ヴィーニャ・ラ・ローサ
La Capitana Carmenère / Viña la Rose

デイリーワイン

赤 果実味豊か、ソフト

1824年に設立した歴史あるワイナリー。自社畑のブドウのみを使用し、近代的な設備で造られるカルメネールのワインは、渋味が控えめでソフトな味わい。熟したプラムやブルーベリーの香りが広がる。

品種 カルメネール100%
産地 カチャポアル・ヴァレー
ヴィンテージ 2018年
アルコール度数 13.5%
1991円/東亜商事

チリのカルメネール column

長い間チリにおいてメルロと混同されていたカルメネールは、元来ボルドー由来のブドウ。フランスでは補助品種として使われているが、チリで近年成功を収め、黒く、濃く、甘くフルーティな単一品種によるワインが増えてきている。今後の独自性に注目したい期待の品種だ。

ケウラ・カルメネール / ベンティスケーロ
Queulat Carménère / Ventisquero

デイリーワイン

赤 骨格しっかり、滑らか

精密な調査で土壌の性格を把握し、最適な品種を区画単位で細やかに管理し栽培する。熟した黒系果実と、スパイスやチョコレートなどの香りに樽由来のコーヒーのアロマも感じるフルボディ。

品種 カルメネール100%
産地 マイポ・ヴァレー
ヴィンテージ 2017(写真は2009)年
アルコール度数 13%
1980円/アルカン

メダヤ・レアル・カベルネ・ソーヴィニヨン / サンタ・リタ

Medalla Real Cabernet Sauvignon / Santa Rita

パーティワイン

赤 赤・黒の果実香、フルボディ

4000ha以上の畑をもつチリ最大規模のワイナリー。単一畑の完熟したカベルネ・ソーヴィニヨンを用い、約12カ月樽熟成したワインは、メンソールやヴァニラの香りとバランスのよい熟成香が堪能できる。

品種 カベルネ・ソーヴィニヨン
産地 マイポ・ヴァレー
ヴィンテージ 2017（写真は2013）年
アルコール度数 13.5%
2758円／サッポロビール

マックス・ソーヴィニヨン・ブラン / エラスリス

Max Sauvignon Blanc / Errazuriz

パーティワイン

白 爽やかな酸味、みずみずしい

創業150年以上の名門ワイナリー。アコンカグア・ヴァレーの冷涼な自社畑で育ったソーヴィニヨン・ブランで造るワインは、柑橘系やハーブの香りと、爽やかな酸味が感じられる直線的な味わい。

品種 ソーヴィニヨン・ブラン100%
産地 アコンカグア・ヴァレー
ヴィンテージ 2018年
アルコール度数 13.5%
2860円／JALUX

セーニャ / エラスリス

Sena / Errazuriz

記念日ワイン

赤 滑らかなタンニン、洗練

チリの名門エラスリスの当主、エデュアルド・チャドウィック氏と、カリフォルニアワインの父、ロバート・モンダヴィ氏が造るワイン。黒系果実の複雑な香りが広がるエレガントなフルボディ。

品種 カベルネ・ソーヴィニヨン55%、マルベック20%、プティ・ヴェルド12%、カルメネール8%、カベルネ・フラン5%
産地 アコンカグア・ヴァレー
ヴィンテージ 2016（写真は2017）年
アルコール度数 13.5%
24750円／JALUX

コノスル・オシオ・ピノ・ノワール / ヴィーニャ・コノスル

Cono Sur "Ocio" Pinot Noir / Vina Cono Sur

ゆっくりワイン

赤 凝縮した果実味、エレガント

ブルゴーニュのドメーヌ・ジャック・プリュールのマルタン・プリュール氏との協働で生まれたコノスルのフラッグシップ。きめ細かなタンニンと滑らかなボディが特徴で、豊かな香りが立ち上る。

品種 ピノ・ノワール100%
産地 カサブランカ・ヴァレー
ヴィンテージ 2017年
アルコール度数 14%
7700円／スマイル

トランペッター・カベルネ・ソーヴィニヨン / ルティーニ・ワインズ
Trumpeter Cabernet Sauvignon / Rutini Wines

デイリーワイン

赤　やわらかく甘い芳香

1885年、イタリア移民のドン・フェリーペ・ルティーニ氏が創業。アルゼンチンの恵まれた気候とイタリアの伝統製法が生み出すワインは、赤果実の香りの中にココアやチョコレートの香りが広がる。

品種　カベルネ・ソーヴィニヨン
産地　メンドーサ州
ヴィンテージ　2018年
アルコール度数　14%
1760円／明治屋

ボトルの大きさ column

ボトルの大きさには一般的な通常サイズのフルボトルのほか、2分の1本分のハーフボトル、2本分のマグナムなどがある。ボトルが大きいほど外部の影響を受けにくく、ゆっくりと熟成するので、ボトルの大きさはワインの熟成スピードに影響を与える。長期熟成タイプのワインをハーフボトルで早めに楽しむなど、ワインを飲み頃で楽しむ工夫として利用しよう。

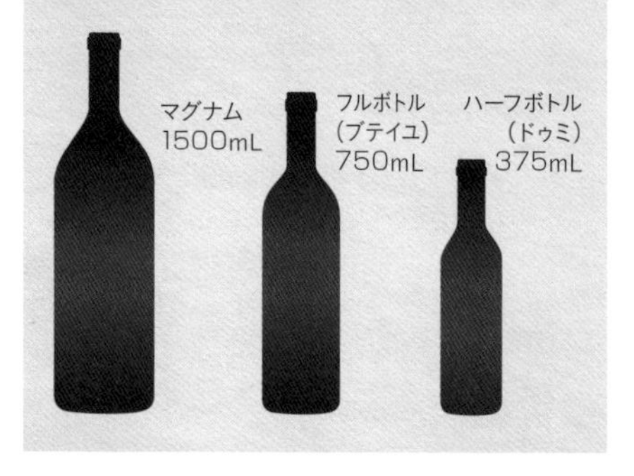

シクロス・ソーヴィニヨン・ブラン / エル・エステコ
Ciclos Sauvignon Blanc / El Esteco

デイリーワイン

白　凝縮した果実味、辛口

天候と土壌に恵まれた土地でブドウを栽培。ステンレスタンクで発酵させ、アメリカンオーク樽で6カ月熟成させる。燻製やスパイスの特徴的な香りと、グレープフルーツなど柑橘類の香りが楽しめる。

品種　ソーヴィニヨン・ブラン100%
産地　カルチャキ・ヴァレー
ヴィンテージ　2016（写真は2013）年
アルコール度数　13%
2200円／スマイル

ラ・リンダ・トロンテス / ボデガ・ルイージ・ボスカ
La Linda Torrontes / Bodega Luigi Bosca

デイリーワイン

白　甘味と酸味のバランス

アルゼンチンで最も古い家族経営のワイナリーのひとつ。アンデス山脈の雪解け水で潤う畑でブドウを栽培。ローズヒップとラベンダーの豊かな香りをもち、口当たりが滑らかで和食に合う味わい。

品種　トロンテス100%
産地　サルタ州カファジャテ
ヴィンテージ　2018年
アルコール度数　12%
1661円／カサ・ピノ・ジャパン

ルティーニ・エンクエントロ・マルベック / ルティーニ・ワインズ
Rutini Encuentro Malbec / Rutini Wines

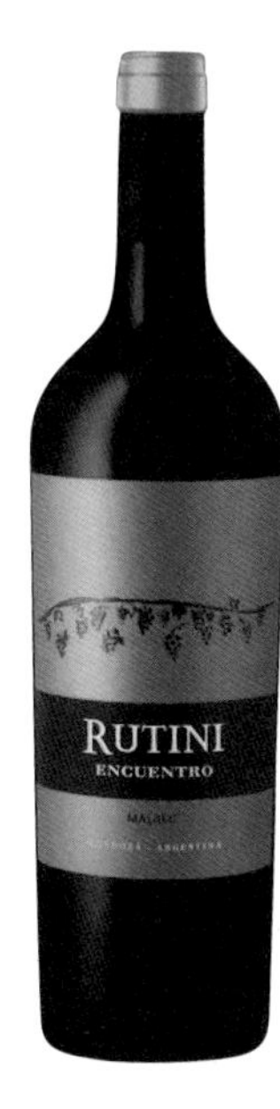

パーティワイン

赤 フルボディ、穏やかな酸味

「エンクエントロ」とは、スペイン語で「出会い」という意味。マルベック特有の濃厚な果実味と穏やかな酸味をもち、スミレの花や赤い果実、ダークチョコ、ベリージャムなどの香りが堪能できる。

品種 マルベック100%

産地 メンドーサ州

ヴィンテージ 2017年

アルコール度数 14%

3300円／明治屋

ヴァレ・ド・ウコ / クロス・デ・ロス・シエテ
Valle de Uco / Clos de Los Siete

パーティワイン

赤 心地よい酸、凝縮した果実味

著名なワインコンサルタント、ミシェル・ロラン氏と6名の醸造家が手がける。6種のブドウを用いたワインは、1%のカベルネ・フランがほのかなスパイスを与え、ブラックベリーや花の香りが漂う。

品種 マルベック54%、メルロ18%、カベルネ・ソーヴィニヨン12%、シラー12%、プティ・ヴェルド3%、カベルネ・フラン1%

産地 メンドーサ州ウコ・ヴァレー

ヴィンテージ 2016(写真は2014)年

アルコール度数 13.5%

4180円／JALUX

ボデガ・エル・エステコ・アルティムス / エル・エステコ
Bodega El Esteco Altimus / El Esteco

春

ゆっくりワイン

赤 果実味、しなやか、フルボディ

テロワールを表現するため、品種ごとに醸造・熟成後、最上のロットをブレンド。濾過は行わず、ブドウの特性を引き出す。黒果実とスパイシーさや青さのある香り。しなやかな口当たりが心地いい。

品種 カベルネ・ソーヴィニヨン55%、マルベック30%、カベルネ・フラン10%、メルロ5%

産地 カルチャキ・ヴァレー

ヴィンテージ 2015年

アルコール度数 14.5%

3740円／スマイル

ホセ・ズッカルディ / ファミリア・ズッカルディ
Jose Zuccardi / Familia Zuccardi

ゆっくりワイン

赤 力強い、エレガント

銘醸地メンドーサを本拠地に、60カ国以上にワインを販売。コンクリートタンクで発酵後、木樽で24カ月熟成させ、香りを引き出すため、濾過を行わない。深い果実味とタンニンが調和した重厚な味わい。

品種 マルベック、カベルネ・ソーヴィニヨン

産地 メンドーサ州ウコ・ヴァレー

ヴィンテージ 2015年

アルコール度数 14%

4958円／サッポロビール

バリスタ・ピノタージュ / ベルタス・フォーリー
Barista Pinotage / Bertus Fourie

夏

デイリーワイン

赤　濃い果実味、コーヒーの香り

ワインメーカーのベルタス・フォーリー氏が、世界で初めて南アフリカのピノタージュで醸造したコーヒースタイルのワイン。特殊な酵母を使い、発酵用の樽を焼くことでコーヒーの香りを引き出す。

品種　ピノタージュ100%
産地　ウェスタン・ケープ
ヴィンテージ　2018（写真は2016）年
アルコール度数　13.5%
1760円／スマイル

アシュトン・ワイナリー・カベルネ・ソーヴィニヨン / アシュトン・ワイナリー
Ashton Winery Cabernet Sauvignon / Ashton Winery

デイリーワイン

赤　凝縮した果実味、滑らか

複数の栽培農家が出資して設立した協同組合ワイナリー。手摘みのブドウを使い、フレンチオークの古樽で14カ月熟成させたワインは、黒い果実や黒胡椒の香りに加え、トースト香が感じられる。

品種　カベルネ・ソーヴィニヨン100%
産地　ロバートソン
ヴィンテージ　2015（写真は2018）年
アルコール度数　13%
1265円／スマイル

ファー・アンド・ニア・ソーヴィニヨン・ブラン / ラヴニール
Far & Near Sauvignon Blanc / L'avenir

デイリーワイン

白　フレッシュな酸味、華やか

「ゴールデントライアングル」と呼ばれる、南アフリカで最も古く、良質なワインを生む地区に畑を所有。その最も高い斜面で育つブドウを使ったワインは、トロピカルフルーツの味わいが魅力だ。

品種　ソーヴィニヨン・ブラン100%
産地　ステレンボッシュ
ヴィンテージ　2018（写真は2016）年
アルコール度数　13.5%
1991円／東亜商事

フィースト・アンド・ヴァイン・シラーズ / ガブ家
Feast & Vine Shiraz / Gabb Family

デイリーワイン

赤　辛口、ベリーの果実味

イギリス系のガブ家が創業。ソーラーシステムの導入やハチの巣を使った自然受粉など環境に配慮したサステナブル農法を行う。果実味とスパイス香をもつワインは肉料理や中華料理に合う1本だ。

品種　シラーズ100%
産地　ウェスタン・ケープ
ヴィンテージ　2019年
アルコール度数　13.5%
1650円／シーズンワイン

プレジール・ド・メール・カベルネ・ソーヴィニヨン / ディステル

Plaisir de Merle Cabernet Sauvignon / Distell

秋

パーティワイン

赤 フルボディ、フルーティ

シャトー・マルゴーのポール・ポンタリエ氏がアドバイザーとして毎年参加。フランス産の新しい小樽で10〜14カ月熟成させるワインは、完熟したフルーツの味わいとソフトなタンニンが特徴。

品種 カベルネ・ソーヴィニヨン

産地 パール

ヴィンテージ 2015（写真は2014）年

アルコール度数 13%

4298円／サッポロビール

アスリナ・ソーヴィニヨン・ブラン / アスリナ

Aslina Sauvignon blanc / Aslina

冬

パーティワイン

白 爽やか、上品な辛口

南アフリカで黒人女性として初めて自身のブランドを設立した、ヌツィキ・ビエラ氏が醸造。柑橘系の香り、フレッシュで上品な雑味のない味わい。ハーブのニュアンスも感じる美しい余韻をもつ。

品種 ソーヴィニヨン・ブラン100%

産地 ウエスタン・ケープ

ヴィンテージ 2019年

アルコール度数 13%

3080円／アリスタ・木曽

カペンシス・シャルドネ / カペンシス

Capensis Chardonnay / Capensis

記念日ワイン

白 生き生きした酸味、長い余韻

各国にワイナリーをもつジャクソン・ファミリーと、南アフリカのスパークリングワイン生産者、グラハム・ベックが設立。4つの畑のブドウを使用したワインは、レモンや果物の香りと酸味が調和する。

品種 シャルドネ100%

産地 ウエスタン・ケープ

ヴィンテージ 2015年

アルコール度数 14%

13200円／富士インダストリーズ

ハミルトン・ラッセル・ピノ・ノワール / ハミルトン・ラッセル・ヴィンヤード

Hamilton Russell Pinot Noir / Hamilton Russell Vineyards

ゆっくりワイン

赤 骨格しっかり、複雑な果実味

大規模な火事の影響で、3地区の個性の異なるブドウをブレンド。ヘメル・アン・アード・アッパー地区の赤系果実、ヘメル・アン・アード・リッジの青色果実系の味わいが融合し、複雑な果実味に。

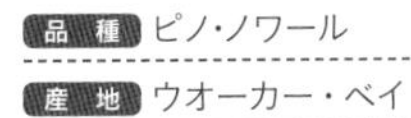

品種 ピノ・ノワール

産地 ウオーカー・ベイ

ヴィンテージ 2019年

アルコール度数 13.56%

7920円／ラ・ラングドシェン

山幸 / 十勝ワイン
Yamasachi / Tokachi Wine

デイリーワイン

赤　やや重め、野趣に富む味

日本初の自治体経営ワイナリー。醸造用品種「清見」と山ブドウを交配した山幸は、日本で3番目に国際品種として登録された池田町の独自品種。山ブドウ譲りの草木系の果実香と力強い酸味をもつ。

品種 山幸
産地 北海道池田町
ヴィンテージ 2018年
アルコール度数 12%

2872円（720mL）／池田町ブドウ・ブドウ酒研究所

甲斐ノワール / グラン・ポレール
Kai Noir / Grande Polaire

デイリーワイン

赤　ミディアムボディ、繊細

山梨県で開発された赤ワイン用品種「甲斐ノワール」を使用。その個性を引き出し、繊細でバランスのとれたワインに仕上げている。木樽で熟成させることで複雑な香りと、やわらかな味わいが広がる。

品種 甲斐ノワール
産地 山梨県甲州市
ヴィンテージ 2018年
アルコール度数 12%

1988円／サッポロビール

ロリアン マスカット・ベーリー A樽熟成 / 白百合醸造
L'orient Muscat Baily A Barrel Aged / Shirayuri Winery

春

パーティワイン

赤　辛口、華やかな香り

厳選したマスカット・ベーリーAを用い、タンクで発酵後、オーク樽で約8カ月熟成。キャンディやフランボワーズの華やかで甘い香りと、黒糖のようなロースト香、ほどよい酸味と果実味が広がる。

品種 マスカット・ベーリーA
産地 山梨県峡東地区
ヴィンテージ 2018年
アルコール度数 12%

3300円／白百合醸造

ドメイヌ・タケダ デラウェア樽熟成 / タケダワイナリー
Domaine Takeda Delaware L'élevage en fût / Takeda Winery

パーティワイン

白　辛口、力強い芳香

自家農園で栽培した種ありのデラウェアを使用。圧搾前に果皮や種子を果汁に漬け込んだ後、デラウェアでは珍しい樽発酵・熟成を行うことで、特有の力強い芳香と、エレガントな味わいを引き出す。

品種 デラウェア
産地 山形県上山市
ヴィンテージ 2019年
アルコール度数 10.5%

4180円／タケダワイナリー

シャトー・メルシャン・椀子メルロー / シャトー・メルシャン

Chateau Mercian Mariko Merlot / Chateau Mercian

パーティワイン

赤 凝縮した果実味、樽香

イギリス企業が主催する「ワールド ベストヴィンヤード2020」で、日本初のトップ50、30位に選ばれた椀子ヴィンヤードのメルロを使用。ドライフルーツのような香りと力強いタンニンが魅力だ。

- **品種** メルロ
- **産地** 長野県上田市
- **ヴィンテージ** 2017年
- **アルコール度数** 14%

5510円/メルシャン

嘉・スパークリング・シャルドネ / 高畠ワイナリー

Yoshi Sparkling Chardonnay / Takahata Winery

パーティワイン

白泡 辛口、若々しい果実香

山形県高畠町産のシャルドネで造られる辛口のスパークリング・ワイン。フレッシュでフルーティな白ワインに、炭酸ガスをとけ込ませて瓶詰め。華やかな香りの中に、爽やかな果実香が漂う。

- **品種** シャルドネ
- **産地** 山形県高畠町
- **ヴィンテージ** NV
- **アルコール度数** 13%

1892円/高畠ワイナリー

ドメーヌ・タカヒコ・ナナツモリ・ピノ・ノワール / ドメーヌ・タカヒコ

Domaine Takahiko Nana-Tsu-Mori Pinot Noir / Domaine Takahiko

パーティワイン

赤 厚みのある果実味、タンニン

所有する4.6haの畑「ナナツモリ」は、ピノ・ノワールのみを有機栽培。野生酵母で全房発酵させ、亜硫酸無添加で仕上げたワインは、イチゴやスパイス、キノコなど森を思わせる心地よい香りをもつ。

- **品種** ピノ・ノワール100%
- **産地** 北海道余市町
- **ヴィンテージ** 2018(写真は2017)年
- **アルコール度数** 12%

4235円/ドメーヌ・タカヒコ

協奏曲R / ココ・ファーム・ワイナリー

Concerto In R / Coco Farm & Winery

パーティワイン

赤 上品、旨味、バランス

1950年代に知的障がいをもつ中学生と担任教師が開墾した自家畑のブドウを使用。野生酵母で発酵させたこのワインは、3種のブドウの個性が融合し、ベリーや花の香りと上品な旨味のある味わいに。

- **品種** ノートン61%、タナ25%、小公子14%
- **産地** 栃木県足利市、佐野市
- **ヴィンテージ** 2019年
- **アルコール度数** 11.4%

3800円/ココ・ファーム・ワイナリー

シャトー・メルシャン・北信左岸シャルドネ・リヴァリス / シャトー・メルシャン

Chateau Mercian Hokushin Left Bank Chardonnay Rivalis / Chateau Mercian

ゆっくりワイン

白 やわらかな酸、豊かな果実味

千曲川左岸の粘土質を多く含む土壌で栽培されたシャルドネを使用。やわらかな酸が調和し、香り、味ともに豊かな果実味が広がる。日本ワインで詳細なテロワールの飲み比べができる貴重な存在だ。

品種 シャルドネ100%

産地 長野県北信地区千曲川左岸

ヴィンテージ 2018年

アルコール度数 12%

7161円/メルシャン

シャトー・メルシャン・北信右岸シャルドネ・リヴァリス / シャトー・メルシャン

Chateau Mercian Hokushin Right Bank Chardonnay Rivalis / Chateau Mercian

ゆっくりワイン

白 ミネラル感、長い余韻

長野県北部・千曲川の右岸と左岸のシャルドネをリリース。礫を多く含む土壌の右岸で育ったブドウから造られるワインは、南国フルーツの芳醇なアロマ、ミネラル感やしっかりした骨格が感じられる。

品種 シャルドネ100%

産地 長野県北信地区千曲川右岸

ヴィンテージ 2018年

アルコール度数 11.5%

7161円/メルシャン

シャトー・メルシャン・桔梗ヶ原メルロー / シャトー・メルシャン

Chateau Mercian Kikyogahara Merlot / Chateau Mercian

記念日ワイン

赤 エレガント、華やかな香り

1976年より植栽をはじめた長野県の桔梗ヶ原メルロで造られる。ボルドーのグラン・ヴァンを思わせる繊細かつ力強い味わいで、黒い果実のほか、スパイスやハーブ、コーヒーなどの華やかな香りをもつ。

品種 メルロ100%

産地 長野県塩尻市桔梗ヶ原地区

ヴィンテージ 2015年

アルコール度数 12.5%

13255円/メルシャン

メリタージュ / グラン・ポレール

Meritage / Grande Polaire

ゆっくりワイン

赤 豊かなタンニン、バランス

理想の栽培地を求めてたどり着いた、標高平均580mの丘に位置する自社畑、安曇野池田ヴィンヤードのブドウを使用。清々しい風が吹く冷涼な気候が生み出す、凝縮感のある豊かなタンニンが特徴だ。

品種 カベルネ・ソーヴィニヨン、メルロ

産地 長野県池田町

ヴィンテージ 2017年

アルコール度数 13%

6608円/サッポロビール

おすすめのノンアルコールワインは?

アルコールが飲めない人でも一緒にワインを楽しんでいるような一体感が得られたり、妊娠中や病気で飲めない人のストレス解消になったりと、ノンアルコールワインを取り入れることで、より多くの人に豊かな食の楽しみが広がります。おすすめの2タイプのノンアルコールワインをご紹介しましょう。

ワイン用ブドウの100%ジュース

ワイン用ブドウを使った100%ブドウジュース。白は蜜のような味わいで酸味がある。赤はブドウそのままの濃厚な味わいで、どちらも甘さが後に残らない上品さが特徴。アルコール度数はもちろん0%。

ファルツァー トラウベンザフト 白

品種 ミュラートゥルガウ、シルヴァーナー、リースリング

価格 1650円

ファルツァー トラウベンザフト 赤

品種 ドルンフェルダー、レゲント、シュペートブルグンダー

価格 1650円

ドイツ
ヘレンベルク・ホーニッヒゼッケル
Herrenberg-Honigsäckel

コストパフォーマンスに優れた高品質のワインを造る、6人の生産者による少数精鋭の協同組合。温暖なファルツらしい、やわらかな果実味のワインを得意としている。

●インポーター/ヘレンベルガー・ホーフ

脱アルコールワイン

ドイツ
カールユング
Carl Jung

1868年に設立された歴史あるワイナリー。1908年に世界初のアルコールフリーワインを製造。独自に開発した低温真空蒸留法は、各国で特許を取得している。

●インポーター/交洋

独自の低温真空蒸留法でワインからアルコール分のみを除去した、本格的な脱アルコールワイン。ワイン本来の味わいにこだわっており、ワインの風味が楽しめる。アルコール度数は0.5%未満。

メルロー

品種 メルロ100%

価格 オープン価格(実勢900円前後)

カベルネ・ソーヴィニヨン

品種 カベルネ・ソーヴィニヨン100%

価格 オープン価格(実勢900円前後)

シャルドネ

品種 シャルドネ100%

価格 オープン価格(実勢900円前後)

リースリング

品種 リースリング100%

価格 オープン価格(実勢900円前後)

スパークリング・ドライ

品種 ロットにより異なる

価格 オープン価格(実勢1000円前後)

スパークリング・ロゼ

品種 ロットにより異なる

価格 オープン価格(実勢1000円前後)

ワイン用語集

ヴィティス・ヴィニフェラ
ブドウ品種の系統の「種」のひとつ。ヨーロッパ種の原種で、薄い皮、硬い果肉をもち糖度が高いのが特徴。雨の少ない地域に適する。

ヴィティス・ラブルスカ
ブドウ品種の系統の「種」のひとつ。アメリカ種の原種で、厚い皮、やわらかい果肉、フォクシーフレーヴァーというクセのある香りが特徴。雨の多い地域に適する。

ヴィンテージ
ワインの原料となるブドウの収穫年のこと。

右岸（うがん）
ボルドー地方のドルドーニュ川の右岸地域、主にポムロール地区とサンテミリオン地区を指す。メルロ主体の赤ワインが注目されている。

エ

AOC（エーオーシー）
原産地統制名称ワイン。フランスのワイン法における最上級の格付け。生産地域、ブドウ品種、醸造方法などを厳しく定めたAOC法の基準を満たした最高級ワイン。新法ではAOP。

エクスレ度
ブドウ果汁の糖分含有量の測定値。主にドイツで使用される。

MLF（エムエルエフ）**(マロラクティック発酵)**
乳酸菌の働きでリンゴ酸が乳酸に変化する現象。ワインがまろやかな味わいになる。

オ

大樽（おおだる）
容量600L以上の樽。据え置き型として使われる。樽によるワインへの影響は穏やか。ゆっくりと熟成が進む。

オリ
ワインの熟成にともない生じる沈殿物のこと。ブドウ果実に由来する、ペクチン、ポリフェノール、酒石、蛋白質、酵母菌体などの混合物。

カ

カヴァ
スペインのカタルーニャを中心に生産される良質なスパークリング・ワイン。シャンパーニュ方式で造られる。

果梗（かこう）
ブドウ果実の柄の部分。強い渋味、苦味、えぐみをもつ。

醸し（かもし）
赤ワインの発酵時に、果汁と一緒に果皮や種子を漬けて色素やタンニンなどを抽出すること。

ア

アイスワイン(アイスヴァイン)
畑で自然に凍ったブドウから造られる甘口ワイン。ドイツやオーストリア、カナダが有名な生産地。

アタック
ワインを口に含んだときの味わいの第一印象。

圧搾（あっさく）
圧搾機にかけ、液体(果汁やワイン)と固体(果皮や種子)を分けること。

アッサンブラージュ
品種や収穫年、テロワールの違うワインをブレンドすること。

アメリカン・オーク
木樽の原料となる代表的な樫材（かしざい）のひとつ。アメリカ中西部が産地。ワインにはココナッツのような甘い風味が強めにつく。

亜硫酸（ありゅうさん）
二酸化硫黄(SO_2)のこと。ワインの酸化や腐敗、再発酵を防止するなどの効果がある。大量に摂取すれば有害だが、ワインに使用する程度の量であればほとんど気にする必要はない。

アロマ
ワインの香りの分類のひとつ。ブドウ果実由来の第1アロマと、発酵過程で生じる第2アロマがある。主にトップノーズで感じられることが多い。

ウ

ヴァラエタル・ワイン
ブドウ品種名を表示したワイン。アメリカのワイン法では、単一ブドウ品種を75%以上使った高級格付けのワインを指す。

ヴァンダンジュ・タルディヴ(VT)
アルザス地方で造られる遅摘み甘口ワイン。完熟するまで摘まず、果汁糖度を高めたブドウで造られる。

ヴァン・ナチュール
自然派ワインのこと。日本ではビオワインと呼ばれることが多い。

ヴィエイユ・ヴィーニュ
高樹齢のブドウの樹のこと。また、そこから収穫したブドウのみで造られたワインのことを指す。ただし、ラベルに表示する際の規制は国によって違うため、表示されていても当てはまらない場合がある。

VDN（ヴイディーエヌ）**(ヴァン・ドゥー・ナチュレル)**
発酵の途中でアルコールを添加し、果汁の糖分を残した甘口のフォーティファイド・ワイン。

VDL（ヴイディーエル）**(ヴァン・ド・リキュール)**
発酵前のブドウ果汁にアルコールを添加し、樽で熟成させた甘口のフォーティファイド・ワイン。

混醸（こんじょう）
複数のブドウ品種を、ひとつの発酵槽に入れて一緒に発酵させること。

サ

左岸（さがん）
ボルドー地方を流れるジロンド川およびガロンヌ川の左岸一帯。主にメドック地区とグラーヴ地区を指す。カベルネ・ソーヴィニヨンを主体とした繊細かつ力強い赤ワインが生産される。

サステナブル(保全)農法(リュット・レゾネ)
減農薬による農法。できる限り化学物質の使用を避け、必要な場合のみ限られた範囲で使用する。

酸化防止剤（さんかぼうしざい）
➡亜硫酸

シ

シェリー
スペイン、アンダルシア地方で造られるフォーティファイド・ワイン。世界3大酒精強化ワインのひとつ。

シノニム
ブドウ品種の別名。その産地固有のブドウ品種の名前のこと。

シャンパーニュ
フランス北東部に位置する産地名。また、この地方でAOC法に定められている厳しい条件に基づいて造られたスパークリング・ワインのこと。スパークリング・ワインの代名詞的存在だが、上記のもの以外、シャンパーニュと名乗ることは禁じられている。

シュール・リー
醸造技術のひとつ。発酵後、オリ引きせず、長時間オリとともに熟成させる手法。酸化を防ぎ旨味成分や複雑味を抽出する。

熟成香（じゅくせいこう）
熟成段階で生まれるワインの香り。

酒精強化ワイン（しゅせいきょうかワイン）
➡フォーティファイド・ワイン

醸造酒（じょうぞうしゅ）
原料となる果実や穀類をアルコール発酵させることで生まれる酒類。

除梗（じょこう）
収穫したブドウから果梗（かこう）を除去すること。

新世界（しんせかい）
アメリカやオーストラリアなど、ヨーロッパより後にワイン造りがはじまった産地の総称。

新樽（しんだる）
未使用の樽。ワインに木の香りが強めにつく。

ス

スーパー・スパニッシュワイン
スペインで生産される、固有品種を主体としたボルドースタイルの高品質なワイン。

カルトワイン
1980年代以降に登場した超高級ワイン。著名なワインメーカーなどにより少量生産され、ワイン評論家から高く評価され極めて高価格で取引される。

キ

貴腐ワイン（きふワイン）
貴腐ブドウから造られる極甘口の白ワイン。貴腐ブドウとは、完熟した白ブドウに貴腐菌が付着し、水分が蒸発して糖分やエキス分が凝縮したもの。

キャノピー・マネージメント
一般的に葉の管理のことを指す。果実への日照量をコントロールすることで、収穫量や品質の管理、病害対策などを行う。

キュヴェ
一般的に瓶詰め前のできあがったワインのことを指す。

ク

グラン・ヴァン
優「偉大なワイン」という意味のフランス語。フィネスがあるワインと表現され、長期熟成に耐えうる極めて高い品質をもつワインを指す。

グラン・クリュ
優れたワインを生み出す特級畑や小地区のこと。ボルドーでは、シャトーごとの独自の格付けを指す。

グラン・レセルバ
スペイン独自の熟成規定のひとつ。赤ワインは最低60カ月の熟成、うち18カ月の樽熟成が必要。白・ロゼは最低48カ月の熟成、うち6カ月の樽熟成が必要。

クリアンサ
スペイン独自の熟成規定のひとつ。赤ワインは最低24カ月、白・ロゼは最低18カ月熟成していること。それぞれ、うち6カ月は樽熟成が必要。

クレマン
シャンパーニュ地方を除く、フランスの7つの地方で認定された、シャンパーニュ方式で造られたスパークリング・ワインの呼称。

クローン
種から育成せず、挿し木などの方法で増やした子孫のこと。親のブドウの樹と同じ品質となる。

コ

交配品種（こうはいひんしゅ）
異なる品種のブドウを人為的に掛け合わせて作られた品種。

コーペラティヴ・ド・マニピュラン(CM)
シャンパーニュにおける生産業態のひとつ。造り手が加盟する協同組合がシャンパーニュを生産・販売する。

古樽（こだる）
1回以上ワインを寝かせたことのある樽。新樽よりも落ち着いた樽香がワインにつく。

小樽（こだる）
容量300L以下の樽。樽と接触する表面積の割合が大きいため、ワインが樽の影響を受けやすい。

テ

ＤＯＣ Ｇ
イタリアのワイン法における保証付原産地統制名称ワイン。新法ではDOP。

デキャンタージュ
ワインをデキャンタなどの容器に移し替えること。古いワインからオリを取り除く、硬いワインを空気に触れさせて開かせる、ワインの温度を上げるなどの効果がある。

テロワール
ワイン造りに影響する、産地特有の個性。産地の気候や土壌、地勢などの自然条件のこと。

ト

ドザージュ
シャンパーニュの醸造工程のひとつ。オリ抜き後、「門出のリキュール」（原酒のワインに糖分を加えたもの）を加えることにより、糖度と味を調整すること。

トップノーズ
香りの第一印象のこと。

ドメーヌ
自社畑をもち、ブドウ栽培からワインの醸造まで行う造り手。小規模なところが多い。

ニ

二酸化硫黄(SO_2)
➡亜硫酸

ネ

ネゴシアン
自社畑をもたず、ブドウ栽培農家から仕入れたブドウで醸造のみを行う造り手。

ネゴシアン・マニピュラン(NM)
シャンパーニュにおける生産業態のひとつ。ブドウの一部または全量を外部から買い付け、シャンパーニュを造る造り手。ほとんどがこれに該当する。

粘性
ワインのとろみや粘り気を指す。一般的に、アルコール分や糖分、凝縮度が高いワインは粘性が高い。

ノ

NV(**ノン・ヴィンテージ**)
異なる収穫年のワインをブレンドしたもの。収穫年はラベルに表示されない。

ハ

破砕
醸造工程のひとつ。ブドウ果実を果皮が破れる程度につぶすこと。

パッシート
陰干ししたブドウで造った、イタリアの甘口ワイン。

バトナージュ
醸造技術のひとつ。樽やタンク内のワインのオリを攪拌すること。オリ由来の風味を抽出する。

ヒ

ビオディナミ農法(**バイオダイナミックス農法**)
オーストリアのルドルフ・シュタイナー氏により提唱された有機農法。化学物質の不使用に加え、天

スーパーセカンド
ボルドーの格付けシャトーにおいて、2級以下ながら品質は1級レベルと評価されるシャトーのこと。

スーパー・トスカーナ(**スーパー・タスカン**)
イタリア、トスカーナ州で生産される、ワイン法にとらわれずボルドー品種を使った高品質のワイン。

スキン・コンタクト
醸造技術のひとつ。白ワインの圧搾前に2～24時間程度、果皮や種子を果汁に漬け込む手法。果皮などの風味を抽出する。

スティル・ワイン
ブドウ果汁または果実を発酵させた、発泡性をもたないワイン。いわゆる一般的なワインのこと。

スパークリング・ワイン
二酸化炭素（炭酸ガス）を含有する、発泡性をもつワイン。一般的に3気圧以上のガス圧のものを指す。

スプマンテ
「発泡性の」という意味のイタリア語。イタリアにおける3気圧以上のスパークリング・ワインの呼称。

スワリング
ワインの入ったグラスを回すこと。ワインを空気に触れさせて、香りを立たせる効果がある。

セ

セカンドワイン
その造り手の最高級品のワイン（ファーストワイン）の水準まで達しないワインや、樹齢の若いブドウなどから造られたワインのこと。ファーストに比べ安価なので、手軽に造り手の個性が楽しめる。

セニエ法
ロゼワインの醸造法のひとつ。黒ブドウを赤ワインと同じように醸造し、醸しの途中で圧搾する方法。「血抜き法」とも呼ばれる。

セレクション・ド・グランノーブル(SGN)
「粒選り摘み、貴腐」を意味する。アルザス地方の貴腐ブドウを使用して造られた極甘口ワイン。

ソ

ソレラ・システム
ワインの熟成と質の均一化を目的に、シェリーなどに用いられるシステム。古い順に樽を積み重ね、一番下の樽から一部を抜き出して出荷し、上の樽から若いワインを順に継ぎ足して目減り分を補充する。

タ

樽香
樽由来のワインの香り。発酵・熟成段階でオーク樽を用いることにより、ワインに残る樽の香りのこと。ヴァニラ、ナッツ、コーヒーなど。

タンニン
種子や果皮に含まれる渋味成分。

チ

直接圧搾法
ロゼワインの醸造法のひとつ。黒ブドウを用いて、白ワインと同じ醸造方法で造る。

Prädikatswein(プレディカーツヴァイン)
ドイツのワイン法で、最上級の品質等級格付け。収穫されたブドウ果汁の糖度に準ずる格付けで、特別な畑につけられるものではない。

フレンチ・オーク
木樽の原料となる代表的な樫材(かしざい)のひとつ。フランス産のもの。ワインには穏やかな樽の風味、ヴァニラ香がつく。

ヘ

ペティヤン
フランスにおける、1～2.5気圧の弱発泡性ワインの呼称。

マ

マセラシオン
➡醸し(かもし)

マリアージュ
ワインと料理とのお互いがより美味しく感じられる組み合わせ、また組み合わせること。

マロラクティック発酵
➡MLF(エムエルエフ)

ミ

ミレジメ(ヴィンテージ・シャンパーニュ)
単一年の原酒のみから造られるシャンパーニュ。ブドウの出来がよい年に生産され、収穫年がラベルに表示される。

メ

メゾン
シャンパーニュにおける生産者の呼称。大手生産者はグラン・メゾンと呼ばれる。

モ

モノポール
主にブルゴーニュにおいて、ひとつの生産者が単独所有する畑のことを指す。

リ

リュット・レゾネ
➡サステナブル(保全)農法

ル

ルモンタージュ(ポンピング・オーバー)
醸造技術のひとつ。赤ワインの醸し段階で、タンクの下部からワインをポンプで引き抜き、果帽の上からかける作業。ピジャージュよりも強めの抽出が可能。

レ

レコルタン・マニピュラン(RM)
シャンパーニュにおける生産業態のひとつ。自社畑のブドウのみでシャンパーニュを醸造する栽培家兼醸造業者で、小規模な会社が多い。

レセルバ
スペイン独自の熟成規定のひとつ。赤ワインは最低36カ月の熟成を経て、うち12カ月は樽熟成していること。白・ロゼに関しては最低24カ月熟成し、うち6カ月は樽熟成が必要。

体や土壌など植物を取り巻く環境すべての力を使用する農法。(➡P.49、P.55)

ビオロジック農法(オーガニック農法)
自然の生態系を崩さず、化学物質を一切使用しない農法。(➡P.49)

ピジャージュ(パンチング・ダウン)
醸造技術のひとつ。赤ワインの醸し段階で、人の足や棒で果帽を突き崩す作業。ルモンタージュよりソフトな抽出となる。

瓶内二次発酵(びんないにじはっこう)
スパークリング・ワインを造る醸造工程。ベースワインに酵母と糖分を入れ、瓶内で発酵させて炭酸ガスを生み出す。シャンパーニュ方式で使用される方法。

フ

フィネス
優雅さ、気品などを含めた、ワイン全体の上品さを表す最上級の表現。極めて高品質なワインに対して使われる。

フィロキセラ
ブドウにつく寄生虫。北米東海岸を起源とする害虫で、ブドウの樹の根を食い荒らす。19世紀後半、ヨーロッパのブドウ畑に多大な被害を与えた。北米産の品種を台木として接ぎ木することで対策が可能。

ブーケ
ワインの香りの分類のひとつ。木樽、瓶内での熟成中に生まれる香り。「第3のアロマ」とも呼ばれる。スワリングすることで感じられる場合が多い。

フォーティファイド・ワイン
醸造工程中にアルコールを添加して、アルコール度数を15～22度程度まで高め、保存性を高めたワインの総称。スペインのシェリー、ポルトガルのポートやマデイラ、フランスのVDN、VDLなど。

ブショネ
不良コルクによる刺激臭。カビや湿った段ボールのような臭い。ワインに臭いが移ってしまうこともある。

ブラン・ド・ノワール
黒ブドウのみで造られるシャンパーニュのこと。使われる品種はピノ・ノワール、ピノ・ムニエ。

ブラン・ド・ブラン
白ブドウのシャルドネ100%で造られたシャンパーニュ。

フレーヴァード・ワイン
薬草や果実、甘味料、エッセンスなどを添加し、独自の風味を添えたワイン。スペインのサングリア、イタリアのヴェルモットやチンザノなど。

プレステージ・シャンパーニュ
シャンパーニュのランクによる分類のひとつ。極上の原酒のみで造られる、メゾンの最上級品。

ワイン名 INDEX

協力インポーター・メーカー 問い合わせ先一覧

ワイン

会社名	TEL	HP
アイコニック ワイン・ジャパン ㈱	03-5848-8344	http://www.iconicwinejapan.com/
アサヒビール ㈱	0120-011-121	https://sp.asahibeer.co.jp/
㈱ アリスタ・木曽	0898-48-6578	https://aslina.co.jp
㈱ アルカン ワイン営業部	03-3664-6591	https://www.arcane.co.jp/
㈲ アルコトレード トラスト	03-5702-0620	https://alcotrade.com/
池田町ブドウ・ブドウ酒研究所	015-572-2467	https://www.tokachi-wine.com/
エノテカ ㈱	0120-81-3634	https://www.enoteca.co.jp/
㈱ 恵比寿ワインマート	03-5424-2581 (ラ・ヴィネ恵比寿本店)	http://www.lavinee.jp/
MHD モエ ヘネシー ディアジオ ㈱	03-5217-6900	https://www.mhdkk.com/
オルカ・インターナショナル ㈱	03-3803-1635	https://www.orca-international.com/
㈱ カサ・ピノ・ジャパン	045-309-6006	http://casapino.net/ja/
㈱ 交洋	059-355-2471	http://www.kohyoj.co.jp/jp/
㈲ ココ・ファーム・ワイナリー	0284-42-1194	https://cocowine.com/
サチ・インターナショナル ㈱	06-6364-2577	http://www.sachi-international.co.jp/
サッポロビール ㈱	0120-207-800	https://www.sapporobeer.jp/product/wine/
GRN ㈱	03-5719-7423	http://www.grncorp.co.jp/
シーズンワイン(同)	03-5726-9201	https://www.seasonwine.co.jp/
ジェロボーム ㈱	03-5786-3280	https://www.jeroboam.co.jp/
㈱ JALUX 本社ワイン部	03-6367-8756	https://www.jalux.com/
白百合醸造 ㈱	0553-44-3131	https://shirayuriwine.com/
㈱ ジリオン	052-220-0708	https://sirita.jp/
㈱ スマイル	03-6731-2400	https://www.smilecorp.co.jp/wine/
㈱ 高畠ワイナリー	0238-40-1840	https://www.takahata-winery.jp/
㈲ タケダワイナリー	023-672-0040	http://www.takeda-wine.co.jp/
㈱ TYクリエイション	03-5344-9031	https://www.tycreation.com/
東亜商事 ㈱ 酒類事業部	03-3294-4075	https://wine.toashoji.com/
ドメーヌ タカヒコ	0135-22-6752	http://www.takahiko.co.jp/
㈱ 中川ワイン	03-3631-7979	https://nakagawa-wine.co.jp/
㈱ 中島董商店(㈱nakatoワイン営業部)	03-3405-4222	https://www.nakato.jp/
㈱ ナニワ商会 ワイン蔵オンライン	06-6147-7285	https://www.wine-gura.com/
日本リカー ㈱	03-5643-9770	https://www.nlwine.com/
㈱ ヌーヴェル・セレクション	03-5957-1955	https://www.nouvelleselections.com/
㈱ 八田	03-3762-3121	https://hatta-wine.jp/
㈱ ファインズ	03-6732-8600	https://www.fwines.co.jp/

会社名	TEL	HP
㈱ 富士インダストリーズ ワイン事業部	03-3539-5415	https://www.ficwine.com/
ヘレンベルガー・ホーフ ㈱	072-624-7540	http://www.herrenberger-hof.co.jp/
布袋ワインズ ㈱	03-5789-2728	http://www.hoteiwines.com/
本坊酒造 ㈱ マルス穂坂ワイナリー	0551-45-8883	https://www.hombo.co.jp/marswine/
㈱ 明治屋	0120-565-580	http://www.meidi-ya.co.jp/
メルシャン ㈱	0120-676-757	https://www.chateaumercian.com/
㈱ モトックス	0120-344-101	https://www.mottox.co.jp/
ラ・ラングドシェン ㈱	03-5825-1829	http://lovewine.co.jp/

グッズ

会社名	TEL	HP
日本クリエイティブ ㈱	03-3449-5901	https://winexweb.jp/
ドメティック ㈱	03-5445-3333	https://www.dometic.com/ja-jp/jp

食品

会社名	TEL	HP
㈱ アルカン	0120-852-920（お客様相談室）	https://www.arcane.co.jp/
㈱ SKYAH		https://proudlyfromafrica.com/

写真協力

㈲ストゥディオ・キャトル
Sopexa Japon
南アフリカ共和国大使館経済部
南アフリカワイン協会

参考文献

『おいしいワインの事典』成美堂出版編集部編（成美堂出版）
『おいしいワインの見分け方』(枻出版社)
『今日にぴったりのワイン』青木冨美子監修（ナツメ社）
『児島速人CWE ワインの教本 2012年版』児島速人CWE著（イカロス出版）
『女性のためのスタイルワイン』弘兼憲史著（幻冬舎）
『初歩からわかる 超ワイン入門』種本祐子監修（主婦の友社）
『好きなワインと出会う賢い選び方』(枻出版社)
『日本ソムリエ協会 教本2020』一般社団法人日本ソムリエ協会
『知識ゼロからのワイン入門』弘兼憲史著（幻冬舎）
『ワイン完全ガイド』君嶋哲至監修（池田書店）
『ワイン基本ブック』ワイナート編集部編（美術出版社）
『ワインの教科書』木村克己著（新星出版社）
『ワインの地図帳』塚本悦子監修・著（美術出版社）
『ワインベストセレクション300』野田宏子著（日本文芸社）
『ワインを愉しむ基本大図鑑 ワイン・マルシェ』辻調理師専門学校&山田健監修（講談社）

監修者

井手勝茂（いで　かつしげ）

㈳日本ソムリエ協会認定シニアソムリエ。「ワインレストラン ドミナス」オーナー。「レアワインハウス」としてワイン、輸入食材、グッズの販売も手がける。いち早くカリフォルニアワインを取り入れ、日本におけるカリフォルニアワインのパイオニアとしても知られる。シニアソムリエ兼料理長として、ソムリエならではの知識と感性を生かしワインと料理のマリアージュを追求。現場にこだわり、日々のサービスを通じてワインと食文化の啓蒙に努めている。

http://www.dominus.jp/

撮影協力 ● 井手恵理子、井手己郷（ワインレストラン ドミナス）
編集協力 ● 谷岡幸恵、新藤史絵（株式会社アーク・コミュニケーションズ）、籔智子
本文デザイン ● 遠藤嘉浩、遠藤明美（株式会社遠藤デザイン）
撮影 ● 清水亮一、田村裕未（株式会社アーク・コミュニケーションズ）、石井勝次
イラスト ● 千原櫻子
校正 ● 株式会社円水社
編集担当 ● 澤幡明子（ナツメ出版企画株式会社）

本書に関するお問い合わせは、書名・発行日・該当ページを明記の上、下記のいずれかの方法にてお送りください。電話でのお問い合わせはお受けしておりません。

・ナツメ社webサイトの問い合わせフォーム
https://www.natsume.co.jp/contact
・FAX（03-3291-1305）
・郵送（下記、ナツメ出版企画株式会社宛て）

なお、回答までに日にちをいただく場合があります。
正誤のお問い合わせ以外の書籍内容に関する解説・個別の相談は行っておりません。あらかじめご了承ください。

最新版 ワイン完全バイブル 第２版

2021年6月4日　初版発行
2023年9月10日　第3刷発行

監修者　井手勝茂
発行者　田村正隆

発行所　株式会社ナツメ社
東京都千代田区神田神保町 1-52　ナツメ社ビル 1F（〒 101-0051）
電話　03（3291）1257（代表）　FAX　03（3291）5761
振替　00130-1-58661

制　作　ナツメ出版企画株式会社
東京都千代田区神田神保町 1-52　ナツメ社ビル 3F（〒 101-0051）
電話　03（3295）3921（代表）

印刷所　ラン印刷社

ISBN978-4-8163-7029-8　Printed in Japan
〈定価はカバーに表示してあります〉
〈落丁・乱丁本はお取り替えいたします〉